信息与自动化系列

信号与系统

U0390348

主　编　李　会

副主编　刘文礼　于泓博

　　　　朱恒军　王艳春

HEUP 哈尔滨工程大学出版社

内 容 简 介

本书系统地介绍了信号与系统的基本理论和分析方法。内容安排上深入浅出,注意理论与工程应用相结合。本书的主要特点有:将"信号与系统"课程的教学内容与"数字信号处理"课程的教学内容相整合;对"信号与系统"课程知识体系的教学结构进行改革;将算法的计算机实现方法融于理论教学中。

全书共分8章,第1章为信号与系统基本知识,第2,3章讨论信号与系统的时域分析,第4,5章讨论信号与系统频域的分析方法,第6,7章讨论信号与系统的复频域分析方法,第8章讨论系统的状态变量分析方法,其中信号与系统的频域分析方法是全书的重点。

每章最后均附有综合应用习题和上机练习题,注重概念和理论的综合应用。本书可作为与信号处理相关的电子、通信、自动控制等专业的本科生、大专生以及成人自学者的教材和教学参考书,也可作为相关工程技术人员的参考资料。

图书在版编目(CIP)数据

信号与系统/李会主编. —哈尔滨:哈尔滨工程
大学出版社,2015.1
ISBN 978 - 7 - 5661 - 0952 - 1

Ⅰ.①信…　Ⅱ.①李…　Ⅲ.①信号系统
Ⅳ.①TN911.6

中国版本图书馆 CIP 数据核字(2015)第 026170 号

出版发行	哈尔滨工程大学出版社
社　　址	哈尔滨市南岗区东大直街 124 号
邮政编码	150001
发行电话	0451 - 82519328
传　　真	0451 - 82519699
经　　销	新华书店
印　　刷	哈尔滨市石桥印务有限公司
开　　本	787mm × 1 092mm　1/16
印　　张	15.75
字　　数	403 千字
版　　次	2015 年 1 月第 1 版
印　　次	2015 年 1 月第 1 次印刷
定　　价	31.00 元

http://www.hrbeupress.com
E-mail:heupress@ hrbeu.edu.cn

前　言

随着科学技术的发展,信息科学与技术已广泛地应用在各个领域。信息科学与技术研究的核心内容主要是信息的获取、传输、处理、识别及综合等。信号是信息的载体,系统是信息处理的手段,信号与系统分析是信息科学与技术的基石。"信号与系统分析"课程是任何与信息科学与技术相关的专业中重要的专业基础课程。对"信号与系统分析"课程的教学内容和教学方法研究具有重要的现实意义。

"信号与系统分析"课程的原理课程是"数字信号处理"。本教材在整合这两门课程教学内容基础之上,对教材体系和内容进行了科学组织,体系结构清晰,内容叙述简洁,符合认知过程,可塑性强。

在体系结构上,本书有三个特点:(1)以信号与系统的时域分析、频域分析、复频域分析为主线进行教学内容的组织,构成三大教学模块,强化学生对时域、频域、复频域的理解;(2)在每一教学模块中,按照先连续时间信号与系统,后离散时间信号与系统进行教学内容的组织,即维持了不同类型信号与系统的独立性、完整性,强化了学生对信号分析与系统分析的理解;(3)在每个类型信号与系统分析的教学内容组织上,按照先信号分析再系统分析的次序组织内容,体现了信号分析与系统分析之间的差异和关系。上述体系结构的构建,目的在于通过本课程的学习,使学生能建立由信号到系统、由时域到频域再到复频域、由单输入输出到多输入输出、由连续时间信号到离散时间信号的信号与系统分析思路。

在教材内容上,本书有四个特点:(1)重视信号特性及系统特性的分析,重视基本概念性物理意义的解释,重视信号系统在时域与复频域之间的互换关系的描述;(2)将系统函数的概念融入各教学模块,明确频响特性与系统函数之间的关系;(3)在频域分析中,以傅里叶变换分析方法为主导思想,恰当地解决了傅里叶级数、傅里叶变换、周期信号、非周期信号之间的关系,明确了傅里叶分析方法在时域信号的特性分析及合成与分解中承担的作用;(4)将信号与系统分析的计算机实现方法贯穿于各种分析方法中,并且形成了较为完善的体系。

本教材的创新之处在于:将信号与系统课程的教学内容与数字信号处理课程的教学内容进行整合;对信号与系统课程知识体系的教学结构进行改革;将算法的计算机实现方法融于理论课教学中;将教学方法融于教材中。

全书共包括8章。第1章为信号与系统基本知识,第2~3章讨论信号与系统的时域分析,第4~5章讨论信号与系统频域的分析方法,第6~7章讨论信号与系统的复频域分析方法,第8章讨论系统的状态变量分析方法,其中信号与系统的频域分析方法是全书的重点。本教材建议学时为80学时左右。

本书由李会主编,其中李会编写第4章、第5章,信号的频域分析部分;刘文礼编写第2

章、第 6 章,连续信号的时域分析和复频域分析部分;于泓博编写第 3 章、第 7 章,离散信号的时域分析和复频域分析部分;朱恒军编写第 1 章、第 8 章,信号与系统基础知识及系统的状态变量分析部分;王艳春编写各章习题及附录部分。

本书在编写中融入了作者多年积累的教学经验及教学方法,汲取了各高校专家、学者的宝贵经验,同时也得到齐齐哈尔大学、齐齐哈尔大学通信与电子工程学院的大力支持,在此一并表示感谢。教材中仍存在诸多不足之处,望广大读者提出宝贵意见和建议。

编 者
2014 年 8 月

CONTENTS 目 录

第1章　信号与系统分析导论

1.1　信号与系统概述

信号与系统是以信号传输和信号处理等工程问题为背景,经科学抽象和理论概括而形成的一门基础理论课程。它的基本任务是研究确定信号通过线性时不变系统进行传输、处理的基本理论和基本分析方法。鉴于信号和系统这两个概念的广泛适用性,"信号与系统"这门课程已成为众多自然学科的共同基础。

1.1.1　信号与系统相关概念

1.1.1.1　信号

什么是信号(Signal)?广义地说,信号是指带有消息的随时间(空间)变化的物理量或物理现象。在通信技术中,一般将语言、文字、图像或数据等统称为消息(Message)。在消息中包含有一定数量的信息(Information)。但是,信息的传送一般都不是直接的,它必须借助于一定形式的信号(光信号、声信号、电信号等),才能远距离快速传输和进行各种处理。因而,信号是消息的表现形式,它是通信传输的客观对象,而消息则是信号的具体内容,它蕴藏在信号之中。如学校的铃声(声信号),表示上下课时间;十字路口的红绿灯(光信号),指挥交通;电视机天线接收的电视信息(电信号),广告牌上的文字、图像信号等。本课程只讨论与电信类专业相关的电信号,它通常是随时间变化的电压或电流,在某些情况下,也可以是电荷或磁通。

随着现代通信技术的发展,在信号传输技术的基础上出现了信号交换、信号处理等许多新技术。通过信号交换,实现了任意两点之间的信号传输;通过信号处理,实现了对信号进行某种加工或变换,达到了削弱信号中的多余内容、滤除混杂的噪声和干扰、将信号变换成容易分析和识别的形式等目的。信号传输、信号交换和信号处理三大技术既密切联系,又各自形成了相对独立的学科体系,但它们共同的理论基础之一是研究信号的基本性能,即进行信号分析。信号分析包括信号的描述、分解、变换、检测、特征提取以及为适应指定要求而进行信号设计。

1.1.1.2　系统

系统是一个由若干相互关联的一类事物组成的具有某种特定功能的有机整体。如手机、电视机、通信网、计算机网等都可以看成系统,它们传送的是语音、图像、文字等信号。信号与系统的概念常常紧密地联系在一起。系统的基本作用是对输入信号进行加工和处理,将其转换为所需要的输出信号。信号在系统中按一定规律运动、变化。

在信息科学与技术领域中,常常利用通信系统、控制系统和计算机系统进行信号的传输、交换与处理。实际中,往往需要将多种系统共同组成一个综合性的复杂整体,如宇宙航行系统。

系统的概念使用广泛,也应用在各个领域,人们通常按照广义性和狭义性对系统的类型进行划分。前面提到的系统都是对电信号进行产生、传输、加工处理和储存的系统,都是电系统(或称电网络),电系统就是通常所说的狭义系统。广义上讲,系统应当包括各种物理系统、非物理系统、人工系统、自然系统。

通信系统、电力系统、机械系统可称为物理系统;政治结构、经济组织、生产管理等属于非物理系统。计算机网、交通运输网、水利灌溉网是人工系统;而自然系统的例子小至原子核,大如太阳系,可以是无生命的,也可以是有生命的(如动物的神经网络)。

随着科学技术的发展,人工系统的规模日益庞大,内部结构也越来越复杂,人们致力于研究将系统理论用于系统工程设计,以便使较复杂的系统最佳地满足预定的要求。以此为背景,出现了一门边缘技术科学,这就是系统工程学。

在系统或网络理论研究中,包括系统分析与系统综合(网络分析与网络综合)两个方面。系统分析是指在给定系统的条件下,研究系统对于输入激励信号所产生的输出响应;系统综合则是按某种需要先提出对于给定激励的响应,而后根据此要求设计(综合)系统。分析与综合二者关系密切,但又有各自的体系和研究方法,学习系统分析是学习系统综合的基础。

1.1.1.3 信息传输系统实例

一个信息传输系统可以由"信息""消息""信号""系统""响应"五个部分组成。"信息"是要传输的具体内容,包括信息获取技术,如传感器等技术;"消息"是指为表达信息而约定的符号、语言文字、图像、编码等,包括信源编码及变换等技术;"信号"是指把消息变为便于传输的电信号,如电压、电流等信号,包括信号处理、信道编码和调制等技术;"系统"是指由信号的发送、传输和接收等部分组成的整体,包括设备工作状态的检测、维护管理,以及中继等技术;"响应"是指接收后的输出信号,还原传输前的信息表达方式,如图像、声音、数据、表格等形式,包括信号处理、信号重建,以及信号纠错等技术。五个部分中最基本的部分为"信号""系统""响应"。

在语音通信中,常用的移动通信系统是由移动电话、基站和基站控制器等部分构成的移动通信网和公用通信网组成的,如图 1 – 1 所示。

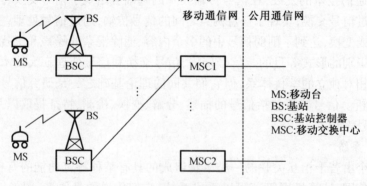

图 1 – 1 移动电话系统

移动台发出呼叫,呼叫信号通过基站和基站控制器送入移动交换中心。然后通过公用通信网连接到要通话的目的地,接通后就可以进行通话了。

在电视通信中,常见的电视系统是由电视制作中心、电视发射塔和电视接收机、电视传输网组成的,如图 1 – 2 所示。

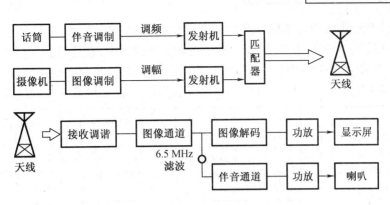

图1-2 电视传输系统

电视制作中心将摄像机所摄取的图像信号制作成调幅信号,将录音机所录入的伴音信号制作成调频信号,然后送入电视发射塔发射。接收机收到的射频电视信号,通过图像通道放大、解调,然后分成两路,一路通过图像解码送入视频功率放大器,由显像管显示图像;一路经过伴音中频滤波送入伴音通道,经过解调送入音频功率放大器,由喇叭播放出声音。

在现代数字传输技术的支持下,话音、视频图像、数据的传输系统都可以与互联网相连,通过互联网传向世界各地。

以上各类传输系统都可以称为信息传输系统,它由"信息""消息""信号""系统""响应"等五个部分组成。

1.1.2 信号与系统分析的研究内容与方法

信号理论包括信号分析、信号传输、信号交换、信号处理等;系统理论包括系统分析、系统设计、系统实现等。信号与系统分析课程宏观地研究信号作用于系统的运动变化规律,揭示系统的一般性能。

1.1.2.1 "信号与系统"的发展历史

信号与系统问题研究可追溯到牛顿时代,并在很长时间沿着两条平行的方向独立地发展,20世纪70年代被称为通信和计算机"结婚"的年代,使得离散时间和连续时间信号与系统快速融合。

1.1.2.2 "信号与系统"课程和教材内容的发展

20世纪60年代,"信号与系统"课程成为国内外高校电子工程系一门专业基础课程,开始叫"信号、电路与系统"。1965年清华大学常迥教授的《无线电信号与电路原理》是国内第一本同类教材。它们以电路和电子线路为对象,按输入输出描述方式讲述连续时间信号与系统,且着重于系统分析和综合的概念、理论和方法及其在通信和电子系统的应用。

20世纪70年代,数字信号处理及其应用飞速发展,连续时间与离散时间信号与系统快速融合。在国外,高校纷纷开设"数字信号处理"课程,催生和导致了"信号与系统"课程内容的一次重大改革,逐渐形成先后讲述连续时间信号与系统、离散时间信号与系统两部分内容的模式,初步体现"系统分析与综合"和"信号分析与处理"并重的教学内容。

1983年,美国MIT奥本海姆教授的"Signals and Systems"开创地将时域部分完全并行、变换域部分逐章并行地讲述连续时间和离散时间信号与系统。更好地揭示了连续时间和离散时间信号与系统从数学描述到一系列概念、理论、方法和应用之间内在的对偶或可类比关系。可以充分利用和分享两部分内容之间的对偶或类比关系,给教和学都带来了方便,并有利于促进学生的思考和掌握;反映了两者融合过程中,正是借鉴了连续时间中的概念和方法,使得数字信号处理技术和应用在很短时间内获得飞速发展。此后,并行地展开和讲述方式逐渐成为一种趋势。如图1-3所示,给出了"信号与系统"的发展历程。

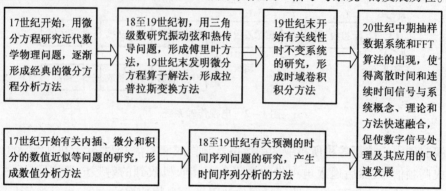

图1-3 "信号与系统"的发展历程

近十年来,国内外新版和改版的许多有影响的"信号与系统"教材,都不同程度地并行展开和讲述连续时间和离散时间两大部分内容。当然,不同的展开和讲述方式并非一定表明各自的优劣,这符合百花齐放的方针,也体现不同的教学要求。

1.1.2.3 "信号与系统"课程的研究内容与方法

"信号与系统"课程研究确定性信号经线性时不变系统传输与处理的基本概念和基本分析方法,从时间域到变换域、从连续到离散、从输入输出描述到状态空间描述,如图1-4所示。

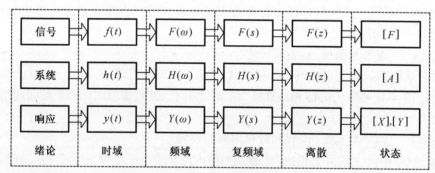

图1-4 "信号与系统"课程研究内容

本教材主要从数学的角度来研究一些典型"信号""系统"的变换与性质,以及"信号"对"系统"的作用和"响应",并赋予适当的物理含义。以通信和控制工程为背景,着重基本概念、基本分析方法,注重实例分析,同时给出 MATLAB 实现方法。

1.1.3 信号与系统理论的应用

信息时代的特征是用信息科学和计算机技术的理论和手段来解决科学、工程和经济问题。信息科学伴随着科技的发展已渗透到所有现代自然科学和社会科学领域,信号与系统问题无处不在。

1.1.3.1 通信领域

古老通信方式:烽火、旗语、信号灯。

近代通信方式:电报、电话、无线通信。

现代通信方式:计算机网络通信、视频电视传播、卫星传输、移动通信。

1.1.3.2 其他领域

(1)工业监控、生产调度、质量分析、资源遥感、地震预报、人工智能、高效农业、交通监控;

(2)宇宙探测、军事侦察、武器技术、安全报警、指挥系统;

(3)经济预测、财务统计、市场信息、股市分析;

(4)电子出版、新闻传媒、影视制作;

(5)远程教育、远程医疗、远程会议;

(6)虚拟仪器、虚拟手术。

1.2 信号的描述和分类

1.2.1 信号的描述

1.2.1.1 信号的描述

在实际应用中,常常需要从不同的角度对实际发生的信号进行描述,因此产生了不同类型的信号描述方法。物理上:信号是信息的载体形式;数学上:信号是一个或多个变量的函数,函数的自变量可以是时间、位移、周期、频率、幅度、相位、形态。信号表现为一种波形,波形特征为周期、时间间隔、信号幅度、信号极性、信号斜率等。

1.2.1.2 信号的特性

信号的特性可以从两个方面来描述,即时间特性和频率特性。信号可写成数学表达式,即是时间 t 的函数,它具有一定的波形,因而表现出一定波形的时间特性,如出现时间的先后、持续时间的长短、重复周期的大小及随时间变化的快慢等。另一方面,任意信号在一定条件下总可以分解为许多不同频率的正弦分量,即具有一定的频率成分,因而表现为一定波形的频率特性,如含有大小不同频率分量、主要频率分量占有不同的范围等。

信号的形式之所以不同,是因为它们各自有不同的时间特性和频率特性,而信号的时间特性和频率特性有着对应的关系,不同的时间特性将导致不同频率特性的出现。这些对应关系都可以用函数来表示,因此"信号"与"函数"两个名词常常通用。

在电系统中,信号的两种主要形式是电压信号和电流信号,可以用时间函数 $u(t)$ 和 $i(t)$ 表示。

1.2.2 信号的分类

1.2.2.1 确定性信号和随机信号

按时间函数的确定性划分,信号可分为确定性信号和随机信号两类。

确定性信号(Determinate signal)(图1-5)是指能够表示为确定的时间函数的信号。当给定某一时间值时,信号有确定的数值,其所含信息量的不同是体现在其分布值随时间或空间的变化规律上。电路基础课程中研究的正弦信号、指数信号、各种周期信号等都是确定性信号的例子。

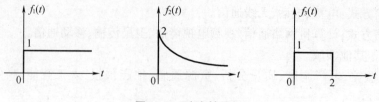

图 1-5 确定性信号

随机信号(Random signal)(图 1-6)不是时间 t 的确定函数,它在每一个确定时刻的分布值是不确定的。只能通过大量试验测出它在某些确定时刻上取某些值的可能性的分布(概率分布)。空中的噪音、电路元件中的热噪声电流等,都是随机信号的例子。

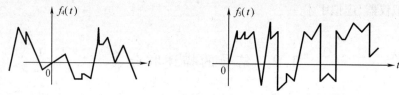

图 1-6 随机信号

实际传输的信号几乎都是随机信号,因为若传输的是确定性信号,则对接收来说,就不可能由它得知任何新的信息,从而违背了传送消息的本意。但是,在一定条件下,随机信号也会表现出某种确定性,例如在一个较长的时间内随时间变化的规律比较确定,即可近似地看成是确定性信号。

1.2.2.2 一维信号与多维信号

信号可以表示为一个或多个变量的函数,称为一维或多维函数。

语音信号可表示为声压随时间变化的函数,属于一维信号。黑白图像每个点(像素)具有不同的光强度,任意点又是二维平面坐标中两个变量的函数,属于二维信号。图 1-7 所示的信号是三维信号,本课程只研究一维信号,且自变量多为时间。

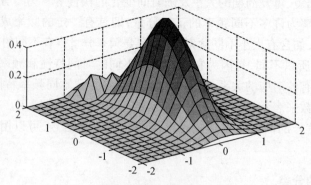

图 1-7 三维信号

1.2.2.3 时限信号和非时限信号

信号按照自变量时间的取值区间是否有限可以分为时限信号和非时限信号。

若在有限时间区间$(t_1 < t < t_2)$内信号 $f(t)$ 存在,而在此时间以外,信号 $f(t) = 0$,则此信

号即为有时限信号,简称时限信号,否则即为非时限信号。非时限信号分有无始无终信号、无始有终信号和有始无终信号三种形式。时限信号的波形和非时限信号的波形分别如图 1-8 所示和图 1-9 所示。

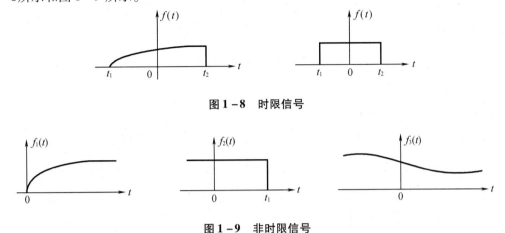

图 1-8 时限信号

图 1-9 非时限信号

1.2.2.4 连续信号和离散信号

信号按照自变量时间的取值是否连续可以分为连续时间信号和离散时间信号。

连续时间信号(Continuous signal),是指自变量时间的取值范围是连续的,或者说自变量在实数域内可任意取值的信号。这类信号在某一时间间隔内,对于一切自变量的取值,除了有若干不连续点以外,信号都有确定的值与之对应。幅值连续的连续时间信号称为模拟信号。连续时间信号的波形如图 1-10 所示。

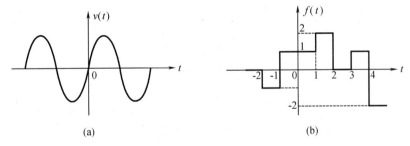

图 1-10 连续时间信号

(a)幅值连续的连续时间信号;(b)幅值离散的连续时间信号

离散时间信号(Discrete signal),是指自变量时间只取某时间间隔整数倍的信号。如 $f(n\tau)$,其中 τ 为时间间隔,n 取整数,由于时间间隔 τ 处处相同,离散时间信号常略去 τ 写成自变量为 n 的函数 $f(n)$。通常也将离散时间信号称为序列,因为它实质上只是一组按顺序排列的数值。离散时间信号的信号值可以是实数域内任意值。幅值连续的离散时间信号称为抽样信号,幅值不连续的离散时间信号称为数字信号。离散时间信号的波形如图 1-11 所示。

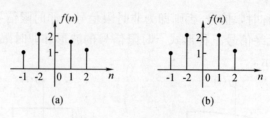

图 1 – 11　离散时间信号

（a）抽样信号；（b）数字信号

1.2.2.5　周期信号和非周期信号

按信号的周期性划分,确定信号又可以分为周期信号与非周期信号。

周期信号是指按某一固定周期重复出现的信号,表达式为 $f(t) = \sum\limits_{n=-\infty}^{\infty} f(t + nT)$,即信号 $f(t)$ 按一定的时间间隔 T 周而复始、无始无终地变化,T 为周期信号 $f(t)$ 的周期。从此定义可以看出,周期信号有三个特点:①周期信号必须在时间上是无始无终的;②随时间变化的规律必须具有周期性,其周期为 T ;③在各周期内信号的波形完全一样。周期信号的连续和离散形式如图 1 – 12 所示。

只要给出周期信号在任一周期内的函数表达式或波形,便可确知它在任一时刻的值。

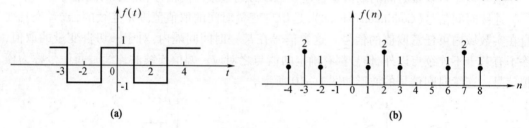

图 1 – 12　周期信号

（a）连续的周期信号；（b）离散的周期信号

周期信号具有很好的特性,是信号频域分析的基础,是本课程涉及的非常重要的一类信号。非周期信号不具有周期性。当周期信号的周期 T 值趋向无限大时,它就变成非周期信号了。

1.2.2.6　能量信号和功率信号

按时间函数的可积性划分,信号还可以分为能量信号和功率信号。

可以从能量的观点来研究信号。信号可看作是随时间变化的电压或电流,如把信号 $f(t)$ 看作是加在 1 Ω 电阻上的电流,则其瞬时功率为 $|f(t)|^2$,在时间间隔 $-\dfrac{T}{2} \leqslant t \leqslant \dfrac{T}{2}$ 内所消耗的能量为

$$E = \lim_{T \to \infty} \int_{-\frac{T}{2}}^{\frac{T}{2}} |f(t)|^2 \mathrm{d}t$$

而在上述时间间隔内的平均功率为

$$P = \lim_{T \to \infty} \frac{1}{T} \int_{-\frac{T}{2}}^{\frac{T}{2}} |f(t)|^2 \mathrm{d}t$$

如果信号 $f(t)$ 的能量 E 满足 $0 < E < \infty$,且信号功率 $P = 0$,则称 $f(t)$ 为能量有限信号,

简称能量信号。

如果信号 $f(t)$ 的功率 P 满足 $0<P<\infty$,且信号能量 $E=\infty$,则称 $f(t)$ 为功率有限信号,简称功率信号。

相对应地,满足 $E=\lim\limits_{N\to\infty}\sum\limits_{n=-N}^{N}|f(n)|^2<\infty$ 的离散信号,称为能量信号;而满足 $P=\lim\limits_{N\to\infty}\dfrac{1}{N}\sum\limits_{n=-N/2}^{N/2}|f(n)|^2<\infty$ 的离散信号,称为功率信号。

时限信号为能量信号,直流信号和周期信号属于功率信号,而非周期信号可能是能量信号,也可能是功率信号,但一个信号不可能同时既是能量信号又是功率信号。

有些特殊信号既不属于能量信号也不属于功率信号,如 $f(t)=e^t$ 。

1.2.2.7 因果信号与反因果信号

若当 $t<t_0$ (t_0 为实常数)时, $f(t)=0$,当 $t\geq t_0$ 时, $f(t)\neq 0$,则 $f(t)$ 为因果信号。通常取 $t_0=0$,即将信号接入系统的起始时刻记为 0 时刻,故因果信号可用 $f(t)u(t)$ 表示, $u(t)$ 表示单位阶跃信号。因果信号是有始无终信号的特例。

若当 $t\geq t_0$ (t_0 为实常数)时, $f(t)=0$,当 $t<t_0$ 时, $f(t)\neq 0$,则 $f(t)$ 为反因果信号。通常取 $t_0=0$,故反因果信号可用 $f(t)u(-t)$ 表示。反因果信号是无始有终信号的特例。

例如: $e(t-2)$ 是因果信号, $e(t+2)$ 是反因果信号。实际中使用的连续时间信号都是因果信号。

1.3 系统的描述及分类

系统的作用是对信号进行各种处理,其中最基本也是最简单的处理就是对信号进行各种数学运算转变为另一信号。这种处理的过程可以通过算法用计算机来实现,也可以让信号通过一个实体电路来实现。例如,电路和电子课程中学过的由运算放大器组成的加法器、减法器、微分器、积分器等都是对信号进行数学运算的电系统。

1.3.1 系统的描述

分析一个实际系统,首先要对实际系统建立数学模型,在数学模型的基础上,再根据系统的初始状态和输入激励,运用数学方法求其解答,最后又回到实际系统,对结果做出物理解释,并赋予物理意义。所谓系统的模型是指系统物理特性的抽象,以数学表达式或具有理想特性的符号图形来表征系统特性。

在建立系统模型方面,系统的数学描述方法可分为两大类型:输入–输出描述法和状态变量描述法。

输入–输出描述法着眼于系统激励与响应之间的关系,并不关心系统内部变量的情况。对于在通信系统中大量遇到的单输入–单输出系统,应用这种方法比较方便。

状态变量描述法不仅可以给出系统的响应,还可提供系统内部各变量的情况,也便于多输入–多输出系统的分析。在近代控制系统的理论研究中,广泛采用状态变量方法。

在使用方框图(Block diagram)表示系统模型时,每个方框图反映某种数学运算功能,给出该方框图输出与输入信号的约束条件,若干方框图组成一个完整的系统。

一些情况下,可以用 $H[\cdot]$ 或 $T[\cdot]$ 形式描述系统,如: $y(t) = H[e(t)]$ 表示当激励信号 $e(t)$ 作用于系统时,系统产生的响应是 $y(t)$。

1.3.2 系统的分类

概括而言,系统是由某些相互作用、相互关联的元器件或子系统组合而成的某种物理结构,其基本功能是对输入信号进行处理,并产生相应的输出信号。系统可按多种方法进行分类。不同类型的系统其系统分析的过程是一样的,但系统的数学模型不同,因而其分析方法也就不同。在信号与系统分析中,常以系统的数学模型和基本特性分类,这样系统可分为连续时间系统和离散时间系统、线性系统与非线性系统、时变系统与非时变系统、因果系统与非因果系统、稳定系统与不稳定系统、即时系统与动态系统等。下面讨论几种常用的分类法。

1.3.2.1 连续系统与离散系统

若系统的输入和输出信号都是连续时间信号,且其内部也未转换为离散时间信号,则称该系统为连续时间系统,简称连续系统。若系统的输入信号和输出信号均是离散信号,则称该系统为离散时间系统,简称离散系统。模拟通信系统是连续时间系统,而数字计算机就是离散时间系统。

在实际工程中,离散时间系统经常与连续时间系统组合运用,组成混合系统。连续时间系统的数学模型是微分方程,而离散时间系统则用差分方程来描述。

1.3.2.2 线性系统与非线性系统

线性系统是指具有线性特性的系统。所谓线性特性(Linearity)是指同时具备齐次性与叠加性。若系统输入增加 k 倍,输出也增加 k 倍,这就是齐次性(Homogeneity);若有几个输入同时作用于系统,而系统总的输出等于每一个输入单独作用所引起的输出之和,这就是叠加性(Superposition property)。非线性系统是指不具有线性特性的系统。

线性系统的数学模型是线性微分方程或线性差分方程。

1.3.2.3 时不变系统与时变系统

只要初始状态不变,系统的输出仅取决于输入,但与输入的起始作用时刻无关,这种特性称为时不变性。具有时不变特性的系统称为时不变系统(Time invariant system)。不具有时不变特性的系统称为时变系统(Time varying system)。

系统的线性和时不变性是两个不同的概念,线性系统可以是时不变的,也可以是时变的,非线性系统也是如此。本课程只讨论线性时不变(LTI)系统,简称线性系统。线性时不变连续(离散)系统的数学模型为常系数微分(差分)方程。

1.3.2.4 因果系统和非因果系统

因果系统(Causal system)是指当且仅当输入信号激励时才产生输出响应的系统,也即它在任何时刻的响应只取决于信号激励的现在与过去值,而不取决于激励的将来值。激励是产生响应的原因,响应是激励引起的结果。不具有因果特性的系统称为非因果系统。如 $y(t) = 3f(t-1)$ 描述的系统为因果系统,因该系统的响应不超前于激励信号;$y(t) = 2f(t+1)$ 描述的系统为非因果系统,因该系统在时刻 t 的响应与时刻 $t+1$ 的激励信号取值有关。

在实际应用中的物理系统都为因果系统,因此又称因果系统为物理可实现系统。非因果系统的概念与特性也有实际的意义,在一些以位移、距离、亮度为变量的工程系统中,有着实际的应用。

1.3.2.5 稳定系统与不稳定系统

当系统的输入为有界信号时,输出也为有界的,则该系统是稳定的,称为稳定系统;否则为不稳定系统。简言之,对于一个稳定系统,任何有界的输入信号总是产生有界的输出信号;反之,只要某个有界的输入能导致无界的输出,系统就不稳定。稳定性是系统自身的性质之一,系统是否稳定与激励信号的情况无关。

1.3.2.6 即时系统与动态系统

如果系统的输出信号只取决于同时刻的激励信号,而与它过去的工作状态无关,则称该系统为即时系统(或无记忆系统),否则称该系统为动态系统(或记忆系统)。只由电阻元件组成的系统就是即时系统,由电容、电感、寄存器等记忆元件组成的系统为动态系统。

1.3.3 系统的联结

很多实际系统往往可以看成是由几个子系统相互联结而构成的,因此在进行系统分析时,就可以通过分析各子系统特性,以及它们之间的连接关系来分析整个系统的特性。在进行系统综合时,也可以先综合出简单的基本系统单元,再进行有效联结,以得到复杂的系统。

虽然系统联结的方式多种多样,但其基本形式可以概括为级联、并联和反馈三种方式。两个系统的级联如图 1-13(a)所示,输入信号经系统 1 处理后再经由系统 2 处理。级联系统的联结规律是系统 1 的输出为系统 2 的输入,可以按照这种规律进行更多个系统的级联。两个系统的并联如图 1-13(b)所示,输入信号同时经系统 1 处理和系统 2 处理。并联系统的联结规律是系统 1 和系统 2 具有相同的输入,可以按照这种规律进行更多个系统的并联。两个系统的反馈联结如图 1-13(c)所示,系统 1 的输出为系统 2 的输入,而系统 2 的输出又反馈回来与外加输入信号共同构成系统 1 的输入。可以将级联、并联和反馈联结组合起来实现更复杂的系统。

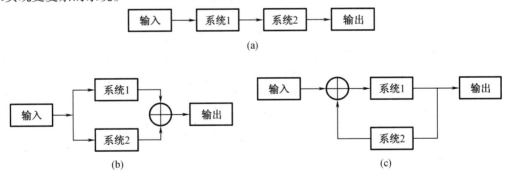

图 1-13 系统联结的基本形式

(a)两个系统的级联;(b)两个系统的并联;(c)两个系统的反馈联结

1.4 线性时不变系统

信号与系统分析主要是研究确定性信号作用于集总参数线性时不变系统(Linear Time Invariant,LTI)时产生的响应,因此掌握线性时不变系统的描述方法及其特性是十分必要的。实际应用经常遇到 LTI 系统,而且一些非线性系统或时变系统在限定范围与指定条件下,也遵从线性时不变特性的规律。在系统分析中 LTI 系统的分析具有重要意义。本节从连续系统和离散系统两个方面分别介绍线性时不变系统的描述方法及性质。

1.4.1 连续时间线性时不变系统

1.4.1.1 数学模型

连续时间线性时不变系统的数学模型是常系数线性微分方程,其基本形式见式(1-1)。

$$\sum_{i=0}^{n} C_i \frac{\mathrm{d}^{n-i}}{\mathrm{d}t^{n-i}} r(t) = \sum_{j=0}^{m} E_j \frac{\mathrm{d}^{m-j}}{\mathrm{d}t^{m-j}} e(t) \qquad (1-1)$$

式中:C_i,E_j 为方程系数,是常量;$e(t)$ 和 $r(t)$ 分别为系统激励和系统响应。求方程的完全解即得到系统的完全响应。

在书写连续时间系统的微分方程时要注意如下事项:

(1)系统响应(输出信号)应写在方程的左侧,系统的激励(输入信号)应写在方程的右侧;

(2)一般情况下,响应的阶次不低于激励的阶次,且阶次在方程中按降次方式排列;

(3)方程中响应最高阶次项的系数通常为 1。

如果将微分方程按照输入与输出的方式进行简化,系统可以用更一般的方式进行描述,如图 1-14 所示。图中,$h(t)$ 是反映系统自身特性的一个函数,是系统在时域内的标志,称为单位冲激响应。

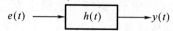

$$e(t) \longrightarrow \boxed{h(t)} \longrightarrow y(t)$$

图 1-14 系统数学模型最简描述

1.4.1.2 系统框图

对于用线性方程描述的连续时间系统,在用系统方框图描述系统结构时,采用的基本运算单元是加法器、乘法器和积分器。图 1-15(a)(b)(c)分别表示出这三种基本单元的方框图及其运算功能。

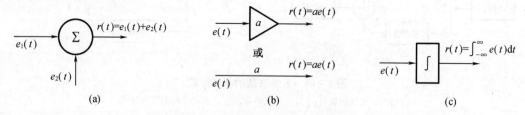

(a)   (b)   (c)

图 1-15 连续时间系统的基本单元结构

(a)相加;(b)倍乘;(c)积分

在连续时间线性时不变系统的方框图描述中没有使用微分器作为基本单元,是因为在实际应用中考虑到抑制突发干扰信号的影响。

【例 1-1】 写出 $\frac{\mathrm{d}}{\mathrm{d}t} f(t) + a_0 f(t) = b_0 \frac{\mathrm{d}}{\mathrm{d}t} e(t)$ 的系统仿真。

解 对系统微分方程进行化简

$$f'(t) + a_0 f(t) = b_0 e'(t)$$

$$f(t) = -a_0 \int f(t) \mathrm{d}t + b_0 e(t)$$

方程化简到激励信号中不含微分运算为止,系统方框图如图 1－16 所示。根据线性时不变性质,在图 1－16 中输入端的相乘因子 b_0 也可写在输出端。

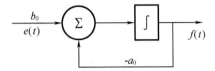

图 1－16 例 1－1 系统方框图

1.4.1.3 线性时不变系统性质

线性时不变系统具有线性特性、时不变特性、微分特性、因果特性等特点,掌握这些特点有助于我们在一些情况下根据已知的激励信号判定线性系统产生的响应。其中的线性特性、时不变特性是判定一个连续时间系统是否为线性时不变系统的依据。

(1)线性特性

对于 LTI 系统满足如下的线性特性:如果对于给定的系统,$e_1(t)$,$r_1(t)$ 和 $e_2(t)$,$r_2(t)$ 分别代表两对激励与响应,则当激励是 $A_1 e_1(t) + A_2 e_2(t)$(A_1,A_2 分别为常数)时,系统的响应为 $A_1 r_1(t) + A_2 r_2(t)$。数学描述为

如果已知 $r_1(t) = H[e_1(t)]$,$r_2(t) = H[e_2(t)]$,线性时不变系统的响应

$$A_1 r_1(t) + A_2 r_2(t) = H[A_1 e_1(t) + A_2 e_2(t)]$$

则线性特性叠加性和均匀性体现为

叠加性: $$r_1(t) + r_2(t) = H[e_1(t) + e_2(t)] \qquad (1-2)$$

均匀性(齐次性): $$A r_1(t) = H[A e_1(t)] \qquad (1-3)$$

由常系数线性微分方程描述的系统,如果起始状态为零,则系统满足叠加性与均匀性;若起始状态非零,必须将外加激励信号与起始状态的作用分别处理才能满足叠加性与均匀性。即

分解性: $$y(t) = y_{zi}(t) + y_{zs}(t)$$

零输入线性: $$A_1 y_{zi1}(t) + A_2 y_{zi2}(t) = H[A_1 X_1(0) + A_2 X_2(0)]$$

系统初始状态对应 $X_1(0)$ 的零输入响应为 $y_{zi1}(t)$,系统初始状态对应 $X_2(0)$ 的零输入响应为 $y_{zi2}(t)$;

零状态线性: $$A_3 y_{zs1}(t) + A_4 y_{zs2}(t) = H[A_3 f_1(t) + A_4 f_2(t)]$$

(2)时不变特性

对于时不变系统,由于系统参数本身不随时间改变,在同样起始状态下,系统响应与施加于系统的时刻无关。

因此,数学表达式为:若 $r(t) = H[e(t)]$,则 $r(t - t_0) = H[e(t - t_0)]$。表示当激励 $e(t)$ 延迟一段时间 t_0 时,系统的输出响应 $r(t)$ 也同样延迟 t_0,但波形形状不变,如图 1－17 所示。

(3)微分特性

对于 LTI 系统满足如下的微分特性:若系统在激励 $e(t)$ 作用下产生响应 $r(t)$,则当激

励为 $\dfrac{\mathrm{d}e(t)}{\mathrm{d}t}$ 时,响应为 $\dfrac{\mathrm{d}r(t)}{\mathrm{d}t}$,数学描述为 $\dfrac{\mathrm{d}r(t)}{\mathrm{d}t} = H\left[\dfrac{\mathrm{d}e(t)}{\mathrm{d}t}\right]$。

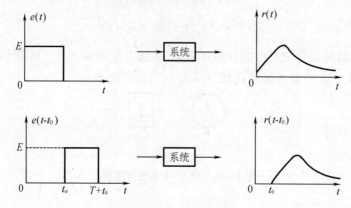

图 1 – 17   时不变特性

（4）积分特性

对于 LTI 系统满足如下的微分特性:若系统在激励 $e(t)$ 作用下产生响应 $r(t)$,则当激励为 $\displaystyle\int_0^t e(\tau)\mathrm{d}\tau$ 时,响应为 $\displaystyle\int_0^t r(\tau)\mathrm{d}\tau$,数学描述为 $\displaystyle\int_0^t r(\tau)\mathrm{d}\tau = H\left[\int_0^t e(\tau)\mathrm{d}\tau\right]$。

（5）因果特性

连续时间线性时不变系统是因果系统。

1.4.2   离散时间线性时不变系统

1.4.2.1   数学模型

离散时间线性时不变系统的数学模型是常系数线性差分方程,其基本形式为

$$\sum_{k=0}^{N} a_k y(n-k) = \sum_{r=0}^{M} b_r x(n-r) \tag{1-4}$$

式中: a_k, b_r 为差分方程系数,是常量; $x(n)$ 和 $y(n)$ 分别为系统激励和系统响应。求方程的完全解即得到系统的完全响应。

在书写离散时间系统的差分方程时要注意如下事项:

（1）系统的响应（输出信号）应写在方程的左侧,系统的激励（输入信号）应写在方程的右侧。

（2）一般情况下,响应的阶次不低于激励的阶次,且阶次在方程中按降次方式排列。

（3）方程中响应最高阶次项的系数通常为1。

（4）用输入 – 输出描述法描述的离散时间系统差分方程都是后向形式的差分方程。

差分方程有以下特点:

（1）输出序列的第 n 个值不仅决定于同一瞬间的输入样值,而且还与前面输出值有关,每个输出值必须依次保留。

（2）差分方程中变量的最高和最低序号差数为差分方程阶数。如果一个系统的第 n 个输出决定于刚过去的几个输出值及输入值,那么描述它的差分方程就是几阶的。

（3）微分方程可以用差分方程来逼近,微分方程的解是精确解,差分方程的解是近似解,两者有许多类似之处。

（4）差分方程描述离散时间系统,输入序列与输出序列间的运算关系与系统框图有对应关系,应该会写会画。

如果将微分方程按照输入与输出的方式进行简化,系统可以用更一般的方式进行描述,如图 1-18 所示 。图中,$h(n)$ 是反映系统自身特性的一个函数,是系统在时域内的标志,称为单位样值响应。

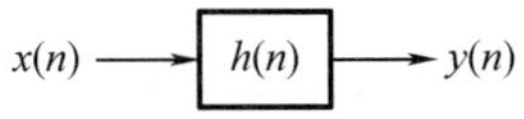

$$x(n) \longrightarrow \boxed{h(n)} \longrightarrow y(n)$$

图 1-18 系统数学模型最简描述

1.4.2.2 系统框图

对于用线性方程描述的离散时间系统,在用系统方框图描述系统结构时,采用的基本运算单元是延时器、加法器、乘法器。加法器和标量乘法器的功能和符号与连续系统相同,延时器则与积分器相对应,它实际上是一个存储器,它把信号存储为一个取样时间 T,常采用延时线或移位寄存,用符号"$\frac{1}{E}$" "T" 或 "D" 表示。延时器的时域表示符号如图 1-19(a) 所示。若初始状态不为零,则于延时器的输出处用一加法器将初始状态引入,加法器如图 1-19(b) 所示。乘法器如图 1-19(c) 所示。

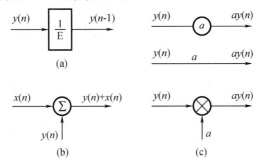

图 1-19 离散时间系统的基本单元结构
(a)单位延时;(b)相加;(c)乘系数

【例 1-2】 一个离散系统如图 1-20 所示,已知激励信号为 $x(n)$,响应序列为 $y(n)$,写出系统的差分方程。

解 由图 1-20 得到系统的差分方程为

$$y(n) = ay(n-1) + x(n)$$

化简后得到

$$y(n) - ay(n-1) = x(n)$$

可见,图 1-20 描述的是一个后向形式的差分方程。

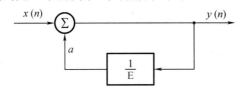

图 1-20 例 1-2 系统方框图

【例 1 – 3】 一个离散系统如图 1 – 21 所示,已知激励信号为 $x(n)$,响应序列为 $y(n)$,写出系统的差分方程。

解 由图 1 – 21 得到系统的差分方程为

$$y(n+1) = ay(n) + x(n)$$

化简后得到

$$y(n) = \frac{1}{a}\left[y(n+1) - x(n) \right]$$

可见,图 1 – 21 描述的是一个前向形式的差分方程。

对于因果系统用后向形式的差分方程较方便,如数字滤波器的数学描述;在状态变量分析中,习惯用前向形式的差分方程描述系统状态方程和输出方程。

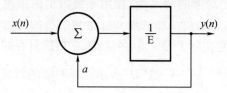

图 1 – 21 例 1 – 3 系统方框图

1.4.2.3 线性时不变系统性质

虽然离散时间系统用差分方程取代了连续时间系统的微分方程,用差分运算取代了微分和积分运算,但其线性时不变系统仍然具有线性时不变特性和因果特性,且理论方法与连续时间系统相同,这里不再详细叙述。图 1 – 22 中给出一个离散时间 LTI 系统的时不变特性实例。

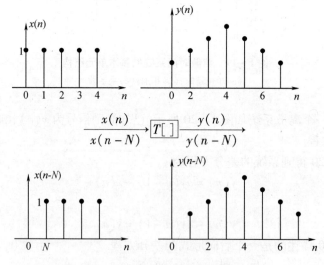

图 1 – 22 离散时间 LTI 系统时不变特性

思考题

1 – 1 什么是信号?什么是系统?信号与系统有什么关系?

1 – 2 信号分哪几类?分别叙述各类信号的定义。

1-3　模拟信号和连续信号有区别吗？

1-4　离散信号和数字信号一样吗？

1-5　系统线性有哪些含义？由线性元件组成的电路系统是不是线性系统？由非线性元件组成的系统是不是非线性系统？

1-6　如何判断一个系统是不是线性时不变因果系统？

习题

1-1　分别判断下列各函数式属于何种信号？

$(1) e^{-at}\sin(\omega t)$　　　　　　　　$(2) e^{-nT}$

$(3) \cos(n\pi)$　　　　　　　　　$(4) \sin(n\omega_0)$（ω_0 为任意值）

1-2　分别判断图 1-23 所示各波形是连续时间信号还是离散时间信号，若是离散时间信号是否为数字信号？

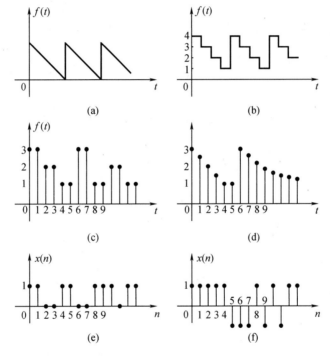

图 1-23

1-3　求下列各式的周期。

$(1) \cos(10t) - \cos(30t)$　　　　$(2) e^{j10t}$　　　　$(3) [5\sin(8t)]^2$

$(4) \sum_{n=0}^{\infty} (-1)^n [u(t-nT) - u(t-nT-T)]$　　（n 为正整数）

1-4　确定下面每个信号是否为周期信号。若是，确定其周期。

$(1) x(n) = e^{j\frac{\pi}{4}n}$

$(2) x(n) = \cos\left(\frac{n}{4}\right)$

$(3) x(n) = \cos\left(\frac{n\pi}{3}\right) + \sin\left(\frac{n\pi}{4}\right)$

$$(4)\,x(n) = \cos^2\left(\frac{n\pi}{8}\right)$$

$$(5)\,x(n) = \cos\frac{n}{2}\cos\left(\frac{n\pi}{8}\right)$$

1-5 写出图 1-24 的微分方程。

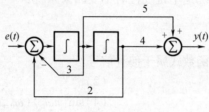

图 1-24

1-6 绘出下列系统的仿真图。

$$\frac{\mathrm{d}^2}{\mathrm{d}t^2}r(t) + a_1\frac{\mathrm{d}}{\mathrm{d}t}r(t) + a_0 r(t) = b_0 e(t) + b_1\frac{\mathrm{d}}{\mathrm{d}t}e(t)$$

1-7 列出图 1-25 所示系统的差分方程,指出其阶次。

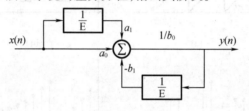

图 1-25

1-8 列出图 1-26 所示系统的差分方程,指出其阶次。

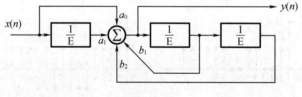

图 1-26

1-9 判断系统的线性、时不变性和因果性。

$$(1)\,r(t) = \frac{\mathrm{d}e(t)}{\mathrm{d}t}$$

$$(2)\,r(t) = \int_{-\infty}^{t} e(\tau)\,\mathrm{d}\tau$$

$$(3)\,r(t) = e(t)u(t)$$

$$(4)\,r(t) = e(1-t)$$

$$(5)\,r(t) = e^2(t)$$

$$(6)\,r(t) = e(2t)$$

第2章 连续时间信号与系统的时域分析

第1章介绍了信号和系统的概念,并且讨论了连续时间信号的特点。当这些信号通过连续线性时不变系统时会产生什么样的响应,以及采用什么样的方法来分析和计算这些响应,将是本章要解决的重点。

时域分析方法的特点是建立输入激励信号和表征系统特性的时域数学模型,采用经典的方法直接求出系统的输出响应。本章重点讨论以下几个问题。

(1)如何建立线性时不变系统微分方程。

(2)如何求解线性时不变系统微分方程,这里我们介绍4种求解微分方程的方法,即经典解析法、零输入零状态法、卷积法和MATLAB法。

(3)为了分析系统本身所具有的特性,我们还将介绍系统的单位冲激响应和阶跃响应。

(4)卷积积分在变换域分析法中也具有极其重要的意义,它是由时域分析法过渡到变换域分析法的理论基础。我们讨论3种卷积积分的方法,解析法、图解法和采用MATLAB软件计算的方法。在计算机技术发展日新月异的今天,这种方法尤为重要和方便。

我们已在数学课程中掌握了常系数微分方程的经典解法,并在电路中运用此法讨论过一阶、二阶动态电路对于阶跃输入的响应。本章将在此基础上讨论运用微分方程求解线性时不变连续时间系统的零输入响应和卷积积分法求解线性时不变连续时间系统的零状态响应方法。分析采用不同方法计算输出响应的优缺点,最后通过举例说明MATLAB法计算这些响应的优点,这种时域分析的新方法也是本章学习的重点。

2.1 典型基本信号

正如前节所述,信号波形种类之多,一时难以言尽。一般来说,信号的波形往往都十分复杂。简单信号可用一定的数学模型描述,并依此绘制其波形。然而,工程实际中通过实验手段观察或记录的信号波形却是相当复杂的,不便于直接研究和分析。为了解决这一问题,经过长期努力,人们终于发现"复杂信号波形大都可以用一些简单的基本信号波形叠加组合来处理"。比如用各种正弦信号、实指数信号、单位阶跃信号和单位冲激信号等等叠加合成。上述这类信号常称为基本信号,下面分别介绍。

2.1.1 正弦信号

正弦信号和余弦信号二者仅在相位上相差 $\frac{\pi}{2}$,统称为正弦信号,一般写作

$$f(t) = K\sin(\omega t + \theta)$$

式中:振幅为 K;ω 为角频率(rad/s);θ 为初始相位,通常被称为描述正弦信号的三要素。正弦信号波形如图 2-1 所示。

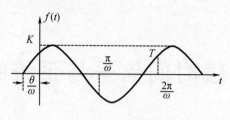

图 2-1 正弦信号

正弦信号是周期信号,其周期 T 与角频率 ω 和频率 f 满足下列关系式:$T = \dfrac{2\pi}{\omega} = \dfrac{1}{f}$。

2.1.2 指数信号

指数信号的表达式为 $f(t) = Ke^{at}$,$t \in \mathbf{R}$。式中 $\mathbf{R}$ 表示实数集。系数 K 是指数信号的初始值,在 K 为正时,若 $a > 0$,则指数信号幅度随时间增长而增长;若 $a < 0$,则指数信号幅度随时间增长而衰减。在 $a = 0$ 的特殊情况下,信号不随时间变化,成为直流信号。指数信号的波形如图 2-2 所示。

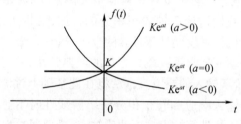

图 2-2 指数信号

指数信号为单调增或单调减信号,为了表示指数信号随时间单调变化的快慢程度,令 $\tau = \dfrac{1}{|a|}$,τ 为指数信号的时间常数,则 τ 越大,指数信号增长或衰减的速率越慢。

在实际中较多遇到的是单边指数衰减信号,其数学表达式为

$$f(t) = \begin{cases} 0 & (t < 0) \\ e^{-\frac{t}{\tau}} & (t \geq 0) \end{cases}$$

波形如图 2-3 所示。

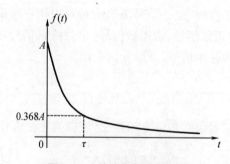

图 2-3 单边指数衰减信号

2.1.3 复指数信号

如果指数信号的指数因子为一复数,则称为复指数信号,其表达式为

$$f(t) = Ke^{st} = Ke^{(\sigma + j\omega_0)t} = Ke^{\sigma t}\cos(\omega_0 t) + jKe^{\sigma t}\sin(\omega_0 t)$$

其中 $s = \sigma + j\omega_0$,K 一般为实数,也可为复数。实部、虚部都为正(余)弦信号,指数因子实部 σ 表征实部与虚部的正、余弦信号的振幅随时间变化的情况,ω 表示信号随角频率变化的情况。

复指数信号在物理上是不可实现的,但是它概括了多种信号。利用复指数信号可以表示常见的普通信号,如直流信号、指数信号及正弦信号等。复指数信号的微分和积分仍然是复指数信号,利用复指数信号可以使许多运算和分析简化。因此,复指数信号是信号分析中非常重要的基本信号。下面给出复指数信号的部分变化情况。

当 $\sigma < 0$,复指数信号的实部、虚部为衰减的正弦信号,波形如图 2-4(a)(b)所示;当 $\sigma > 0$,复指数信号的实部、虚部为增幅正弦信号,波形如图 2-4(c)(d)所示;当 $\sigma = 0$,复指数信号成为纯虚数指数信号 $f(t) = e^{j\omega_0 t}$;若 $\omega_0 = 0$,复指数信号成为一般的实指数信号;若 $\sigma = 0, \omega_0 = 0$,复指数信号的实部、虚部均与时间无关,成为直流信号。

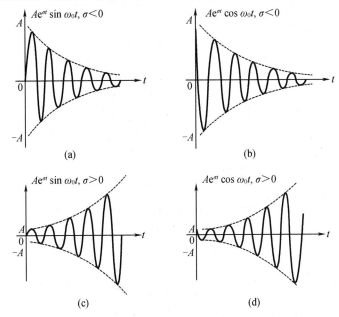

图 2-4 复指数信号的实部和虚部

欧拉公式很好地揭示了正弦信号、虚指数信号、复指数信号之间的关系,这种关系在信号与系统分析课程中会经常用到。

根据欧拉公式,虚指数信号

$$e^{j\omega t} = \cos(\omega t) + j\sin(\omega t)$$

$$e^{-j\omega t} = \cos(\omega t) - j\sin(\omega t)$$

可见,虚指数信号可以用与其相同周期的正弦信号表示,虚指数信号和正弦信号有相同的特性,对它们进行微分和积分后,仍然是同周期的虚指数信号和正弦信号。

由上述公式可以得到

$$\sin(\omega t) = \frac{1}{2j}(e^{j\omega t} - e^{-j\omega t}), \cos(\omega t) = \frac{1}{2}(e^{j\omega t} + e^{-j\omega t})$$

所以复指数信号可表示为

$$f(t) = Ke^{st} = Ke^{(\sigma + j\omega)t} = Ke^{\sigma t}\cos(\omega t) + jKe^{\sigma t}\sin(\omega t)$$

用 MATLAB 实现复指数信号的方法：

ep2_1. m

t = 0:0.01:3;K = 2;a = -1.5;b = 10;ft = K * exp((a + i * b) * t);

subplot(2,2,1);plot(t,real(ft));title('实部');axis([0,3, -2,2]);grid on;

subplot(2,2,2);plot(t,imag(ft));title('虚部');axis([0,3, -2,2]);grid on;

subplot(2,2,3);plot(t,abs(ft));title('模');axis([0,3,0,2]);grid on;

subplot(2,2,4);plot(t,angle(ft));title('相位角');axis([0,3, -4,4]);grid on;

复指数信号的实部、虚部、模、相位的输出波形如图 2 - 5 所示。

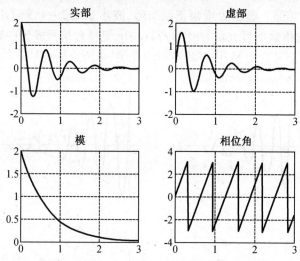

图 2 - 5 复指数信号的实部、虚部、模、相位角输出波形

2.1.4 抽样信号

所谓抽样函数(Sampling function)是指 $\sin t$ 与 t 之比构成的函数,以符号 $Sa(t)$ 表示。

表达式为 $Sa(t) = \frac{\sin t}{t}$,抽样函数的波形如图 2 - 6 所示。抽样函数在 MATLAB 中用函数

$\sin c(t)$ 描述,定义为 $\sin c(t) = \frac{\sin(\pi t)}{\pi t}$。$Sa(t)$ 与 $\sin c(t)$ 只是在时间尺度上不同。

$Sa(t)$ 具有以下特点:①$Sa(t)$ 是偶函数,用公式表达为 $\int_0^\infty Sa(t)dt = \frac{\pi}{2}$ 和 $\int_{-\infty}^\infty Sa(t)dt = \pi$;②$Sa(0) = 1$;③当 $t = \pm\pi,\cdots,\pm n\pi$ 时,$Sa(t) = 0$。

用 MATLAB 实现抽样信号的方法:

ep2_2. m

t = -6 * pi:pi/100:6 * pi;ft = sinc(t/pi);

plot(t,ft);grid on;axis([-20,20, -0.5,1.2]);title('抽样信号');

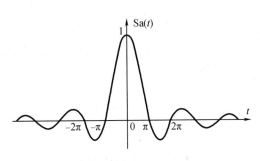

图 2-6 抽样函数 $Sa(t)$

2.1.5 单位斜变信号

斜变信号指的是从某一时刻开始随时间正比例增长的信号。其表达式为

$$f(t) = \begin{cases} 0 & (t < 0) \\ t & (t \geq 0) \end{cases}, \quad f(t - t_0) = \begin{cases} 0 & (t < t_0) \\ t - t_0 & (t \geq t_0) \end{cases}$$

对应的波形如图 2-7 所示。

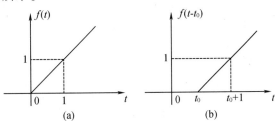

图 2-7 单位斜变信号

(a) 单位斜变信号；(b) 移位的单位斜变信号

在信号与系统分析中,经常要遇到函数本身有不连续点或其导数与积分有不连续点的情况,这类函数统称为奇异函数或奇异信号。奇异信号是另一类基本信号。阶跃函数和冲激函数就是奇异函数。研究奇异函数的性质要用到广义函数(或分配函数)的理论。下面介绍阶跃函数和冲激函数这两种奇异信号。

2.1.6 单位阶跃信号

单位阶跃函数是对某些物理对象从一个状态瞬间突变到另一个状态的描述。如图 2-8 所示,在 $t=0$ 时刻对某一电路接入 1 V 的直流电压源,并且无限持续下去,这个电路获得电压信号的过程就可以用单位阶跃函数来描述。如果接入电源的时间推迟到 $t = t_0$ 时刻 $(t_0 > 0)$,如图 2-9 所示,就可以用一个延时的单位阶跃函数来表示。

单位阶跃信号以符号 $u(t)$ 或 $\varepsilon(t)$ 表示,定义为 $u(t) = \begin{cases} 0 & (t < 0) \\ 1 & (t > 0) \end{cases}$。波形如图 2-8(b) 所示,其波形在跃变点 $t = 0$ 处,函数值未定。

若单位阶跃信号跃变点在 $t = t_0$ 处,则称其为延迟单位阶跃函数,其波形如图 2-9(b) 所示,对应的表达式为 $u(t - t_0) = \begin{cases} 0 & (t < t_0) \\ 1 & (t > t_0) \end{cases}$。

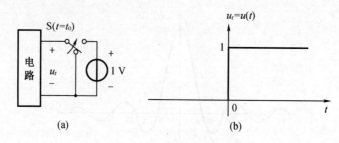

图 2 - 8 单位阶跃信号

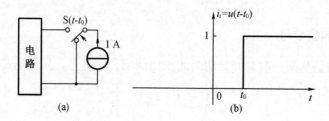

图 2 - 9 延迟 t_0 单位阶跃信号

用 MATLAB 实现单位阶跃信号的方法如下。

方法 1:单位阶跃信号的直接实现方法

ep2_3.m

t = -1:0.01:5;ft = (t > =0);plot(t,ft);grid on;axis([-1,5, -0.5,1.5]);title('单位阶跃信号');

方法 2:通过用户自定义函数实现单位阶跃信号的数值计算

ep2_4.m 程序清单

% 函数 uCT 为用户自定义的用数值法计算单位阶跃信号的函数

t = -1:0.01:5;ft = uCT(t); plot(t,ft);grid on;axis([-1,5, -0.5,1.5]);title('单位阶跃信号');

函数 uCT 定义为

function f = uCT(t)

f = (t > =0);

方法 3:通过 MATLAB 函数实现单位阶跃信号的符号计算

ep2_5.m

% MATLAB 中将 heaviside 函数定义为阶跃信号符号表达式

y = sym('heaviside(t)');%定义符号表达式

ezplot(y,[-1,5]);%符号函数二维作图

运用单位阶跃信号与延迟阶跃信号的单边特性,可以方便地表示某些信号,这是阶跃信号的主要应用,在信号与系统分析中经常用到。

2.1.6.1 用单位阶跃信号描述矩形脉冲信号

【例 2 - 1】 矩形脉冲信号 $G(t)$ 如图 2 - 10 所示,用阶跃信号表示 $G(t)$。

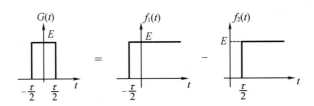

图 2 – 10　用单位阶跃信号描述矩形脉冲信号

解　$G(t)$ 是脉冲宽度为 τ,脉冲高度为 E 的矩形脉冲信号。因为

$$f_1(t) = Eu\left(t + \frac{\tau}{2}\right), f_2(t) = Eu\left(t - \frac{\tau}{2}\right)$$

所以,矩形脉冲 $G(t)$ 可表示为

$$G(t) = f_1(t) - f_2(t) = Eu\left(t + \frac{\tau}{2}\right) - Eu\left(t - \frac{\tau}{2}\right)$$

当幅值 $E = 1$, $T = \tau$ 时,上式可改写为 $G_T(t) = u\left(t + \frac{\tau}{2}\right) - u\left(t - \frac{\tau}{2}\right)$, $G(t)$ 被称为门函数。还有一种简单的矩形脉冲表达式 $R_T(t) = u(t) - u(t - T)$,表示起始于 0 点的脉冲宽度为 T、高度为 1 的矩形脉冲信号。

（2）用单位阶跃信号给信号加窗或取单边,描述信号的作用区间,如图 2 – 11 所示。

（3）利用阶跃信号来表示符号函数。

【例 2 – 2】　$\text{sgn}(t)$ 信号波形如图 2 – 12 所示,用阶跃信号描述该信号。

解　因为符号函数在信号与系统分析中定义为

$$\text{sgn}(t) = \begin{cases} 1 & (t > 0) \\ -1 & (t < 0) \end{cases}$$

所以,符号函数可用阶跃信号描述为 $\text{sgn}(t) = 2u(t) - 1$。

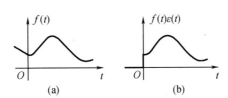

图 2 – 11　信号的单边特性描述

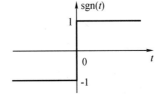

图 2 – 12　$\text{sgn}(t)$ 信号波形

2.1.7　单位冲激信号

单位冲激函数是奇异函数,它是对强度极大、作用时间极短的物理量的一种理想化模型。冲激信号可由不同的方式来定义,其中一种定义是采用狄拉克定义,故又称狄拉克函数。即

$$\begin{cases} \delta(t) = 0 & (t \neq 0) \\ \displaystyle\int_{-\infty}^{\infty} \delta(t)\,dt = 1 \end{cases}$$

它表示除在原点以外处处为零,并且具有单位面积值。直观地看,这一函数可以设想为一列窄脉冲的极限。冲激信号用箭头表示,如图 2 – 13(a)所示。冲激信号具有强度(称

为冲激强度),其强度就是冲激信号对时间的定积分值。在图中以括号注明,与信号的幅值相区分。冲激强度为1的冲激信号称为单位冲激信号。

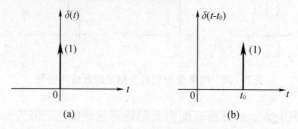

图 2 - 13 单位冲激信号

冲激信号可以延迟至任意时刻 t_0,以符号 $\delta(t - t_0)$ 表示,称为定义延迟的冲激信号。信号波形如图 2 - 13(b)所示,描述为

$$\begin{cases} \delta(t - t_0) = 0 & (t \neq t_0) \\ \int_{-\infty}^{\infty} \delta(t - t_0) \, \mathrm{d}t = 1 \end{cases}$$

如果冲激函数 $\delta(t)$ 的面积等于 A,A 被称为它的强度,可描述为 $A\delta(t)$。但要记住,它在 $t = 0$ 处的"高度"是无限的或未定义的。

用矩形脉冲取极限的方法定义单位冲激函数,能够直观地描述冲激函数的本质特征,其变化过程如图 2 - 14 所示。当 τ 减小时,它的宽度变小,高度相应地变大,但面积仍保持为 1。当 $\tau \to 0$ 时,脉冲宽度趋于零,则脉冲幅度必定趋于无穷大,但它仍具有单位面积。这是冲激函数的根本特征。

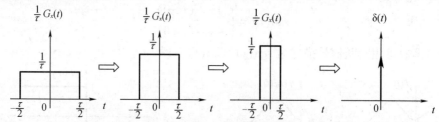

图 2 - 14 由矩形脉冲信号到冲激信号的演变示意图

由图 2 - 14 的演变过程得到用矩形脉冲取极限方法定义单位冲激函数的公式如下

$$\delta(t) = \lim_{\tau \to 0} \frac{1}{\tau} \left[u\left(t + \frac{\tau}{2}\right) - u\left(t - \frac{\tau}{2}\right) \right]$$

矩形脉冲取极限定义与狄拉克定义相比,用到的次数较少,应重点掌握狄拉克定义方法。

用 MATLAB 实现单位冲激信号的方法如下。

方法 1:单位冲激信号的直接实现方法

ep2_6. m

t = -1:0.01:1;ft = zeros(size(t));ft(t = =0) = inf; % inf 是 MATLAB 中表示无穷大的常量

plot(t,ft);grid on;axis([-1,1,-0.5,0.5]);title('单位冲激信号');

方法 2:通过用户自定义函数实现单位冲激信号的数值计算

ep2_7. m

% 函数 drc 为用户自定义的用数值法计算单位阶跃信号的函数

t = -1:0.01:1;ft = drc(t);plot(t,ft);grid on;

axis([-1,1,-0.5,0.5]);title('单位冲激信号');

函数 drc 定义为

function ft = drc(t)

ft = zeros(size(t));ft(t = =0) = inf;% t 等于零时 ft 为无穷大

方法 3:通过 MATLAB 函数实现单位冲激信号的计算

ep2_8. m

t = -1:0.01:1;ft = dirac(t);

% dirac 是 MATLAB 提供的单位冲激函数,可进行数值计算

plot(t,ft);grid on;axis([-1,1,-0.5,0.5]);title('单位冲激信号');

在利用 MATLAB 显示单位冲激信号的波形时,$t=0$ 处的冲激不显示。

单位冲激函数的抽样特性等性质在信号与系统分析中经常使用,下面讨论单位冲激函数的几个常用性质。

(1)奇偶性质

单位冲激函数是偶函数,即 $\delta(t) = \delta(-t)$。

(2)积分性质

冲激函数与阶跃函数互为微积分关系。冲激函数的积分是阶跃函数,阶跃函数的积分是冲激函数,即 $\int_{-\infty}^{t} \delta(t)\,dt = u(t)$,$\frac{du(t)}{dt} = \delta(t)$。由这种关系可进一步得出

$$\int_{-\infty}^{t} \delta(t-t_0)\,dt = u(t-t_0),\frac{du(t-t_0)}{dt} = \delta(t-t_0)$$

(3)筛选性质

如果信号 $f(t)$ 是一个在 $t=t_0$ 处连续的普通函数,连续时间信号 $f(t)$ 与单位冲激信号相乘,等于将冲激时刻 t_0 的信号值 $f(t_0)$ "筛分"出来赋给冲激函数作冲激强度,即

$$f(t)\delta(t-t_0) = f(t_0)\delta(t-t_0)$$

当 $t_0 = 0$ 时,表达式可化简为 $f(t)\delta(t) = f(0)\delta(t)$。

(4)取样性质

如果信号 $f(t)$ 是一个在 $t=t_0$ 处连续的普通函数,则有 $\int_{-\infty}^{\infty} f(t)\delta(t-t_0)\,dt = f(t_0)$。当 $t_0 = 0$时,上式变为 $\int_{-\infty}^{\infty} f(t)\delta(t)\,dt = f(0)$。

可见,利用冲激函数的抽样特性能够得到连续信号在任意时刻的抽样值。但要注意当积分范围为有限区间时,t_0 必须在积分范围内。

【例 2-3】　试分别化简下列各信号的表达式:

(1)$x_1(t) = t\delta(t-2)$

(2)$x_3(t) = \frac{d}{dt}[e^{-2t}u(t)]$

(3)$\int_{-5}^{5} (t^2 + 2t + 1)\delta(t-1)\,dt$

解 根据冲激函数的性质进行化简

$(1) x_1(t) = t\delta(t-2) = 2\delta(t-2)$

$(2) x_3(t) = \dfrac{\mathrm{d}}{\mathrm{d}t}\left[e^{-2t}u(t)\right] = -2e^{-2t}u(t) + e^{-2t}\delta(t) = -2e^{-2t}u(t) + \delta(t)$

$(3) \displaystyle\int_{-5}^{5}(t^2 + 2t + 1)\delta(t-1)\,\mathrm{d}t = \int_{-5}^{5}4\delta(t-1)\,\mathrm{d}t = 4$

2.2 信号的基本运算

系统的作用是对信号进行各种处理,其中最基本也是最简单的处理就是对信号进行各种数学运算转变为另一信号。信号的基本运算包括信号的自变量运算(时延、反转和尺度变换)、信号的加减乘除运算、信号的积分和微分运算。这种处理的过程可以通过算法用计算机来实现,也可以让信号通过一个实体电路来实现。例如电路和电子课程中学过的由运算放大器组成的加法器、减法器、微分器、积分器等都是对信号进行数学运算的电系统。

(1)信号的加(减)乘(除)运算

两个信号进行加(减)乘(除)运算得到一个新的信号,它在任意时刻的值等于两个信号在该时刻的值进行加(减)乘(除)运算。也就是说:若两个信号相加,则结果信号的取值是参与运算的两信号对应点取值相加,若是相乘运算,则是对应点取值相乘。

信号相加的例子有很多,如卡拉 OK 中演唱者的歌声与背景音乐的混合、影视动画中添加背景都是信号叠加的例子。在通信系统中也常有不需要的干扰信号与需要的信号叠加在一起传输过来,影响对正常信号的接收。

无线电广播和通信系统中的调制与解调,就是将两个信号经一个乘法器做乘法处理后搬移信号的频谱,从而实现载频无线电发射和频分复用技术。

(2)连续信号的微分运算

微分就是对信号 $f(t)$ 求导数的运算。信号经过微分后突出了变化部分,如图 2 - 15 所示。利用对信号微分的突出变化作用,可以检测异常状况发生的时间和特征。

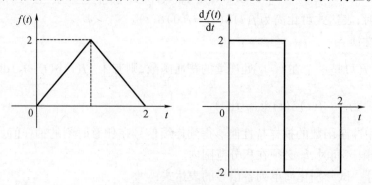

图 2 - 15 信号的微分运算

(3)积分运算

积分是对信号 $f(t)$ 在 $(-\infty, t)$ 区间内的定积分 $\displaystyle\int_{-\infty}^{t} f(\tau)\,\mathrm{d}\tau$。信号经过积分后平滑了变

化部分,如图 2-16 所示。利用对信号积分的平滑作用可以削弱信号中混入的毛刺(噪声)的影响。

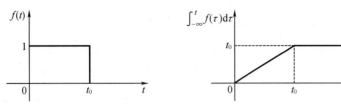

图 2-16 信号的积分运算

(4)移位运算

信号 $f(t)$ 在传输后如果波形的形状保持不变,仅仅是延迟了 t_0 时间($t_0 > 0$),则延迟后的信号为 $f(t - t_0)$,其波形相当于将 $f(t)$ 的波形沿时间轴正方向移位 t_0 时间;类似地,$f(t - t_0)$ 的波形相当于把 $f(t)$ 的波形向时间轴的相反方向移位 t_0 时间,如图 2-17 所示。

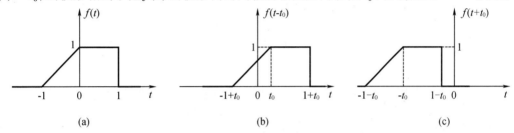

图 2-17 信号的移位运算

(a)原始信号;(b)右移 t_0;(c)左移 t_0

在雷达、声呐以及地震信号检测等问题中容易找到信号移位现象的实例。如在通信系统中,长距离传输电话信号中,可能听到回波,这是幅度衰减的话音延时信号。

(5)反褶运算

如果将信号 $f(t)$ 的自变量用 $-t$ 替换,则信号 $f(-t)$ 的波形为 $f(0)$,以 $t = 0$ 为轴的反转。反转后的波形如图 2-18 所示。录音机倒带就是信号反褶运算的实例。

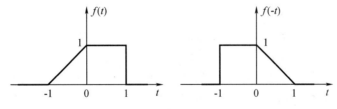

图 2-18 信号的反褶运算

(6)尺度变换运算

如果把 $f(t)$ 的变量 t 置换为 at,a 为一正系数,信号 $x(at)$ 的波形为 $f(t)$ 波形的时间轴压缩($a > 1$)或扩展($a < 1$),该运算称为尺度变换,如图 2-19 所示。录音机磁带的快放、慢放过程就是信号尺度变换运算的实例。

在信号简单处理过程中常有时移、反褶和尺度变换综合的情况。这时相应波形的分析可分步进行。分步的次序可以有所不同,但因为在处理过程中,坐标轴始终是时间 t,因此每一步的处理都应针对时间 t 进行。

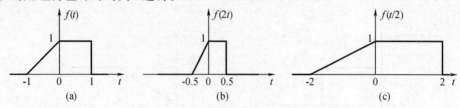

图 2-19   信号的尺度变换运算

【例 2-4】 $f(t)$ 的波形如图 2-20 所示,画出 $f(-2t+1)$ 的波形。

解   依次采用移位、反褶、尺度变换顺序,首先画出 $f(t+1)$ 的波形,然后进行反转得到 $f(-t+1)$,最后进行尺度变换即可得到 $f(-2t+1)$ 的波形,如图 2-21 所示。

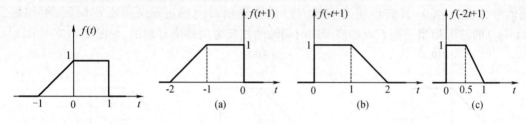

图 2-20   例 2-4 图   图 2-21   移位、反褶、尺度变换

用 MATLAB 实现例 2-4 的仿真程序为 ep2_9.m。

ep2_9.m

t = -4:0.01:4;ft = funcf(t);% funcf 为自定义函数

ft1 = funcf(-2*t+1);

subplot(1,2,1);plot(t,ft);grid on;axis([-2,2,-0.5,1.5]);axis square;title('f(t)');

subplot(1,2,2);plot(t,ft1);grid on;axis([-2,2,-0.5,1.5]);axis square;title('f(-2t+1)');

自定义函数 funcf 定义为

function f = funcf(t)

f = (t+1).*(uCT(t+1) - uCT(t)) + (uCT(t) - uCT(t-1));

由 $f(t)$ 的波形得到 $f(at+b)$ 的波形,需经过时移、尺度变换,若 $a<0$,还需进行反褶。按变换顺序可分为 6 种(数学的排列 $P_3^2=6$),熟悉哪种就使用哪种,但是必须注意:①反褶是将 $(-t)$ 置换 (t),即将 $f(t)$ 相对于纵轴翻转 $180°$;②尺度变换是将 (at) 置换 (t),即将 $f(t)$ 相对横轴压缩 $1/|a|$,纵轴相对不变;③时移即是水平移动,向何方向移动以及移动多少个单位,由前一个步骤决定。为了方便,建议先使用时移,而后再考虑尺度变换或反褶。

特殊地,$f(-t+|a|)$ 表示对 $f(-t)$ 右移 $|a|$,$f(-t-|a|)$ 表示对 $f(-t)$ 左移 $|a|$。这一结论对理解卷积运算的过程非常有意义。

2.3 信号的分解

在实际应用中,常需要将复杂的信号化为一些便于处理的简单信号的组合,从而将复杂问题简单化,使信号分析的物理过程更加清晰,犹如力学中将任一方向的力分解为几个分力一样。利用信号的分解性质可以由已知信号构造新的信号。信号可以从不同角度分解。

2.3.1 直流分量与交流分量

信号可以分解为直流分量与交流分量之和。信号的直流分量是指信号在其定义区间上的信号平均值,从信号中去掉直流分量后剩下的就是信号的交流分量。如果直流分量和交流分量分别用 f_D 和 $f_A(t)$ 表示,则信号 $f(t)$ 的表达式为 $f(t) = f_D + f_A(t)$。其中

$$f_D = \frac{1}{T}\int_0^T f(t)\,\mathrm{d}t$$

若 $f(t)$ 表示的是电流信号,则在时间间隔 T 内流过单位电阻所产生的平均功率 P 为

$$P = \frac{1}{T}\int_{-\frac{T}{2}}^{\frac{T}{2}} f^2(t)\,\mathrm{d}t = f_D^2 + \frac{1}{T}\int_{-\frac{T}{2}}^{\frac{T}{2}} f_A^2(t)\,\mathrm{d}t$$

可见,一个信号的平均功率等于直流功率与交流功率之和。

2.3.2 偶分量与奇分量

如果 $f(t)$ 为实数,偶分量定义为 $f(t) = f(-t)$,表示 $f(t)$ 关于 y 轴对称,$f(t)$ 记为 $f_e(t)$;奇分量定义为 $f(t) = -f(-t)$,表示 $f(t)$ 关于坐标原点轴对称,$f(t)$ 记为 $f_o(t)$。

任何连续信号可以分解为偶分量与奇分量之和,即 $f(t) = f_e(t) + f_o(t)$。其中

$$f_e(t) = \frac{1}{2}[f(t) + f(-t)], f_o(t) = \frac{1}{2}[f(t) - f(-t)]$$

图 2-22 给出了信号分解为偶分量与奇分量的两个实例。

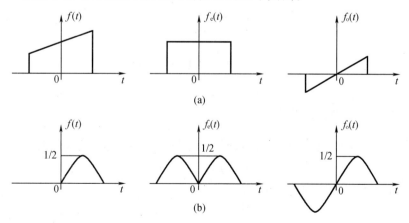

图 2-22 信号的偶分量与奇分量

【例 2-5】 已知 $f(t)$ 的波形如图 2-23 所示,用 MATLAB 编程实现 $f(t)$ 的偶分量与奇分量。

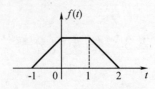

图 2 - 23　例 2 - 5 图

解　由图 2 - 23 的波形可知

$$f(t) = (t+1)[u(t+1) - u(t)] + [u(t) - u(t-1)] + (2-t)[u(t-1) - u(t-2)]$$

$$= (t+1)u(t+1) - tu(t) - (t-1)u(t-1) + (t-2)u(t-2)$$

MATLAB 源程序为

ep2_10. m

```
t = -3:0.01:3;f = (t+1). * uCT(t+1) - t. * uCT(t) - (t-1). * uCT(t-1) + (t-2). * uCT(t-2);
subplot(1,3,1); plot(t,f);grid on;axis([-3,3,-0.2,1.2]);axis square;title('f(t)');
f1 = fliplr(f);% 对 f(t) 进行反褶
fe = (f+f1)/2;fo = (f-f1)/2;
subplot(1,3,2);plot(t,fe);grid on;
axis([-3,3,-0.2,1.2]);axis square;title('fe(t)');
subplot(1,3,3);plot(t,fo);grid on;a
xis([-3,3,-0.6,0.6]);axis square;title('fo(t)');
```

程序运行结果如图 2 - 24 所示。

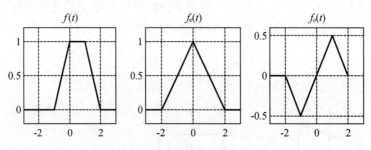

图 2 - 24　例 2 - 5 程序运行结果

2.3.3　实部分量与虚部分量

对于瞬时值为复数的信号 $f(t)$ 可分解为实部和虚部两个部分之和,即

$$f(t) = f_r(t) + jf_i(t)$$

它的共轭复函数是

$$f^*(t) = f_r(t) - jf_i(t)$$

式中:$f_r(t)$、$f_i(t)$ 都是实信号,分别表示实部分量和虚部分量。于是,由已知复信号可得到其实部分量和虚部分量的表达式为

$$f_r(t) = \frac{1}{2}[f(t) + f^*(t)], f_i(t) = \frac{1}{2j}[f(t) - f^*(t)]$$

复数信号的模平方

$$|f(t)|^2 = f(t)f^*(t) = f_r^2(t) + f_i^2(t)$$

虽然实际信号都为实信号,但在信号分析理论中,常借助复信号来研究实信号问题,它可以建立某些有益的概念或简化运算。例如,复指数常用于表示正、余弦信号。在通信系统、网络理论、数字信号处理等方面,复信号的应用日益广泛。

2.3.4 脉冲分量

借助极限理论,一个信号可近似地分解为许多脉冲分量之和。例如,分解为矩形窄脉冲分量之和,分解为冲激信号之和,分解为阶跃信号分量之和等。本书只做概念性提示,不做详细介绍。

2.3.5 正交函数分量

将信号分解为正交函数分量的研究方法在信号与系统中占有重要地位。信号与系统分析课程中讲述的傅里叶级数理论、傅里叶变换理论都是建立在正交函数分解的理论基础上。

用正交函数集表示一个信号时,组成信号的各分量是相互正交的。例如,用各次谐波的正弦与余弦信号叠加表示一个周期性矩形脉冲信号,各正弦与余弦信号就是该矩形脉冲信号的正交函数分量,该三角函数集就是正交函数集。

任何周期信号 $f(t)$ 只要满足狄里赫利条件,就可以由这些三角函数的线性组合来表示,称为 $f(t)$ 的三角形式傅里叶级数。$f(t)$ 也可以用由指数函数构成的正交函数集展开成指数形式傅里叶级数。傅里叶级数将在第 4 章介绍。

2.4 连续时间 LTI 系统的响应

连续时间 LTI 系统的响应就是求解该系统的输出。连续时间 LTI 系统的数学模型是常系数线性微分方程,但在电系统中通常以电路形式给出系统的网络结构,需要根据电路分析理论导出系统的数学模型。在电路分析课程中已经系统地学习了这些理论,本书不再具体论述。我们从系统分析的角度,针对已知的系统数学模型,给出求解系统响应的各种方法,并对所求的解赋予适当的物理解释。通过一个完整的电路实例,给出求解过程,并通过MATLAB 予以实现。

2.4.1 经典时域分析法

所谓经典时域分析方法就是指利用高等数学中求解微分方程的方法,借助高等数学中的经典结论,直接对微分方程求解其齐次解和特解的过程。

由高等数学中求解微分方程的方法可知,微分方程的完全解由齐次解和特解两部分构成,齐次解通过齐次方程求解,特解与系统的激励有关。

常系数线性微分方程的一般形为

$$\sum_{i=0}^{n} C_i \frac{\mathrm{d}^{n-i}}{\mathrm{d}t^{n-i}} r(t) = \sum_{i=0}^{m} E_j \frac{\mathrm{d}^{m-i}}{\mathrm{d}t^{m-i}} e(t) \qquad (2-1)$$

方程的完全解 $r(t)$ 可表示为 $r(t) = r_h(t) + r_p(t)$，式中 $r_h(t)$ 为方程的齐次解，$r_p(t)$ 为方程的特解。

2.4.1.1 齐次解的求解方法

齐次解满足式（2-1）中右端激励 $e(t)$ 及其各阶导数都为 0 的齐次方程，即

$$\sum_{i=0}^{n} C_i \frac{\mathrm{d}^{n-i}}{\mathrm{d}t^{n-i}} r(t) = 0 \qquad (2-2)$$

齐次解的形式是形如 $Ae^{\alpha t}$，令 $r(t) = Ae^{\alpha t}$，代入式（2-2）化简得到微分方程（2-1）的特征方程为

$$C_0 \alpha^n + C_1 \alpha^{n-1} + \cdots + C_{n-1}\alpha + C_n = 0 \qquad (2-3)$$

其中 $\alpha_1, \alpha_2, \cdots, \alpha_n$ 为特征方程的 n 个特征根。

在特征方程的特征根无重根时，微分方程的齐次解为

$$r(t) = A_1 e^{\alpha_1 t} + A_2 e^{\alpha_2 t} + \cdots + A_n e^{\alpha_n t} = \sum_{i=1}^{n} A_i e^{\alpha_i t} \qquad (2-4)$$

其中常系数 A_i 由系统的初始条件才能确定。

在特征方程的特征根含有重根时，例如 α_1 是特征方程（2-3）的 k 阶重根，则微分方程 k 重根部分的齐次解形式为

$$(A_1 t^{k-1} + A_2 t^{k-2} + \cdots + A_{k-1} t + A_k) e^{\alpha_1 t} = \left(\sum_{i=1}^{k} A_i t^{k-i} \right) e^{\alpha_1 t} \qquad (2-5)$$

式中：常系数 A_k 由初始条件才能确定。

2.4.1.2 特解的求解方法

微分方程特解 $r_p(t)$ 的函数形式与激励信号 $e(t)$ 的形式有关。求特解的方法是首先将激励 $e(t)$ 代入微分方程（2-1）右端，化简后的右端函数式称为"自由项"；再观察自由项试选特解函数式，代入方程后求出特解函数式中的待定系数，解出特解 $r_p(t)$。典型激励信号与特解函数式的对应关系见表 2-1。

表 2-1 典型激励信号与特解形式的对应关系

激励函数 $e(t)$	响应函数的特解 $r_p(t)$
E（常数）	B
t^p	$B_1 t^p + B_2 t^{p-1} + \cdots + B_p t + B_{p+1}$
$e^{\alpha t}$	$Be^{\alpha t}$
$\cos(\omega t)$	$B_1 \cos(\omega t) + B_2 \sin(\omega t)$
$\sin(\omega t)$	

在求解特解时，要注意下面两个问题：

（1）若 $e(t)$ 由几种激励信号函数组合，则特解也为其相应的组合。

（2）若特解与齐次解重复，则应在特解中增加一项：t 倍乘特解。k 重根时，则依次增加倍乘 $t, t^2, \cdots, t^k$ 诸项。例如 $e(t) = e^{\alpha t}$，$r_h(t) = e^{\alpha t}$，则：

α 为单根时，$r_p(t) = B_0 t e^{\alpha t} + B_1 e^{\alpha t}$；

α 为 k 重根时，$r_p(t) = (B_0 t^k + B_1 t^{k-1} + \cdots + B_{k-1} t + B_k) e^{\alpha t}$。

2.4.1.3 完全解

齐次解与特解之和构成完全解。得到完全解之后,完成对常系数线性微分方程的时域经典法求解,但目前完全解中的系数还没有确定。

从系统分析的角度,齐次解和特解均有其实际的物理意义。齐次解 $r_h(t)$ 表示系统的自由响应,特征方程根 α_i 称为系统的"固有频率"(自由频率、自然频率),它决定了系统自由响应的全部形式。特解 $r_p(t)$ 称为系统的强迫响应,它只与激励函数的形式有关。整个系统的完全响应是由系统自身特性决定的自由响应 $r_h(t)$ 和与外接激励信号 $e(t)$ 有关的强迫响应 $r_p(t)$ 两部分组成。

2.4.1.4 完全解中系数的确定方法

由上述内容可知,完全解中的待定系数是齐次解的系数,齐次解表达式中的待定系数需通过给定的附加初始条件(初始状态)来获得。如果事先不知道系统的初始条件(或称初始状态),需要先求解系统的初始条件。因此,必须了解响应区间、系统的起始状态和系统的初始状态三个概念的物理含义及相互间的关系。

(1)响应区间

响应区间是指激励信号 $e(t)$ 加入系统之后系统状态变化的区间,通常为 $t>0$。

(2)系统的起始状态(0_- 状态)

系统的起始状态是指在激励信号 $e(t)$ 加入系统之前,系统瞬间的一组状态值,记为:
$r^{(k)}(0_-) = \left[r(0_-), \dfrac{d}{dt}r(0_-), \cdots, \dfrac{d^{n-1}}{dt^{n-1}}r(0_-) \right]$。它包含了为计算未来响应的全部"过去"信息。

(3)系统的初始状态(0_+ 状态)

系统的初始状态是指在加入激励信号 $e(t)$ 后,由于受激励的影响,系统的起始状态 $r^{(k)}(0_-)$ 从 $t=0_-$ 到 $t=0_+$ 跳变时刻发生的变化值。记为

$$r^{(k)}(0_+) = \left[r(0_+), \frac{d}{dt}r(0_+), \cdots, \frac{d^{n-1}}{dt^{n-1}}r(0_+) \right]$$

由系统的 0_- 状态和激励信号的情况可求出 0_+ 状态。即

$$r^{(k)}(0_+) = r^{(k)}(0_-) + b_k \quad (b_k \text{ 称为跳变值}) \tag{2-6}$$

系统的起始状态和初始状态在电路系统中可通过储能元件在相应时刻的储能情况结合电路的逻辑结构求出。对直接用微分方程描述的连续时间 LTI 系统,通常系统的起始状态是已知的,这种情况下一般用冲激函数匹配法确定系统的初始状态。

(4)确定待定系数 A_i 的方法

在得到系统的初始状态后,可通过范德蒙德矩阵直接求 A_i,这是求 A_i 的一种方法。下面给出根据范德蒙德矩阵求解系数 A_i 的一般方法。

完全解的形式为

$$r(t) = r_h(t) + r_p(t) = \sum_{i=1}^{n} A_i e^{\alpha_i t} + r_p(t)$$

将 $r^{(k)}(0_+)$ 代入上式,有

$$
\begin{cases}
r(0_+) = A_1 + A_2 + \cdots + A_n + r_p(0_+) \\
\dfrac{\mathrm{d}}{\mathrm{d}t}r(0_+) = A_1\alpha_1 + A_2\alpha_2 + \cdots + A_n\alpha_n + \dfrac{\mathrm{d}}{\mathrm{d}t}r_p(0_+) \\
\vdots \\
\dfrac{\mathrm{d}^{n-1}}{\mathrm{d}t^{n-1}}r(0_+) = A_1\alpha_1^{n-1} + A_2\alpha_2^{n-1} + \cdots + A_n\alpha_n^{n-1} + \dfrac{\mathrm{d}^{n-1}}{\mathrm{d}t^{n-1}}r_p(0_+)
\end{cases}
$$

其范德蒙德矩阵表示形式为

$$
\begin{bmatrix}
r(0_+) - r_p(0_+) \\
\dfrac{\mathrm{d}}{\mathrm{d}t}r(0_+) - \dfrac{\mathrm{d}}{\mathrm{d}t}r_p(0_+) \\
\vdots \\
\dfrac{\mathrm{d}^{n-1}}{\mathrm{d}t^{n-1}}r(0_+) - \dfrac{\mathrm{d}^{n-1}}{\mathrm{d}t^{n-1}}r_p(0_+)
\end{bmatrix}
=
\begin{bmatrix}
1 & 1 & \cdots & 1 \\
\alpha_1 & \alpha_2 & \cdots & \alpha_n \\
\vdots & \vdots & \cdots & \vdots \\
\alpha_1^{n-1} & \alpha_2^{n-1} & \cdots & \alpha_n^{n-1}
\end{bmatrix}
\begin{bmatrix}
A_1 \\
A_2 \\
\vdots \\
A_N
\end{bmatrix}
$$

通过该范德蒙德矩阵可唯一地确定系数 A_i。

【例 2-6】 电路如图 2-25 所示,$t<1$ 时开关 S 处于 1 的位置而且已经达到稳态;当 $t=0$ 时,S 由 1 转向 2,建立电流 $i(t)$ 的微分方程并求解 $i(t)$ 在 $t \geq 0_+$ 时的变化。

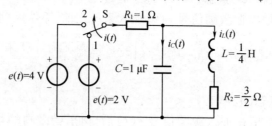

图 2-25 例 2-6 电路

解 (1)建立电路的微分方程

回路 1 方程:$R_1 i(t) + v_C(t) = e(t)$

回路 2 方程:$v_C(t) = v_L(t) + R_2 i_L(t) = L i_L'(t) + R_2 i_L(t)$

结点方程:$i(t) = i_C(t) + i_L(t) = C v_C'(t) + i_L(t)$

化简后的微分方程:

$$i''(t) + 7i'(t) + 10i(t) = e''(t) + 6e'(t) + e(t) \qquad (2-7)$$

(2)求系统的完全响应

①求齐次解

系统特征方程:$\alpha^2 + 7\alpha + 10 = 0$

齐次解:$i_h(t) = [A_1 \mathrm{e}^{-2t} + A_2 \mathrm{e}^{-5t}]u(t)$

②求特解

由于 $t \geq 0_+$ 时,$e(t) = 4$ V,所以 $e''(t) = 0$,$e'(t) = 0$,方程(2-7)右端的自由项为 4×4。因此,令特解 $i_p(t) = B$,代入方程(2-7)得到 $i_p(t) = 1.6$。

这里没有使用冲激电压。冲激电压为 $\Delta e(t) = e(t_{0_+}) - e(t_{0_-}) = 2\Delta u(t)$,此时有 $e''(t) = 2\delta'(t)$,$e'(t) = 2\delta(t)$。

③系统的完全响应

$$i(t) = \left[A_1 e^{-2t} + A_2 e^{-5t} + \frac{8}{5} \right] u(t) \tag{2-8}$$

(3)确定换路后的 $i(0_+)$ 和 $i'(0_+)$

①$0_-$ 状态(即换路前状态)

因换路前电路已达到稳态,由换路定律可知此时电容相当于开路,电感相当于短路。因此,电感中的电流值就是电流的起始状态。即

$$i(0_-) = i_L(0_-) = \frac{e(t)}{R_1 + R_2} = \frac{4}{5} \text{ A}, v_C(0_-) = i_L(0_-) \cdot R_2 = \frac{6}{5} \text{ V}$$

②$0_+$ 状态(即换路后的 $i(0_+)$ 和 $i'(0_+)$)

由于在系统换路过程中,没有使用电压的跳变值,在换路瞬间系统中无冲激电流或电压,根据换路定律可知,换路瞬间 $i_L(0_+) = i_L(0_-)$,$v_C(0_+) = v_C(0_-)$,且电容相当于恒压源、电感相当于恒流源。由电路结构得到 $e(0_+) = i(0_+) \cdot R_1 + v_C(0_+)$,因此系统初始状态的两个值为

$$i(0_+) = \frac{1}{R_1} [e(0_+) - v_C(0_+)] = \frac{14}{5} \text{ A}$$

$$i'(0_+) = \frac{1}{R_1} [e'(0_+) - v'_C(0_+)] = \frac{1}{R_1} \left[e'(0_+) - \frac{1}{C} i_C(0_+) \right]$$

$$= \frac{1}{R_1} \left[e'(0_+) - \frac{1}{C} (i_C(0_+) - i_L(0_+)) \right] = -2 \text{ A/s}$$

③求系数 A_i

将 $i(0_+)$ 和 $i'(0_+)$ 的值代入式(2-8),化简后得到

$$\begin{cases} i(0_+) = A_1 + A_2 + \frac{8}{5} = \frac{14}{5} \\ i'(0_+) = -2A_1 - 5A_2 = -2 \end{cases} \Rightarrow \begin{cases} A_1 = \frac{4}{3} \\ A_2 = -\frac{2}{15} \end{cases}$$

④完全响应

$$i(t) = \left[\frac{4}{3} e^{-2t} - \frac{2}{15} e^{-5t} + \frac{8}{5} \right] u(t)$$

2.4.1.5 冲激函数匹配法

冲激函数匹配法是针对用微分方程作为数学模型的连续时间 LTI 系统求解起始条件的一种方法。系统从 0_- 状态到 0_+ 状态有没有跳变取决于微分方程右端自由项是否包含 $\delta(t)$ 及其各阶导数。自由项中包含 $\delta(t)$ 及其各阶导数时有跳变,$r(0_+) \neq r(0_-)$;否则无跳变,$r(0_+) = r(0_-)$。

冲激函数匹配法的匹配原理是在 $t=0$ 时刻微分方程左右两端的 $\delta(t)$ 及其各阶导数应该平衡相等。以微分方程 $r'(t) + 3r(t) = 3\delta'(t)$ 为例,学习 $\delta(t)$ 及其各阶导数在方程中的平衡过程。

(1)由于方程两端 $\delta(t)$ 的最高阶导数相等,所以 $r'(t)$ 中必须包含 $3\delta'(t)$ 项,这也导致 $r(t)$ 中必须包含 $3\delta(t)$;

(2)$r'(t)$ 中必须包含 $-9\delta(t)$ 项,用于平衡 $3r(t)$ 产生的 $9\delta(t)$ 项;

(3)因 $r'(t)$ 中含 $-9\delta(t)$ 项,故 $r(t)$ 在 $t=0$ 时刻必有 $-9\Delta u(t)$ 项存在;

(4)$r'(t)$中必须包含$27\Delta u(t)$项,用于平衡$3r(t)$产生的$-27\Delta u(t)$项。

$\Delta u(t)$表示从0_-到0_+相对单位跳变函数,即$r(0_+)-r(0_-)=-9$。由上述的4个步骤可以写出$r'(t)$和$r(t)$的表达式分别如下:

$$r'(t)=3\delta'(t)-9\delta(t)+27\Delta u(t) \tag{2-9}$$

$$r(t)=3\delta(t)-9\Delta u(t) \tag{2-10}$$

通过上面的论述,得到冲激函数匹配法的一般性描述方法为:

若微分方程为

$$r'(t)+3r(t)=3\delta'(t) \tag{2-11}$$

在跳变区间$(0_-<t<0_+)$内,设

$$\begin{cases} r'(t)=a\delta'(t)+b\delta(t)+c\Delta u(t) \\ r(t)=a\delta(t)+b\Delta u(t) \end{cases} \tag{2-12}$$

将式(2-12)代入式(2-11),求出系数a,b,c。其中b,c就是在状态转换过程中产生的跳变值。因此有

$$\begin{cases} r(0_+)-r(0_-)=b \\ r'(0_+)-r'(0_-)=c \end{cases} \tag{2-13}$$

用该方法可验证式(2-9)、式(2-10)结果完全正确。

下面通过例子说明冲激函数匹配法是如何应用的。

【例2-7】 已知系统的微分方程为$i''(t)+7i'(t)+10i(t)=e''(t)+6e'(t)+4e(t)$。系统的起始状态$i(0_-)=\dfrac{4}{5}$A,$i'(0_-)=0$A/s,在换路过程中激励信号$e(t)$由2 V跳变到4 V,用冲激函数匹配法求系统的完全响应。

解 系统微分方程:

$$i''(t)+7i'(t)+10i(t)=e''(t)+6e'(t)+4e(t) \tag{2-14}$$

由经典解法得到完全响应

$$i(t)=\left[A_1 \mathrm{e}^{-2t}+A_2 \mathrm{e}^{-5t}+\frac{8}{5}\right]u(t) \tag{2-15}$$

在$t=0$时刻$e(t)$由2 V跳变到4 V,得$e(t)=2\Delta u(t)$,$e'(t)=2\delta(t)$,$e''(t)=2\delta'(t)$。所以在$t=0$时刻系统微分方程为

$$i''(t)+7i'(t)+10i(t)=2\delta'(t)+12\delta(t)+8\Delta u(t) \tag{2-16}$$

设

$$\begin{cases} i''(t)=a\delta'(t)+b\delta(t)+c\Delta u(t) \\ i'(t)=a\delta(t)+b\Delta u(t) \\ i(t)=a\Delta u(t) \end{cases} \quad (0_-<t<0_+) \tag{2-17}$$

将式(2-17)代入式(2-16)得

$$\begin{cases} a=2 \\ b=-2 \\ c=10 \end{cases} \Rightarrow \begin{cases} i(0_+)-i(0_-)=a=2 \\ i(0_+)-i(0_-)=b=-2 \end{cases}$$

因此

$$i(0_+)=\frac{14}{5}\,\text{A},\ i'(0_+)=-2\,\text{A/s} \tag{2-18}$$

将式(2-15)代入式(2-18)得

$$\begin{cases} i(0_+) = A_1 + A_2 + \dfrac{8}{5} = \dfrac{14}{5} \\ i'(0_+) = -2A_1 - 5A_2 = -2 \end{cases} \Rightarrow \begin{cases} A_1 = \dfrac{4}{3} \\ A_2 = -\dfrac{2}{15} \end{cases}$$

故完全响应

$$i(t) = \left[\frac{4}{3}e^{-2t} - \frac{2}{15}e^{-5t} + \frac{8}{5} \right] u(t)$$

在使用冲激函数匹配法求系统的完全响应时,如果响应阶次高于激励阶次,跳变值的对应关系及解的形式会有所变化,完全解中含有冲激项。这里不详细讨论。

【例2-6】和【例2-7】是从两个不同的角度讨论同一个问题,是两种不同的系统分析方法,得到相同的结果。

由前面的讨论及例题可以总结出经典法求解微分方程的一般过程:首先是用电路分析知识建立电路的微分方程(使用 KVL 定律、KCL 定律、弥尔曼定理、戴维楠定理等),用数学知识求解微分方程的完全响应通解;其次根据起始条件,用换路定律或冲激函数匹配法确定初始条件;最后根据初始条件,确定全解中的系数。

在实际中,微分方程的求解仅仅是一个方面。工程应用中,人们常常需要对系统的某些特性进行分析,以获得对系统的完全掌控。因此,大家常常关心某个系统本身的响应以及对其他激励的响应。在工程应用中,重要的响应有零输入响应、零状态响应和完全响应,下面介绍零输入响应和零状态响应的求解方法。

2.4.2　系统的零输入响应和零状态响应

2.4.1 中讨论了连续时间 LTI 系统的经典求解方法,这种解法得到的完全解分为自然响应分量和强迫响应分量,它们分别对应线性微分方程解中的齐次解和特解。如果初始条件不为零,系统内部储存有能量,那么常系数线性微分方程描述的系统的外加激励与响应之间不符合叠加性与均匀性。下面举例说明。

已知系统方程为 $r'(t) + 2r(t) = e(t)$,初始状态 $r(0_-) = 2$。若系统激励 $e_1(t) = e^{-t}$,则系统的响应为 $r_1(t) = e^{-2t} + e^{-t}$;若系统激励 $e_2(t) = 5e_1(t) = 5e^{-t}$,则系统的响应为 $r_2(t) = -3e^{-2t} + 5e^{-t}$。

显然,响应与激励不符合均匀性要求,但从微分方程看,方程描述的系统是一个线性时不变系统,为什么不符合线性时不变系统的特性呢? 这是因为 $r(0_-) = 2$。如果 $r(0_-) = 0$,则响应和激励就符合均匀性和叠加性特性。所以把响应和激励的关系按经典解法划分为自然响应分量和强迫响应分量显得有些不太清晰。如果把响应和激励的关系分为零输入分量和零状态分量之和,则概念就清楚了,线性时不变系统也符合均匀性、叠加性的关系,激励与响应的关系一目了然。所以,信号与系统分析课程中,一般都把响应分成零输入响应和零状态响应。

零状态响应是系统初始状态为零时的响应。这时系统的输出响应完全是由激励产生的,激励和零状态响应的关系完全符合均匀性和叠加性的关系。零输入响应是系统输入为零时由系统内部初始状态产生的响应。这时零输入响应与初始状态的关系也完全符合均匀性与叠加性的关系。这样,概念清晰,便于求解系统。

系统零输入响应是系统没有外加激励时的响应。若系统在 $t=0$ 时没有施加激励信号,

由于在 $t<0$ 时系统工作过,系统中的储能元件储存有能量,这些能量不能突然消失,比如电路系统中电容器和电感器中储存的能量不能突然消失,它将逐渐释放出来,直到最后耗尽。零输入响应就是这种初始能量,即初始状态决定的。

2.4.2.1　零输入响应的求解方法

零输入响应可记为 $r_{zi}(t)=H[\{x(0_-)\}]$。由于系统无外加激励,即激励信号 $e(t)=0$,这时响应仅由系统的起始储能产生,因此零输入响应数学模型为 $\sum_{i=0}^{n} C_i \dfrac{d^{n-i}}{dt^{n-i}} r_{zi}(t)=0$。求零输入解的过程与求齐次解的过程相同。

零输入解的一般形式为 $r_{zi}(t)=\sum_{k=1}^{n} A_{zik} e^{\alpha_k t}$。在求零输入响应过程中,使用的边界条件为 $r^{(k)}(0_-)\neq 0$,跳变值 $=0$,$r^{(k)}(0_+)=r^{(k)}(0_-)$。

2.4.2.2　零状态响应的求解方法

零状态响应可记为 $r_{zs}(t)=H[e(t)]$。其数学模型为

$$\sum_{i=0}^{n} C_i \frac{d^{n-i}}{dt^{n-i}} r_{zs}(t) = \sum_{j=0}^{m} E_j \frac{d^{m-j}}{dt^{m-j}} e(t)$$

求零状态解的过程与求完全解的过程相同。

零状态解的一般形式为 $r_{zs}(t)=\sum_{k=1}^{n} A_{zsk} e^{\alpha_k t}+r_{zsp}(t)$。由于不考虑起始时刻系统储能的作用,在求零状态响应过程中,使用的边界条件为 $r^{(k)}(0_-)=0$,跳变值 $\neq 0$,$r^{(k)}(0_+)=$ 跳变值。跳变值可由冲激函数匹配法确定。

下面通过实例说明系统的零输入响应和零状态响应求解过程及其与系统完全响应的关系。

【例 2-8】　已知系统的微分方程 $i''(t)+7i'(t)+10i(t)=e''(t)+6e'(t)+4e(t)$

(1)系统起始状态 $i_{zi}(0_-)=-\dfrac{6}{5}$ A,$i'_{zi}(0_-)=2$ A/s,求系统的零输入响应;

(2)$e(t)=4u(t)$,求系统的零状态响应;

(3)求系统的完全响应。

解　(1)求零输入响应 $i_{zi}(t)$

由齐次方程 $i''(t)+7i'(t)+10i(t)=0$ 得到带有系数的零输入解为

$$i_{zi}(t)=[A_{zi1} e^{-2t}+A_{zi2} e^{-5t}] u(t) \tag{2-19}$$

由边界条件

$$i_{zi}(0_+)=i_{zi}(0_-),\quad i'_{zi}(0_+)=i'_{zi}(0_-)$$

可知

$$i_{zi}(0_+)=-\frac{6}{5}\text{ A},\quad i'_{zi}(0_+)=2\text{ A/s} \tag{2-20}$$

将式(2-19)代入式(2-20)得到

$$\begin{cases} i_{zi}(0_+)=A_{zi1}+A_{zi2} \\ \dfrac{d}{dt} i_{zi}(0_+)=-2A_{zi1}-5A_{zi2} \end{cases} \Rightarrow \begin{cases} A_{zi1}=-\dfrac{4}{3} \\ A_{zi2}=\dfrac{2}{15} \end{cases}$$

零输入响应为

$$i_{zi}(t) = \left[-\frac{4}{3}e^{-2t} + \frac{2}{15}e^{-5t} \right]u(t)$$

（2）求零状态响应 $i_{zs}(t)$

带有系数的零状态解为

$$i_{zs}(t) = \left[A_{zi1}e^{-2t} + A_{zi2}e^{-5t} + \frac{8}{5} \right]u(t) \qquad (2-21)$$

将 $e(t) = 4u(t)$ 代入系统微分方程得

$$i''(t) + 7i'(t) + 10i(t) = 4\delta'(t) + 24\delta(t) + 16u(t) \qquad (2-22)$$

设

$$\begin{cases} i''_{zs}(t) = a\delta'(t) + b\delta(t) + c\Delta u(t) \\ i'_{zs}(t) = a\delta(t) + b\Delta u(t) \qquad\qquad (0_- < t < 0_+) \\ i_{zs}(t) = a\Delta u(t) \end{cases} \qquad (2-23)$$

将式（2-23）代入式（2-22）得到

$$\begin{cases} i_{zs}(0_+) = a = 4 \\ i'_{zs}(0_+) = b = -4 \end{cases} \qquad (2-24)$$

将式（2-21）代入式（2-24）得到

$$\begin{cases} i(0_+) = A_1 + A_2 + \dfrac{8}{5} = 4 \\ i'(0_+) = -2A_1 - 5A_2 = -4 \end{cases} \Rightarrow \begin{cases} A_1 = \dfrac{8}{3} \\ A_2 = -\dfrac{4}{15} \end{cases}$$

零状态响应为

$$i_{zi}(t) = \left[\frac{8}{3}e^{-2t} - \frac{4}{15}e^{-5t} + \frac{8}{5} \right]u(t)$$

（3）求完全响应

$$\begin{aligned} i(t) &= i_{zi}(t) + i_{zs}(t) \\ &= \underbrace{\left(-\frac{4}{3}e^{-2t} + \frac{2}{15}e^{-5t} \right)}_{\text{零输入响应}} + \underbrace{\left(\frac{8}{3}e^{-2t} - \frac{4}{15}e^{-5t} + \frac{8}{5} \right)}_{\text{零状态响应}} \\ &= \underbrace{\frac{4}{3}e^{-2t} - \frac{2}{15}e^{-5t}}_{\text{自由响应}} + \underbrace{\frac{8}{5}}_{\text{强迫响应}} \qquad (t > 0) \end{aligned}$$

由上例可见，系统的零输入响应是系统完全响应中齐次解的一部分，齐次解的另一部分与特解构成系统的零状态响应。因为，零输入响应的初始条件加上零状态响应的初始条件等于完全响应的初始条件。

在【例2-6】至【例2-8】中，我们练习了手工求解系统完全响应、零输入响应和零状态响应的方法，它们都是针对图2-25给出的电路进行的求解。下面仍然以图2-25为例，给出用 MATLAB 求解系统完全响应、零输入响应和零状态响应的实现方法。

在对【例2-6】的电路分析时，可以通过另外一种方法（即状态变量分析法）求解系统的响应。由电路的回路方程和节点方程可以得到

状态方程

$$\begin{bmatrix} \dfrac{\mathrm{d}}{\mathrm{d}t}v_C(t) \\[2mm] \dfrac{\mathrm{d}}{\mathrm{d}t}i_L(t) \end{bmatrix} = \begin{bmatrix} -\dfrac{1}{R_1 C} & -\dfrac{1}{C} \\[2mm] \dfrac{1}{L} & -\dfrac{R_2}{L} \end{bmatrix}\begin{bmatrix} v_C(t) \\[2mm] i_L(t) \end{bmatrix} + \begin{bmatrix} \dfrac{1}{R_1 C} \\[2mm] 0 \end{bmatrix}e(t) \qquad (2-25)$$

输出方程

$$i(t) = \begin{bmatrix} -\dfrac{1}{R_1} & 0 \end{bmatrix}\begin{bmatrix} v_C(t) \\[2mm] i_L(t) \end{bmatrix} + \dfrac{1}{R_1}e(t)$$

利用式(2-25)求解系统零输入响应、零状态响应和完全响应的 MATLAB 程序为 ep2_11. m,在利用 lsim 函数对系统进行仿真时,若省略初始状态参数,默认为求解系统的零状态响应。此时系统模型必须由 sys = tf(b,a)获得,b,a 分别为微分方程右端和左端的系数向量。由 ep2_11. m 得到的程序运行结果如图 2-26 所示。

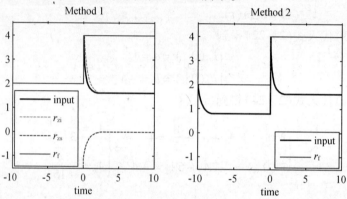

图 2-26　图 2-25 电路系统的完全响应、零输入响应、零状态响应仿真

ep2_11. m

```
% y = lsim(sys,u,t,x0)对 LTI 系统进行仿真
% sys:系统模型,u:激励信号抽样值,t:激励信号抽样时间,x0:系统的初始状态
clear all;close all;clc;clf;
C = 1;L = 1/4;R1 = 1;R2 = 3/2;
A = [ -1/R1/C, -1/C;1/L, -R2/L];B = [1/R1/C;0];C = [ -1/R1,0];D = [1/R1];
sys = ss(A,B,C,D);%用状态变量方程建立 LTI 系统模型
tn = [ -10:0.01: -0.01]';%生成从 -10 s 到 -0.01 s 的抽样时间
en = 2 * (tn < 0);%生成激励信号的抽样值
[rn,tn,xn] = lsim(sys,en,tn);%仿真 t < 0 时的输出信号
x0 = xn(length(en),:);%记录初始状态,即 0_状态的值
t = [0:0.01:10]';%生成从 0 s 到 10 s 的抽样时间
e = 4 * (t > =0);%生成激励信号的抽样值
ezi = 0 * (t > =0);%生成零输入信号的抽样值
rzi = lsim(sys,e,t);%t 为列向量,仿真零输入响应
rzs = lsim(sys,ezi,t,x0);%t 为列向量,仿真零状态响应
rf = lsim(sys,e,t,x0);%t 为列向量,仿真完全响应
```

```
r1 = lsim(sys,[en;e],[tn;t]);%用另一种方法直接仿真完全响应
subplot(1,2,1);hold on;
plot([tn;t],[en;e],'k-');%黑色实线
plot(t,rzi,'g:');%绿色点线
plot(t,rzs,'m:');% 紫色点线
plot(t,rf,'b-');% 蓝色实线
axis([-10,10,-1.5,4.5]);axis square;xlabel('time'); title('Method 1');
legend('\itinput','\rmr_{zi}','\rmr_{zs}','\rmr_{f}');
subplot(1,2,2);plot([tn;t],[en;e],'k-',[tn;t],r1,'b-');axis([-10,10,-1.5,
4.5]);axis square;
xlabel('time');title('Method 2');legend('\itinput','\rmr_{f}');
% 注意两幅图中的完全响应曲线的差别(t>0 时相同)
```

通过本节的学习可以看到:①系统的完全响应既可以分解为零输入响应与零状态响应,也可以分解为自由响应和强迫响应。零输入响应是自由响应的一部分,零状态响应由自由响应的另一部分加上强迫响应构成。随着时间 $t→∞$,自由响应趋近于零(故又称为瞬态响应),强迫响应被保留下来(故又称为稳态响应),可见研究零状态响应的实际意义。② 在研究连续时间 LTI 系统时,由于响应中零输入分量的存在,使响应的变化不可能只发生在激励变化之后,因而系统是非因果的;零输入分量的存在也导致系统响应对外接激励不满足叠加性、均匀性、时不变性,使系统成为非线性时变系统。

2.5 阶跃响应和冲激响应

2.5.1 阶跃响应

系统在单位阶跃信号 $u(t)$ 激励下产生的零状态响应,称为单位阶跃响应,简称阶跃响应,记为 $g(t)$。阶跃响应示意图如图 2-27 所示。

图 2-27 阶跃响应示意图

在连续时间 LTI 系统下,阶跃响应 $g(t)$ 满足微分方程

$$\sum_{i=0}^{n} C_i \frac{d^{n-i}}{dt^{n-i}} g(t) = \sum_{j=0}^{m} E_j \frac{d^{m-j}}{dt^{m-j}} u(t)$$

由于是求解零状态响应,因此起始条件 $g^{(k)}(0_-)=0$,初始条件 $g^{(k)}(0_+)=$ 跳变值。在用零状态响应的求解方法求解阶跃响应时,方程的解包含齐次解和特解两部分。

2.5.2 冲激响应

系统在单位冲激信号 $\delta(t)$ 激励下产生的零状态响应称为单位冲激响应,简称冲激响

43

应，记为 $h(t)$。冲激响应示意图如图 $2-28$ 所示。

图 $2-28$　冲激响应示意图

由于任意信号可以用冲激函数的组合描述，激励信号 $e(t)$ 可表示为

$$e(t) = \int_{-\infty}^{\infty} e(\tau)\delta(t - \tau)\mathrm{d}\tau$$

将激励信号 $e(t)$ 作用到冲激响应为 $h(t)$ 的 LTI 系统，则系统的响应为

$$r(t) = H[e(t)] = H\left[\int_{-\infty}^{\infty} e(\tau)\delta(t - \tau)\mathrm{d}\tau\right] = \int_{-\infty}^{\infty} e(\tau)H[\delta(t - \tau)]\mathrm{d}\tau$$

$$= \int_{-\infty}^{\infty} e(\tau)h(t - \tau)\mathrm{d}\tau \tag{2-26}$$

式（$2-26$）是卷积积分，卷积积分是信号与系统分析中非常重要的概念，应用广泛。由于 $h(t)$ 是在零状态下定义的，因而式（$2-26$）表示的响应是系统的零状态响应。冲激响应 $h(t)$ 仅决定于系统的内部结构及其元件参数，不同结构和元件参数的系统，将具有不同的冲激响应。因此，系统的冲激响应 $h(t)$ 可以表征系统本身的特征，作为系统时域特性的标志。

在连续时间 LTI 系统下，冲激响应 $h(t)$ 满足微分方程

$$\sum_{i=0}^{n} C_i \frac{\mathrm{d}^{n-i}}{\mathrm{d}t^{n-i}} h(t) = \sum_{j=0}^{m} E_j \frac{\mathrm{d}^{m-j}}{\mathrm{d}t^{m-j}} \delta(t)$$

由于是求解零状态响应，因此起始条件 $h^{(k)}(0_-) = 0$，初始条件 $h^{(k)}(0_+) =$ 跳变值。

在用零状态响应的求解方法求解冲激响应时，由于单位冲激信号 $\delta(t)$ 的特殊性（仅在 $t = 0$ 处有值），方程的解中仅包含齐次解，故只需求齐次解。当响应阶次高于激励阶次时，$h(t)$ 中含冲激项。

在线性系统下，$h(t)$ 与 $g(t)$ 之间存在微积分关系。

$$\begin{cases} h(t) = \dfrac{\mathrm{d}}{\mathrm{d}t} g(t) \\[2mm] g(t) = \displaystyle\int_{-\infty}^{t} h(\tau)\mathrm{d}\tau \end{cases}$$

【例 $2-9$】　已知系统微分方程为 $i''(t) + 7i'(t) + 10i(t) = e''(t) + 6e'(t) + 4e(t)$，分别求阶跃响应 $g(t)$ 和冲激响应 $h(t)$。

解　（1）求冲激响应 $h(t)$

根据冲激响应定义有

$$h''(t) + h'(t) + 10h(t) = \delta''(t) + 6\delta'(t) + 4\delta(t) \tag{2-27}$$

求齐次解后得到

$$h(t) = [A_1 \mathrm{e}^{-2t} + A_2 \mathrm{e}^{-5t}] u(t)$$

为求跳变值，设

$$\begin{cases} h''(t) = a\delta''(t) + b\delta'(t) + c\delta(t) + d\Delta u(t) \\ h'(t) = a\delta'(t) + b\delta(t) + c\Delta u(t) \\ h(t) = a\delta(t) + b\Delta u(t) \end{cases} \quad (0_- < t < 0_+) \tag{2-28}$$

将式(2-28)代入式(2-27)后求解得到

$$\begin{cases} a = 1 \\ b = -1 \\ c = 1 \end{cases} \Rightarrow \begin{cases} h(0_+) = b = -1 \\ h'(0_+) = c = 1 \end{cases} \Rightarrow \begin{cases} A_1 = -\dfrac{4}{3} \\ A_2 = \dfrac{1}{3} \end{cases}$$

因此冲激响应

$$h(t) = \delta(t) + \left[-\frac{4}{3}e^{-2t} + \frac{1}{3}e^{-5t} \right] u(t)$$

(2)求阶跃响应 $g(t)$

根据阶跃响应定义有

$$g''(t) + g'(t) + 10g(t) = \delta'(t) + 6\delta(t) + 4u(t) \tag{2-29}$$

求完全解后得到

$$g(t) = \left[A_1 e^{-2t} + A_2 e^{-5t} + \frac{2}{5} \right] u(t)$$

为求跳变值,设

$$\begin{cases} g''(t) = a\delta'(t) + b\delta(t) + c\Delta u(t) \\ g'(t) = a\delta(t) + b\Delta u(t) \qquad (0_- t < 0_+) \\ g(t) = a\Delta u(t) \end{cases} \tag{2-30}$$

将式(2-30)代入式(2-29)后求解得到

$$\begin{cases} a = 1 \\ b = -1 \\ c = 1 \end{cases} \Rightarrow \begin{cases} g(0_+) = b = -1 \\ g'(0_+) = c = 1 \end{cases} \Rightarrow \begin{cases} A_1 = \dfrac{2}{3} \\ A_2 = -\dfrac{1}{15} \end{cases}$$

因此阶跃响应

$$g(t) = \left[\frac{2}{3}e^{-2t} - \frac{1}{15}e^{-5t} + \frac{2}{5} \right] u(t)$$

利用 MATLAB 仿真【例2-9】的程序为 ep2_12.m,仿真结果如图2-29所示。

```
ep2_12.m
a = [1,7,10];b = [1,6,4];sys = tf(b,a);t = [0:0.01:3];
subplot(2,2,1);
step(sys);%求阶跃响应并绘图
subplot(2,2,2);
x_step = zeros(size(t));x_step(t>0) = 1;
x_step(t = =0) = 1/2;%lsim 函数不支持输入 NAN,令 x_step(0) = 1/2
lsim(sys,x_step,t);%求阶跃响应并绘图(方法二)
subplot(2,2,3);
[h1,t1] = impulse(sys,t);%求冲激响应,不绘图
plot(t1,h1,'k');%黑色实线绘图
set(gca,'Ytick',[ -1, -0.8, -0.6, -0.4, -0.2,0]);%设置纵坐标格式
title('Impulse Response');xlabel('Time(Sec)');ylabel('Amplitude');
subplot(2,2,4);
```

x_delta = zeros(size(t));x_delta(t = =0) =100;% lsim 函数不支持输入 Inf,令 x_delta (0) =100,

　　% 因为抽样时间是 0.01,选择 100 可保证数值积分为 1

　　[y1,t] = lsim(sys,x_delta,t);% 求冲激响应(方法二),不绘图

　　y2 = y1 − x_delta′;% 从冲激响应中减去一个冲激信号(100)得到 y2

　　plot(t,y2,′k′);set(gca,′Ytick′,[−1, −0.8, −0.6, −0.4, −0.2,0]);

　　title(′Impulse Response′);xlabel(′Time(Sec)′);ylabel(′Amplitude′);

　　在 MATLAB 中可以利用 step 函数和 impulse 函数求解系统的阶跃响应和冲激响应, ep2_12. m 中给出了两种仿真系统的阶跃响应和冲激响应的方法。

　　对线性时不变系统,$h(t)$ 的性质可以表示系统的因果性和稳定性,$h(t)$ 的变换域表示更是分析线性时不变系统的重要手段,用变换域方法求 $h(t)$ 和 $g(t)$ 更简洁方便。

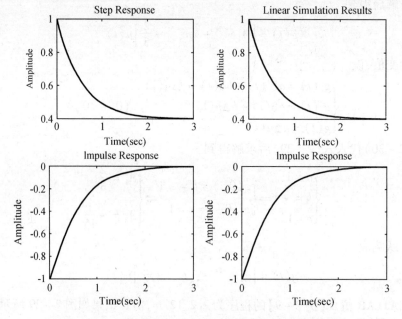

图 2 − 29　图 2 − 25 电路系统的阶跃响应、冲激响应仿真

2.6　卷　　积

　　卷积法在信号和系统理论中占有重要地位,随着理论研究的深入和计算机技术的发展,卷积法得到了更广泛的应用。卷积方法最早的研究可追溯至 19 世纪初期的数学家欧拉、泊松等人,以后许多科学家对此问题陆续做了大量工作,其中最值得提起的是杜阿美尔。卷积的物理概念、计算、图解的具体方法都具有重要意义。

　　目前,卷积已成为现代电路与系统分析的重要工具,在信号处理、地震勘探、超声诊断、雷达测绘、红外成像、系统识别等方面广泛应用。

2.6.1 卷积的定义

在上一节的学习中,我们借助单位冲激响应的定义引入了卷积的概念,已经了解了卷积方法的原理。卷积方法的原理是将信号分解为冲激信号之和,借助系统的冲激响应 $h(t)$,求解系统对任意激励信号的零状态响应,即

$$r_{zs}(t) = e(t) * h(t)$$

式中,"$*$"是卷积运算的运算符。

已知定义在区间 $(-\infty, +\infty)$ 上的两个函数 $f_1(t)$ 和 $f_2(t)$,则定义积分

$$f(t) = \int_{-\infty}^{+\infty} f_1(t) f_2(t-\tau) d\tau = \int_{-\infty}^{+\infty} f_1(t-\tau) f_2(\tau) d\tau$$

为 $f_1(t)$ 和 $f_2(t)$ 的卷积积分,简称卷积。记为

$$f(t) = f_1(t) * f_2(t) = f_2(t) * f_1(t)$$

在卷积运算的定义中,积分是在虚设的变量 τ 下进行的,τ 为积分变量,t 为参变量。卷积运算的结果仍为 t 的函数。卷积运算是一种综合运算,其中包含对信号的反褶、移位、相乘、相加四种基本运算。

2.6.2 卷积运算的图解分析法

卷积图解法是借助于图形计算卷积积分的一种基本计算方法。与解析法相比,图解法使人更容易理解系统零状态响应的物理意义和积分上下限的确定。从几何意义来说,卷积积分是相乘曲线下的面积。通过图解法了解卷积运算的过程、物理意义,对深入研究信号与系统分析有重要意义。

2.6.2.1 模型设置

设系统的激励信号为 $e(t)$,冲激响应为 $h(t)$,数学模型为

$$\begin{cases} e(t) = 1 & \left(-\dfrac{1}{2} \leqslant t \leqslant 1\right) \\ h(t) = \dfrac{1}{2}t & (0 \leqslant t \leqslant 2) \end{cases}$$

则系统的零状态响应为

$$r_{zs}(t) = e(t) * h(t) = \int_{-\infty}^{\infty} e(\tau) h(t-\tau) d\tau$$

其中 τ 是卷积积分变量。$h(t-\tau)$ 说明在 τ 的坐标系中 $h(\tau)$ 有反褶和移位的过程,然后将 $h(t-\tau)$ 和 $e(\tau)$ 两者图形重叠部分相乘做积分。

2.6.2.2 图解法求信号卷积运算的步骤

(1)设积分变量

改换图形 $e(t)$ 和 $h(t)$ 中的横坐标,由 t 改为 τ,τ 变成函数的自变量。如图 2-30(a)(b)所示。

(2)对其中的一个信号反褶,如图 2-30(c)所示,将 $h(\tau) \to h(-\tau)$。

(3)对反褶后的信号做移位,位移量是 t(t 是一个参变量,取值从 $-\infty$ 到 $+\infty$)。如图 2-30(d)所示。$h(t-\tau) = \dfrac{1}{2}(t-\tau)$,在 τ 坐标系中,$t>0$ 时 $h(t-\tau)$ 右移,$t<0$ 时 $h(t-\tau)$ 左移。

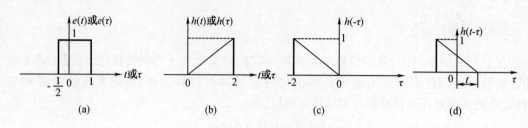

图 2-30　卷积图形解释

（4）在移位过程中，两信号重叠部分的值对应相乘，并求此时的积分，完成表达式 $r(t) = \int_{-\infty}^{\infty} e(\tau)h(t - \tau)\mathrm{d}\tau$ 的计算。

①当 $-\infty < t < \frac{1}{2}$ 时，如图 2-31（a）所示。两信号波形没有重叠处，二者乘积为 0。$e(t) * h(t) = 0$。

②当 $-\frac{1}{2} \leq t \leq 1$ 时，积分区间（即两个信号重叠区域）为 $-\frac{1}{2} \leq \tau \leq t$，如图 2-31（b）所示。

$$e(t) * h(t) = \int_{-\frac{1}{2}}^{t} \left[1 \times \frac{1}{2}(t - \tau) \right]\mathrm{d}\tau = \frac{t^2}{4} + \frac{t}{4} + \frac{1}{16}$$

③当 $1 \leq t \leq \frac{3}{2}$ 时，积分区间为 $-\frac{1}{2} \leq \tau \leq 1$，如图 2-31（c）所示。

$$e(t) * h(t) = \int_{-\frac{1}{2}}^{t} \left[1 \times \frac{1}{2}(t - \tau) \right]\mathrm{d}\tau = \frac{3t}{4} - \frac{3}{16}$$

④当 $\frac{3}{2} \leq t \leq 3$ 时，积分区间为 $t - 2 \leq \tau \leq 1$，如图 2-31（d）所示。

$$e(t) * h(t) = \int_{t-2}^{t} \left[1 \times \frac{1}{2}(t - \tau) \right]\mathrm{d}\tau = -\frac{t^2}{4} + \frac{t}{2} + \frac{3}{4}$$

⑤当 $3 \leq t \leq +\infty$ 时，如图 2-31（e）所示。两信号波形没有重叠处，二者乘积为 0。$e(t) * h(t) = 0$。

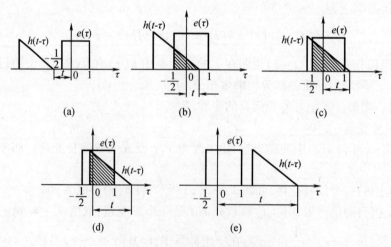

图 2-31　卷积积分求解过程

以上各图中的阴影为面积,即为相乘积分的结果。

(5)分段计算后,以 t 为横坐标,将与 t 对应的积分值描成曲线,就是卷积积分 $e(t) * h(t)$ 函数的图像。如图 2-32 所示。

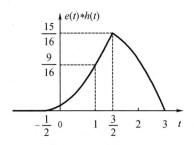

图 2-32 卷积积分结果

从图解分析可以看出,卷积中积分限的确定取决于两个图形交叠部分的范围。卷积结果所占的时宽等于两个信号各自时宽的总和(即左右边界之和)。

利用 MATLAB 实现图 2-32 求解零状态响应的仿真程序为 ep2_13.m。

ep2_13.m

```
clear all,close all,clc;
t = [-1:0.01:4]';   %生成从 -1 s 到 4 s、间隔 0.01 s 的抽样时间 t
e = (t > = -1/2&t < 1);  %定义激励信号 e(t)
h = (t > 0&t < 2). * t/2;  %定义冲激响应 h(t)
[r1,t1] = conv1(e,t,h,t);  %用卷积计算零状态响应
tr = t1(t1 > = -1&t1 < =4);  %从 t1 中选择和 t 相同起止时刻的抽样时间 tr
r = r1(t1 > = -1&t1 < =4);  %选择和 tr 对应的输出 r(t)
subplot(3,1,1);plot(t,e);grid on;xlabel('Time(sec)'),ylabel('e(t)');
axis([-1,4,-0.2,1.2]);set(gca,'Xtick',[-1,0,1,2,3,4],'Ytick',[0,0.5,1]);
subplot(3,1,2);plot(t,h);grid on;xlabel('Time(sec)'),ylabel('h(t)');
axis([-1,4,-0.2,1.2]);set(gca,'Xtick',[-1,0,1,2,3,4],'Ytick',[0,0.5,1]);
subplot(3,1,3);plot(tr,r);grid on;xlabel('Time(sec)'),ylabel('r(t) = h(t) * e(t)');
axis([-1,4,-0.2,1.2]);set(gca,'Xtick',[-1,0,1,2,3,4],'Ytick',[0,0.5,1]);
```

MATLAB 中定义的求解卷积运算的函数为 conv 函数,利用该函数计算卷积时没有对卷积结果的时间范围进行定义。ep2_13.m 中的 conv1 是自定义函数,定义方法如下:

```
function[w,tw] = conv1(u,tu,v,tv)
%u 和 v 表示两个序列,tu 和 tv 分别表示它们的抽样时间
%w 和 tw 分别表示卷积结果及其抽样时间
T = tu(2) - tu(1);
w = T * conv(u,v);
tw = tu(1) + tv(1) + T * [0:length(u) + length(v) -2]';
```

ep2_13.m 的仿真结果如图 2-33 所示。

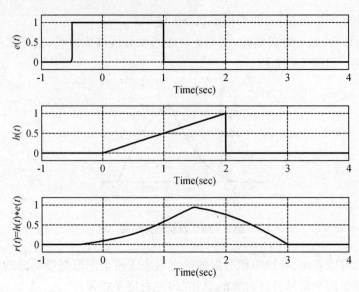

图 2-33　卷积积分结果

2.6.3　卷积积分的性质

卷积积分是一种数学运算,它有许多重要的性质(或运算规则),灵活地运用它们能简化卷积运算。下面讨论卷积的基本代数运算规则。

2.6.3.1　卷积代数运算

(1)交换律

所谓交换律,就是改变两卷积信号的顺序而不影响卷积的结果,用公式描述为

$$f_1(t) * f_2(t) = f_2(t) * f_1(t)$$

即

$$\int_{-\infty}^{\infty} f_1(\tau) f_2(t-\tau) \, \mathrm{d}\tau = \int_{-\infty}^{\infty} f_2(\tau) f_1(t-\tau) \, \mathrm{d}\tau$$

一般选简单函数为移动函数,如矩形脉冲或 $\delta(t)$。

(2)分配律

所谓分配律就是两信号之和与信号 $f_3(t)$ 的卷积,等于两信号分别与 $f_3(t)$ 的卷积之和。用公式描述为

$$[f_1(t) + f_2(t)] * f_3(t) = f_1(t) * f_3(t) + f_2(t) * f_3(t)$$

在系统分析中,分配律实质上解释了如下物理问题。

①如果把 $f_1(t)$ 和 $f_2(t)$ 看作是作用于冲激响应 $h(t) = f_3(t)$ 的系统的两个激励接入信号,那么分配律意味着在多个信号激励系统的情况下,系统的零状态响应等于各个信号单独激励下零状态响应的和。

②如果将 $f_3(t)$ 看作是同时作用于冲激响应分别为 $h_1(t) = f_1(t)$ 和 $h_2(t) = f_2(t)$ 的两个系统的激励信号,则分配律意味着并联系统的冲激响应是各系统冲激响应之和,即 $h(t) = h_1(t) + h_2(t)$。如图 2-34 所示。

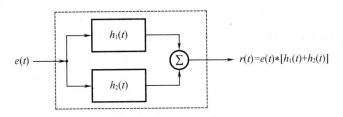

图 2－34　并联系统的冲激响应

（3）结合律

所谓结合律就是三信号之间的卷积，与计算次序无关。用公式表示就是

$$[f_1(t) * f_2(t)] * f_3(t) = f_1(t) * [f_2(t) * f_3(t)]$$

在系统分析中，结合律实质上解释了系统串联问题。

如果将 $f_1(t)$ 看作是激励信号，$f_2(t)$ 和 $f_3(t)$ 分别看作两个级联系统的冲激响应 $h_1(t) = f_2(t)$ 与 $h_2(t) = f_3(t)$，则结合律意味着串联系统的冲激响应是各系统冲激响应的卷积，即 $h(t) = h_1(t) * h_2(t)$。如图 2－35 所示。

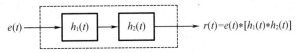

图 2－35　串联系统的冲激响应

2.6.3.2　卷积的微分与积分

（1）卷积的微分性质

两个函数卷积后的导数等于其中一个函数的导数与另一个函数的卷积，即

$$\frac{\mathrm{d}}{\mathrm{d}t}[f_1(t) * f_2(t)] = f_1(t) * \frac{\mathrm{d}}{\mathrm{d}t}f_2(t) = f_2(t) * \frac{\mathrm{d}}{\mathrm{d}t}f_1(t)$$

（2）卷积的积分性质

两个函数卷积后的积分等于其中一个函数的积分与另一个函数的卷积，即

$$\int_{-\infty}^{t}[f_1(\tau) * f_2(\tau)]\mathrm{d}\tau = f_1(t) * \int_{-\infty}^{t} f_2(\tau)\mathrm{d}\tau = f_2(t) * \int_{-\infty}^{t} f_1(\tau)\mathrm{d}\tau$$

（3）卷积的微分性质

若 $s(t) = f_1(t) * f_2(t)$，则 $s^{(i)}(t) = f_1^{(j)}(t) * f_2^{(i-j)}(t)$。其中的特例为

$$f_1(t) * f_2(t) = \frac{\mathrm{d}}{\mathrm{d}t}f_1(t) * \int_{-\infty}^{t} f_2(\tau)\mathrm{d}\tau \qquad (2-31)$$

用卷积的积分和微分性质计算进行一些卷积运算，要比直接采用定义的方法计算卷积运算方便得多。

2.6.3.3　信号与冲激函数或阶跃函数的卷积

（1）信号与冲激函数的卷积

信号 $f(t)$ 与单位冲激函数 $\delta(t)$ 卷积的结果仍是函数 $f(t)$ 本身，即 $f(t) * \delta(t) = f(t)$。

该性质在信号与系统课程中有着很重要的用途，并且可以进一步扩展为

$$f(t) * \delta(t \pm t_0) = f(t \pm t_0) \qquad (2-32)$$

式（2－32）说明当信号与 $\delta(t \pm t_0)$ 卷积时，信号被延迟了 t_0 个单位。

冲激偶函数与 $f(t)$ 卷积时有如下关系式成立：

— 51 —

$$f(t) * \delta'(t) = f'(t), f(t) * \delta^{(k)}(t) = f^{(k)}(t), f(t) * \delta^{(k)}(t-t_0) = f^{(k)}(t-t_0)$$

（2）信号与阶跃函数的卷积

信号 $f(t)$ 与阶跃函数 $u(t)$ 卷积的结果相当于对信号 $f(t)$ 进行积分，即

$$f(t) * u(t) = \int_{-\infty}^{t} f(\tau)\mathrm{d}\tau$$

可见信号与阶跃函数的卷积对应着卷积积分中的积分特性。

在时域解卷积时，针对一些信号有许多实用公式。由于卷积运算在变换域求解更方便，本书不对这些公式作详细介绍。

卷积积分的工程近似计算是把信号按需要进行抽样离散化形式形成序列，积分运算用求和代替，因而问题化为两序列的卷积和，得到的结果再适当进行内插，求出最终结果。

思考题

2-1　奇异信号与普通信号有何异同？奇异信号在什么情况下不能按照普通信号那样进行处理？

2-2　设定一个具有简单波形的信号 $f(t)$，利用波形变换的方式得出 $f(-2t+4)$，任意调换平移、压缩和反转的顺序，看看按不同顺序得出的结果是否相同。如果不同，说明你的某个变换过程有错。请分析出错的原因并找出防止出错的办法。

2-3　有人说零输入响应是在 $t=0$ 以前就有的，而零状态响应则是从 $f=0$ 开始的。又有人说零输入响应是从 $t=0$ 开始的，冲激响应是从 $t=0$ 开始的，从而零状态响应也是从 $t=0$ 才有的。你如何看待这个问题？

2-4　冲激响应与零输入响应在哪些情况下具有相同的响应模式？在哪些情况下具有不同的响应模式？

2-5　卷积有哪些特性？它们在系统分析中有什么意义？

2-6　零状态响应是否可能具有在输入信号和冲激响应中都不出现的模式？

2-7　有人说强迫响应就是由外加信号引起的响应，稳态响应就是去掉外加信号以后都还存在的响应。这种说法对吗？

2-8　零输入响应是否等同于微分方程的齐次解？零状态响应是否等同于微分方程的特解？

习题

2-1　绘出下列各时间函数的波形图，注意它们的区别。

（1）$t[u(t)-u(t-1)]$　　　　　　　（2）$t \cdot u(t-1)$

（3）$t[u(t)-u(t-1)]+u(t-1)$　　　（4）$(t-1)u(t-1)$

（5）$-(t-1)[u(t)-u(t-1)]$　　　　（6）$t[u(t-2)-u(t-3)]$

2-2　简略画出下列各函数的波形，并说明它们之间的区别（$t_0>0$）。

（1）$f_1(t) = \sin(\omega t)u(t)$　　　　　（2）$f_2(t) = \sin(\omega t)u(t-t_0)$

（3）$f_3(t) = \sin\omega(t-t_0)u(t)$　　　（4）$f_4(t) = \sin\omega(t-t_0)u(t-t_0)$

2-3　计算

（1）$\int_{-\infty}^{\infty} f(t-t_0)\delta(t)\mathrm{d}t$　　　　　（2）$\int_{-\infty}^{\infty} f(t_0-t)\delta(t)\mathrm{d}t$

$(3)\displaystyle\int_{-\infty}^{\infty}(\mathrm{e}^{-t}+t)\delta(t+2)\,\mathrm{d}t$ 　　　　 $(4)\displaystyle\int_{-\infty}^{\infty}(t+\sin t)\delta\left(t-\dfrac{\pi}{6}\right)\mathrm{d}t$

$(5)\displaystyle\int_{-\infty}^{\infty}\delta(t-t_0)u\left(t-\dfrac{t_0}{2}\right)\mathrm{d}t$ 　　 $(6)\displaystyle\int_{-\infty}^{\infty}\delta(t-t_0)u(t-2t_0)\,\mathrm{d}t$

2-4　绘出如图 2-36 所示各波形的偶分量和奇分量。

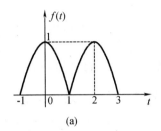 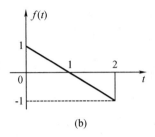

　　　　　　　　(a)　　　　　　　　　　　　　　　　(b)

图 2-36

2-5　设一个连续时间系统的输入 $e(t)$ 与输出 $r(t)$ 之间的关系如下：

$$\frac{\mathrm{d}r(t)}{\mathrm{d}t}+ar(t)=e(t)$$

其中，a 为不等于 0 的常数。

(1)证明：如果 $r(0)=r_0\neq0$，则系统是非线性的。

(2)证明：如果 $r(0)=0$，则系统是线性的。

(3)证明：如果 $r(0)=0$，则系统是时不变的。

2-6　设系统的微分方程表示为 $\dfrac{\mathrm{d}^2}{\mathrm{d}t^2}r(t)+5\dfrac{\mathrm{d}}{\mathrm{d}t}r(t)+6r(t)=\mathrm{e}^{-t}u(t)$，求使完全响应为 $r(t)=C\mathrm{e}^{-t}u(t)$ 时的系统起始状态 $r(0_-)$ 和 $r(0_+)$，并确定常数 C 的值。

2-7　求下列微分方程的齐次解形式。

$$\frac{\mathrm{d}^3}{\mathrm{d}t^3}r(t)+7\frac{\mathrm{d}^2}{\mathrm{d}t^2}r(t)+16\frac{\mathrm{d}}{\mathrm{d}t}r(t)+12r(t)=e(t)$$

2-8　已知：$\dfrac{\mathrm{d}^2}{\mathrm{d}t^2}i(t)+7\dfrac{\mathrm{d}}{\mathrm{d}t}i(t)+10i(t)=\dfrac{\mathrm{d}^2}{\mathrm{d}t^2}e(t)+6\dfrac{\mathrm{d}}{\mathrm{d}t}e(t)+4e(t)$，$e(t)=2+2u(t)$，$i(0_-)=\dfrac{4}{5}$，$i'(0_-)=0$，求初始条件 $i(0_+)$，$i'(0_+)$。

2-9　已知系统满足微分方程 $\dfrac{\mathrm{d}^2}{\mathrm{d}t^2}r(t)+3\dfrac{\mathrm{d}}{\mathrm{d}t}r(t)+2r(t)=\dfrac{\mathrm{d}e(t)}{\mathrm{d}t}+e(t)$，$e(t)=\mathrm{e}^{-t}u(t)$，$r(0_+)=1$，$r'(0_+)=0$，求零输入响应 $r_{\mathrm{zi}}(t)$。

2-10　已知 $\dfrac{\mathrm{d}^2}{\mathrm{d}t^2}r(t)+3\dfrac{\mathrm{d}}{\mathrm{d}t}r(t)+2r(t)=\dfrac{\mathrm{d}e(t)}{\mathrm{d}t}+e(t)$，$e(t)=\mathrm{e}^{-t}u(t)$，求零状态响应 $r_{\mathrm{zs}}(t)$。

2-11　系统对激励为 $e_1(t)=u(t)$ 时的完全响应为 $r_1(t)=2\mathrm{e}^{-t}u(t)$，对激励为 $e_2(t)=\delta(t)$ 时的完全响应为 $r_2(t)=\delta(t)$。

(1)求该系统的零输入响应 $r_{\mathrm{zi}}(t)$；

(2)系统的起始状态保持不变，求其对于激励为 $e_3(t)=\mathrm{e}^{-t}u(t)$ 的完全响应 $r_{\mathrm{zs}}(t)$。

2－12 给定系统微分方程 $\dfrac{d^2}{dt^2}r(t)+3\dfrac{d}{dt}r(t)+2r(t)=\dfrac{d}{dt}e(t)+3e(t)$,若起始状态为 $r(0_-)=1,r'(0_-)=2$,在激励信号分别为 $e(t)=u(t)$ 和 $e(t)=e^{-3t}u(t)$ 情况下,求它们的完全响应,并指出其零输入响应、零状态响应、自由响应、强迫响应各分量。

2－13 已知 $\dfrac{d^2}{dt^2}r(t)+\dfrac{d}{dt}r(t)+r(t)=\dfrac{d}{dt}e(t)+e(t)$,求系统的冲激响应 $h(t)$。

2－14 已知 $\dfrac{d}{dt}r(t)+3r(t)=2\dfrac{d}{dt}e(t)$,求系统的冲激响应 $h(t)$ 和阶跃响应 $g(t)$。

2－15 电路如图 2－37 所示,$t=0$ 以前开关位于"1",已进入稳态,$t=0$ 时刻,S_1 与 S_2 同时自"1"转至"2",求输出电压 $V_0(t)$ 的完全响应,并指出其零输入、零状态、自由、强迫各响应分量(E 和 I_S 为常量)。

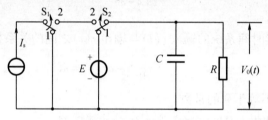

图 2－37

2－16 一因果性的 LTI 系统,其输入、输出用下列微分－积分方程表示为

$$\dfrac{d}{dt}r(t)+5r(t)=\int_{-\infty}^{\infty}e(\tau)f(t-\tau)d\tau-e(t)$$

其中,$f(t)=e^{-t}u(t)+3\delta(t)$,求该系统的单位冲激响应 $h(t)$。

2－17 已知某一 LTI 系统对输入激励 $e(t)$ 的零状态响应 $r_{zs}(t)=\int_{t-2}^{\infty}e^{t-\tau}e(\tau-1)d\tau$,求该系统的单位冲激响应。

2－18 某 LTI 系统,输入信号 $e(t)=2e^{-3t}u(t)$,响应为 $r(t)$,即 $r(t)=H[e(t)]$,又已知 $H\left[\dfrac{d}{dt}e(t)\right]=-3r(t)+e^{-2t}u(t)$,求该系统的单位冲激响应 $h(t)$。

2－19 如图 2－38,用卷积的性质求 $r(t)=e(t)*h(t)$。

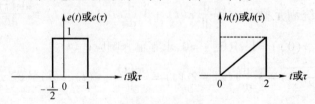

图 2－38

2－20 如图 2－39 所示系统是由几个"子系统"组成的,各子系统的冲激响应分别为:$h_1(t)=u(t)$(积分器);$h_2(t)=\delta(t-1)$(单位延时);$h_3(t)=-\delta(t)$(倒相器)。试求总系统的冲激响应 $h(t)$。

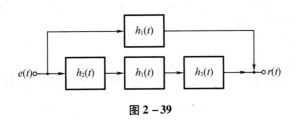

图 2 – 39

上机题

2 – 21 已知系统的微分方程和激励信号 $f(t)$ 如下,试用 MATLAB 命令绘出系统零状态响应的时域仿真波形图。

(1) $y''(t) + 4y'(t) + 3y(t) = f(t)$; $f(t) = u(t)$;

(2) $y''(t) + 4y'(t) + 4y(t) = f'(t) + 3f(t)$; $f(t) = e^{-t}u(t)$ 。

2 – 22 系统的微分方程如下,试用 MATLAB 命令求系统冲激响应和阶跃响应的数值解,并绘出冲激响应和阶跃响应的时域仿真波形图。

(1) $y''(t) + 3y'(t) + 2y(t) = f(t)$;

(2) $y''(t) + 3y'(t) + 2y(t) = f'(t)$ 。

第3章　离散时间信号与系统的时域分析

离散时间系统用于传输和处理离散时间信号,简称离散系统,其中传输的离散信号可以由模拟信号经抽样得到,也可以由实际系统生成。离散时间系统的研究已经有几百年历史。17 世纪发展起来的经典数值分析技术奠定了离散时间系统研究的数学基础;到了 20 世纪后,抽样数据控制系统研究得到了重大发展,使离散时间系统的研究逐步走向成熟;20 世纪 60 年代以后,计算机科学的进一步发展与应用标志着离散时间系统的理论研究与实践进入了一个新阶段;随着 FFT 算法、超大规模集成电路的产生、发展,到了 20 世纪末期,体积小、质量轻、成本低的离散时间系统开始出现,数字信号处理技术在离散时间系统的应用迅猛发展,已经应用在各个领域。

在不断的发展过程中,离散时间系统的优点越来越明显。与连续时间系统相比,离散时间系统集成度高、质量轻、体积小、精度高、可靠性好、抗干扰能力强、易消除噪声干扰,借助于软件控制,大大改善了系统的灵活性和通用性。但高速的数据传输与实时处理技术在离散时间系统中目前还难以实现。

在实际应用当中,连续时间系统与离散时间系统常常联合使用,如自控系统、数字通信系统等。人类在自然界中遇到的待处理信号相当多的是连续时间信号,在离散时间系统中传输、处理这些连续时间信号时,必须经过 A/D、D/A 转换。尤其当信号频率较高时,直接采用数字集成器件尚有一些困难,有时用连续时间系统处理或许比较简便。

3.1　典型基本信号

通过第 1 章的学习已经了解到:离散时间信号也称为离散序列,可以用函数解析式或图形表示,也可以用集合表示。本节介绍几种典型的离散信号。

3.1.1　正弦序列

正弦序列的表达式为 $x(n) = \sin(n\omega_0)$。式中 ω_0 称为正弦序列的角频率(离散域的角频率或称离散角频率),它反映正弦序列值依次周期性重复的速率。例如 $\omega_0 = 0.1\pi = \dfrac{2\pi}{20}$,则序列值每 20 个重复一次正弦包络的数值(即序列值每 20 个循环一次),其波形如图3 – 1 所示。

在遇到正弦序列时,要学会判断正弦序列的周期性。正弦序列的周期是由 $\dfrac{2\pi}{\omega_0}$ 的取值情况决定的。

① $\dfrac{2\pi}{\omega_0}$ 为整数时,正弦序列的周期为 $\dfrac{2\pi}{\omega_0}$;

② $\dfrac{2\pi}{\omega_0}$ 不是整数而为有理数时,正弦序列的周期是大于 $\dfrac{2\pi}{\omega_0}$ 的整数;

③$\dfrac{2\pi}{\omega_0}$不是有理数时,正弦序列不是周期性的。

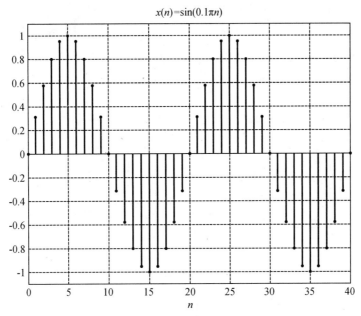

图 3 - 1 $x(n) = \sin(0.1\pi n)$ 的波形

无论正弦序列是否呈周期性,都称 ω_0 为它的频率。

在连续信号中,常用 $\sin(\omega_0 t)$ 描述正弦信号。在引入离散信号的概念后,改用 Ω_0 描述连续信号中的模拟角频率,而 ω_0 则用来描述离散信号的离散角频率(或称数字角频率)。ω_0 和 Ω_0 的物理意义是不同的。例如,若连续信号为 $f(t) = \sin(\Omega_0 t)$,它的抽样值为

$$x(n) = f(nT)\sin(n\Omega_0 T)$$

因此,有 $\omega_0 = \Omega_0 T = \dfrac{\Omega_0}{f_s}$。式中 T 是抽样时间间隔,f_s 是抽样频率。可认为离散角频率 ω_0 是模拟角频率 Ω_0 对抽样频率 f_s 取归一化值 $\dfrac{\Omega_0}{f_s}$。

用 MATLAB 实现正弦序列 $x(n) = \sin\left(\dfrac{n\pi}{6}\right)$ 仿真的程序为 ep3_1.m,仿真结果如图 3 - 1 所示。

ep3_1.m 程序清单

```
n = 0:39;x = sin(0.1 * pi * n);
stem(n,x,'.');grid on;xlabel('n');title('x(n) = sin(0.1\pin)');axis([0,40, - 1.2,
1.2]);
```

3.1.2 实指数序列

实指数序列可表示为 $x(n) = a^n u(n)$,序列的特征由 a 的取值决定,如图 3 - 2 所示。当 $|a| > 1$ 时序列是发散的,$|a| < 1$ 时序列是收敛的;$a > 0$ 时序列都取正值,$a < 0$ 时序列在正、负值之间摆动。

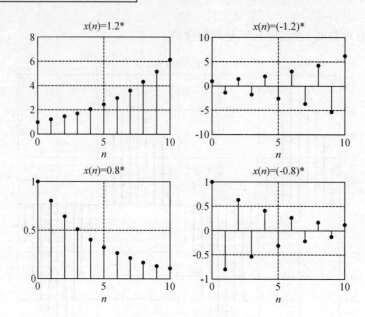

图 3 – 2　实指数序列

用 MATLAB 实现实指数序列仿真的程序为 ep3_2. m,仿真结果如图 3 – 2 所示。

ep3_2. m 程序清单

clear all;close all;clc;clf;

n = 0:10;a1 = 1.2;a2 = − 1.2;a3 = 0.8;a4 = − 0.8;x1 = a1. ^n;x2 = a2. ^n;x3 = a3. ^n;x4 = a4. ^n;

subplot(2,2,1);stem(n,x1,'.');grid on;xlabel('n');title('x(n) = 1.2^{n}');

subplot(2,2,2);stem(n,x2,'.');grid on;xlabel('n');title('x(n) = (− 1.2)^{n}');

subplot(2,2,3);stem(n,x3,'.');grid on;xlabel('n');title('x(n) = 0.8^{n}');

subplot(2,2,4);stem(n,x4,'.');grid on;xlabel('n');title('x(n) = (− 0.8)^{n}');

3.1.3　复指数序列

复指数序列表示为 $x(n) = e^{j\omega_0 n} = \cos(\omega_0 n) + j\sin(\omega_0 n)$,它的每一个值都可以是复数。复指数信号分解为实部、虚部两部分,也可采用极坐标形式描述。采用极坐标形式表示的复指数序列为 $x(n) = |x(n)| e^{j\arg[x(n)]}$,其中 $|x(n)| = 1$,$\arg[x(n)] = \omega_0 n$。

用 MATLAB 实现复指数序列 $x(n) = 2e^{(− 0.1 + j0.5\pi)n}$ 的实部、虚部、模及相位随时间变换的仿真程序为 ep3_3. m,仿真结果如图 3 – 3 所示。

ep3_3. m 程序清单

n = 0:30;A = 2;a = − 0.1;b = pi/2;x = A * exp((a + i * b) * n);

subplot(2,2,1);stem(n,real(x),'.');grid on;xlabel('n');title('实部');axis([0,30, − 2,2]);

subplot(2,2,2);stem(n,imag(x),'.');grid on;xlabel('n');title('虚部');axis([0,30, − 2,2]);

subplot(2,2,3);stem(n,abs(x),'.');grid on;xlabel('n');title('模');axis([0,30,0, 2]);

subplot(2,2,4);stem(n,angle(x),'.');grid on;xlabel('n');title('相位角');axis([0, 30,-4,4]);

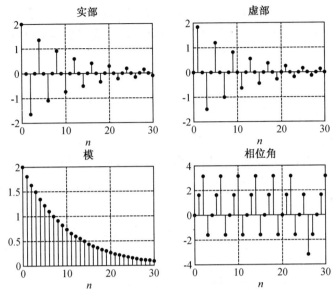

图 3-3 指数序列的实部、虚部、模及相位随时间变换波形

3.1.4 单位样值序列(Unit Sample 或 Unit Impulse)

单位样值信号定义为

$$\delta(n) = \begin{cases} 1 & (n=0) \\ 0 & (n\neq 0) \end{cases}$$

该信号也可称为单位函数、单位脉冲序列、单位冲激序列。必须注意在 $n=0$ 时的幅度为有限值 1。$\delta(n)$ 与 $\delta(t)$ 在物理意义上有本质区别。同理,可以定义延时单位脉冲序列

$$\delta(n-i) = \begin{cases} 1 & (n=i) \\ 0 & (n\neq i) \end{cases}$$

用 MATLAB 实现单位脉冲序列和有位移的单位脉冲序列仿真的程序为 ep3_4.m,仿真结果如图 3-4 所示。

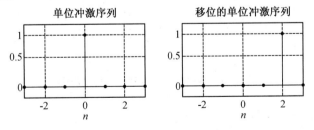

图 3-4 单位冲激序列的仿真波形

ep3_4.m 程序清单

n = -3:3;x = impDT(n);x1 = impDT(n-2);

subplot(1,2,1);stem(n,x,'.');grid on; title('单位冲激序列');

xlabel('n');axis square; axis([-3,3, -0.1,1.1]); set(gca,'Ytick',[0,0.5,1]);

subplot(1,2,2);stem(n,x1,'.');grid on; title('移位的单位冲激序列');

xlabel('n');axis square; axis([-3,3, -0.1,1.1]); set(gca,'Ytick',[0,0.5,1]);

在程序 ep3_4.m 中使用了生成单位脉冲序列的自定义函数 impDT,函数 impDT 的定义方法如下。

impDT. m

% 自定义的求单位样值序列的函数

function y = impDT(n)

y = (n = =0);

单位样值信号与单位冲激信号特性相似。由定义式很容易得到单位样值信号的下面两个常用特性。

①筛选特性

$$\sum_{n=-\infty}^{\infty} f(n)\delta(n-m) = f(m)$$

②加权特性

$$f(n)\delta(n-m) = f(m)\delta(n-m)$$

应用加权特性,很容易理解任意离散信号 $f(n)$ 是如何分解为单位样值信号的延时、加权之和形式的。

$$f(n) = \cdots f(-2)\delta(n+2) + f(-1)\delta(n+1) + f(0)\delta(n) + f(1)\delta(n-1) + \cdots$$
$$= \sum_{m=0}^{\infty} f(m)\delta(n-m)$$

例如,$f(n) = 3\delta(n+1) + \delta(n) + 2\delta(n-1) + 2\delta(n-2)$ 的 MATLAB 仿真结果如图 3-5 所示,n 的取值范围从 -5 到 5。仿真程序为 ep3_5.m。

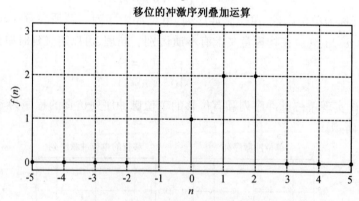

图 3-5 移位的单位冲激序列仿真波形

ep3_5.m 程序清单

clear all;clc;clf;

n = -5:5;

x = impDT(n);x1 = impDT(n+1);x2 = impDT(n-1);x3 = impDT(n-2);

fn = 3 * x1 + x + 2 * x2 + 2 * x3;

stem(n,fn,'.');grid on;title('移位的冲激序列叠加运算');

xlabel('n');ylabel('f(n)');% axis square;

axis([-5,5,-0.1,3.1]);

set(gca,'Ytick',[0,1,2,3]);

3.1.5 单位阶跃序列

单位阶跃序列用 $u(n)$ 表示,定义为 $u(n) = \begin{cases} 1 & (n \geqslant 0) \\ 0 & (n < 0) \end{cases}$,延时的单位阶跃序列 $u(n -$

$n_0)$ 定义为 $u(n - n_0) = \begin{cases} 1 & (n \geqslant n_0) \\ 0 & (n < n_0) \end{cases}$,仿真波形如图 3-6 所示,仿真程序为 ep3_6.m。

ep3_6.m 程序清单

n = -4:6;x = uDT(n);x1 = uDT(n+2);

subplot(1,2,1);stem(n,x,'.');grid on;axis square;xlabel('n');ylabel('u(n');

axis([-4,6,-0.1,1.1]);set(gca,'Ytick',[0,0.5,1]);title('单位阶跃序列');

subplot(1,2,2);stem(n,x1,'.');grid on;axis square;xlabel('n');ylabel('u(n+2)');

axis([-4,6,-0.1,1.1]);set(gca,'Ytick',[0,0.5,1]);title('移位的单位阶跃序列');

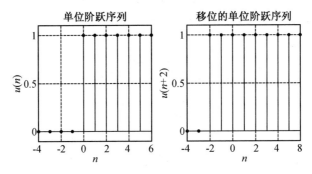

图 3-6 单位阶跃序列仿真波形

单位脉冲序列与单位阶跃序列的关系为: $u(n) = \sum_{n=-\infty}^{n} \delta(m), \delta(n) = u(n) - u(n-1)$。

3.1.6 矩形序列

矩形序列用 $R_N(n)$ 表示,定义为

$$R_N(n) = \begin{cases} 1 & (0 \leqslant n \leqslant N-1) \\ 0 & (n < 0, n \geqslant N) \end{cases}$$

其中 N 称为矩形序列的长度。矩形序列可用单位阶跃序列表示为

$$R_N(n) = u(n) - u(n-N)$$

当 $N = 4$ 时,$R_N(n)$ 的仿真波形如图 3-7 所示,仿真程序为 ep3_7.m。

ep3_7.m 程序清单

n = -2:6;x = uDT(n) - uDT(n-4);stem(n,x,'.');grid on;

xlabel('n');axis([-2,6,-0.1,1.1]);set(gca,'Ytick',[0,0.5,1]);title('长度为4
的矩形序列');

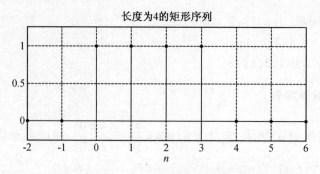

图 3 – 7　序列仿真波形

3.1.7　斜变序列

斜变序列的定义式为

$$x(n) = nu(n) = \begin{cases} n & n \geqslant 0 \\ 0 & n < 0 \end{cases}$$

斜变序列的仿真波形如图 3 – 8 所示,仿真程序为 ep3_8. m。

ep3_8. m 程序清单

n = −2:4;x = uCT(n);fn = n. * x;stem(n,fn,′. ′);grid on; title(′斜变序列′);
xlabel(′n′);ylabel(′f(t) = nu(n)′);axis([−2,4, −0.1,4.1]);set(gca,′Ytick′,[0,1,
2,3,4]);

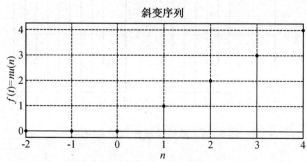

图 3 – 8　斜变序列仿真波形

3.2　信号的基本运算

3.2.1　加减运算

　　序列之间的加减法运算,是指它的同序号的序列值逐项对应相加减,以加法为例,在图
3 – 9 中,图(a)和图(b)做加法运算,结果如图 3 – 9(c)所示。

3.2.2　乘法运算

　　序列之间的乘法运算,是指同序号的序列值逐项对应相乘。在图 3 – 9 中,图(a)和图
(b)做乘法运算,结果如图 3 – 9(d)所示。

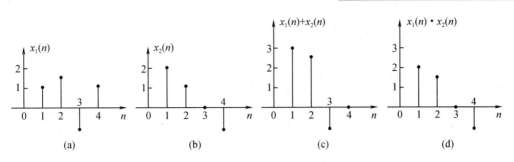

图 3 – 9　信号的加法、乘法运算

3.2.3　差分运算

离散信号的差分与连续信号的微分相对应,可表示为

$$\nabla f(n) = f(n) - f(n-1) \tag{3-1}$$

或

$$\Delta f(n) = f(n+1) - f(n) \tag{3-2}$$

的形式。式(3-1)称为一阶后向差分,式(3-2)称为一阶前向差分。以此递推,可以定义二阶前向差分和二阶后向差分。

$$\Delta^2 f(n) = \Delta f(n+1) - \Delta f(n) = f(n+2) - 2f(n+1) + f(n)$$
$$\nabla^2 f(n) = \nabla f(n) - \nabla f(n-1) = f(n) - 2f(n-1) + f(n-2)$$

以此类推,可以得到更高阶的前向和后向差分。

单位脉冲序列是用单位阶跃序列后向差分形式表示的,即 $\delta(n) = u(n) - u(n-1)$。

3.2.4　反褶运算

信号的反褶是指将信号 $f(n)$ 变化为 $f(-n)$ 的运算,即将 $f(n)$ 以纵轴为中心作 180° 翻转,得到一个新序列,如图 3 – 10 所示。

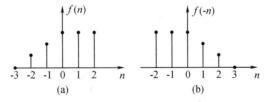

图 3 – 10　离散信号的翻转

3.2.5　移位运算

离散信号的移位是指将信号 $f(n)$ 变化为 $f(n\pm m)(m>0)$ 的运算。若为 $f(n-m)$,则表示信号 $f(n)$ 右移 m 个单位(称为信号右移或后向移位);若为 $f(n+m)$,则表示信号 $f(n)$ 左移 m 个单位(称为信号左移或前向移位)。如图 3 – 11 所示。

3.2.6　尺度变换

离散信号的尺度变换指将信号 $f(n)$ 变化为 $f(an)(a>0)$ 的运算。离散信号经过尺度变换运算后,原离散序列样本个数将减少(序列压缩)或增加(序列扩展),分别称为抽取和内插。

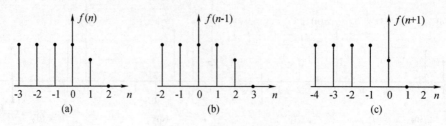

图 3 – 11   离散信号的位移

①序列压缩(抽取)

当 $0 < a < 1$ 时,尺度变换运算实现序列压缩,除去原序列中某些样点(压缩时 a 无法除尽的样点)。

②序列扩展(内插)

当 $1 < a < \infty$ 时,尺度变换运算实现序列扩展,在原序列中补足相应的零点(扩展时多出的样点)。

【例 3 – 1】   若 $x(n)$ 的波形如图 3 – 12 所示,求 $x(2n)$ 和 $x\left(\dfrac{n}{2}\right)$ 的波形。

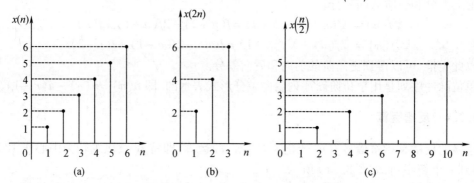

图 3 – 12   离散序列的抽取和内插

【例 3 – 2】   用 MATLAB 编程实现序列离散时间信号的仿真,设 $a = 0.5, N = 6$。

(1) $x_1(n) = a^n[u(n) - u(n - N)]$ (2) $x_2(n) = x_1(n + 2)$

(3) $x_3(n) = x_1(n - 3)$ (4) $x_4(n) = x_1(-n)$

(5) $x_5(n) = x_1(-2n)$ (6) $x_6(n) = x_1(-0.5n)$

解   仿真程序为 ep3_9.m,仿真结果如图 3 – 13 和图 3 – 14 所示。

ep3_9.m 程序清单

```
%信号的反褶、移位、尺度变换运算
clear all;close all;clc;clf;
a = 0.7;N = 6;n = -8:8;x = a.^n.*(uDT(n) - uDT(n - N));
n1 = n;n2 = n1 - 2;n3 = n1 + 3;n4 = -n1;n5 = -2*n1;n6 = -0.5*n1;
subplot(3,1,1);stem(n1,x,'.');grid on;title('x_{1}(n)');axis([-15,15,0,1]);
subplot(3,1,2);stem(n2,x,'.');grid on;title('x_{2}(n)');axis([-15,15,0,1]);
subplot(3,1,3);stem(n3,x,'.');grid on;title('x_{3}(n)');axis([-15,15,0,1]);
```

figure;

subplot(4,1,1);stem(n1,x,'.');grid on;title('x_{1}(n)');axis([-15,15,0,1]);

subplot(4,1,2);stem(n4,x,'.');grid on;title('x_{4}(n)');axis([-15,15,0,1]);

subplot(4,1,3);stem(n5,x,'.');grid on;title('x_{5}(n)');axis([-15,15,0,1]);

subplot(4,1,4);stem(n6,x,'.');grid on;title('x_{6}(n)');axis([-15,15,0,1]);

离散时间信号的分解与连续时间信号的分解遵循相同的原则,本教材不再对离散时间信号的分解方法进行单独讨论。

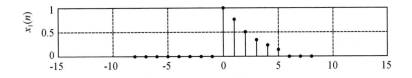

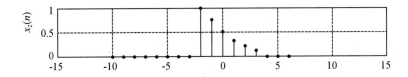

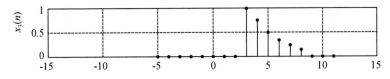

图 3-13 例 3-2 仿真波形图(一)

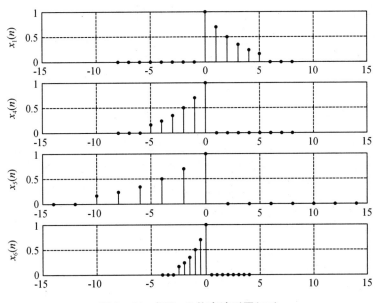

图 3-14 例 3-2 仿真波形图(二)

3.3 离散时间系统的响应

离散时间系统的数学模型是常系数线性差分方程。常系数线性差分方程的求解可以在时域进行，也可以在变换域进行。时域求解法有迭代法、经典法、分别求零输入响应和零状态响应等方法。

3.3.1 迭代法

描述离散时间系统的差分方程是具有递推关系的代数方程,若已知初始状态和激励,利用迭代法可求得差分方程的数值解。迭代法又称递推法。

求解常系数线性差分方程的方法很多,下面我们简单介绍一下迭代法。该方法直观简便,但往往不易得到一般项的解析式(闭式或封闭解答),它一般为数值解。

【例3-3】 设系统用差分方程 $y(n)-2y(n-1)=x(n)$ 描述,输入序列 $x(n)=\delta(n)$,初始条件为 $y(-1)=1$,求输出序列 $y(n)$。

解 系统数学模型为一阶差分方程,代入初始状态后,可递推求得。

$n=0$ 时,$y(0)=2y(-1)+\delta(0)=1+2=3$

$n=1$ 时,$y(1)=2y(0)+\delta(1)=6$

$n=2$ 时,$y(2)=2y(1)+\delta(2)=12$

…

若系统数学模型为 n 阶差分方程,当已知 n 个初始条件 $\{y(-1),y(-2),\cdots,y(-n)\}$ 和激励时,就可利用下式递推计算出系统的输出:

$$y(n)=-\sum_{i=1}^{n}a_iy(n-i)+\sum_{j=0}^{m}b_jx(n-j)$$

用迭代法求解差分方程思路清楚,便于编写计算程序,能得到方程的数值解,但不易得到解析形式的解。如在【例3-3】中无法得到 $y(n)=(1+a)a^n u(n)$。

在现代数字信号处理技术中,很多快速数字信号处理算法中都用到了递推关系。

3.3.2 时域经典求解法

差分方程的时域经典求解法与微分方程的时域经典求解过程相同。完全解由齐次解和特解两部分构成,先求齐次解和特解,再代入边界条件后确定完全解的待定系数。时域经典求解法是解差分方程的一种重要方法,比迭代法在解方程时使用的次数更多。

对于常系数线性差分方程的一般形式:

$$\sum_{k=0}^{N}a_ky(n-k)=\sum_{k=0}^{N}b_rx(n-r) \qquad (3-3)$$

方程的完全解 $y(n)$ 可表示为 $y(n)=y_h(n)+y_p(n)$,其中 $y_h(n)$ 为方程的齐次解,$y_p(n)$ 为方程的特解。

3.3.2.1 齐次解的求解方法

齐次方程的形式为 $\sum_{k=0}^{N}a_ky(n-k)=0$,齐次解由形式为 $C\alpha^n$ 的项组合而成,其中 C 是

待定系数,由边界条件决定。特征方程的形式为

$$a_0\alpha^N + a_1\alpha^{N-1} + a_{N-1}\alpha + a_N = 0$$

其中 α_i 为特征根;N 阶差分方程有 N 个特征根。根据特征根的不同情况,齐次解将具有不同的形式。

当特征方程的特征根无重根时,齐次解形式 $y_h(n) = C_1\alpha_1^n + C_2\alpha_2^n + \cdots + C_N\alpha_N^n$;当特征方程的特征根含重根时,重根部分的齐次解形式(设 α_1 是 k 重根)为 $y_h(n) = C_1 n^{k-1}\alpha_1^n + C_2 n^{k-2}\alpha_1^n + \cdots + C_{k-1}n\alpha_1^n + C_k\alpha_1^n$。对于特征方程的特征根存在共轭复数情况,本书不做讨论。

3.3.2.2 特解的求解方法

首先将激励函数 $x(n)$ 代入方程式右端,根据自由项的函数形式确定含有待定系数的特解函数式,将特解函数代入方程后再求待定系数。典型激励信号与特解函数式的对应关系见表 3 - 1。

表 3 - 1　典型激励信号与特解形式的对应关系

自由项	特解形式
C(常数)	B(常数)
n	$C_0 + C_1 n$
n^k	$C_0 + C_1 n + C_2 n^2 + \cdots + C_{k-1}n^{k-1} + C_k n^k$
$e^{\alpha n}$(α 为实数)	$Ce^{\alpha n}$
$e^{j\alpha n}$	$Ae^{j\alpha n}$(A 为复数)
$\sin(\omega n)$(或 $\cos(\omega n)$)	$C_1\sin(\omega n) + C_2\cos(\omega n)$
a^n(a 不是特征根)	Ca^n
a^n(a 是 r 重特征根)	$(C_0 + C_2 n + C_3 n^2 + \cdots + C_{r-1}n^{r-1} + C_r n^r)a^n$

3.3.2.3 完全解中系数的求解方法

得到齐次解和特解后,将两者相加可得全解的表达式。将已知的初始条件代入完全解中,即可求得齐次解表达式中的待定系数,得到差分方程的全解。

【例 3 - 4】 求差分方程 $y(n) + 2y(n-1) = x(n) - x(n-1)$ 的完全解,其中 $x(n) = n^2$,$y(-1) = -1$。

解 (1)求齐次解

齐次方程为 $\alpha + 2 = 0$,特征根为 $\alpha = -2$,齐次解为 $y_h(n) = C(-2)^n$。

(2)求特解

将激励信号 $x(n) = n^2$ 代入原方程,化简后得 $y(n) + 2y(n-1) = 2n - 1$。由于自由项是多项式形式,故特解形式为 $y_p(n) = D_1 n + D_2$。将 $y_p(n) = D_1 n + D_2$ 代入原方程,化简后得到系数 D_1,D_2 分别为 $D_1 = \dfrac{2}{3}$,$D_2 = \dfrac{1}{9}$。

(3)求完全解

$$y(n) = C(-2)^n + \frac{2}{3}n + \frac{1}{9}$$

将 $y(-1) = -1$ 代入上式，得到系数 $C = \dfrac{8}{9}$。因此，完全解为

$$y(n) = \frac{8}{9}(-2)^n + \frac{2}{3}n + \frac{1}{9}$$

用 MATLAB 实现【例 3 - 4】描述系统仿真程序为 ep3_10. m，仿真结果如图 3 - 15 所示。

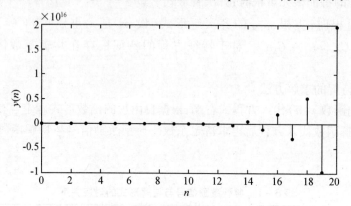

图 3 - 15　例 3 - 4 描述系统的完全响应仿真波形图

ep3_10. m 程序清单

```
clear all;close all;clc;clf;
a = [1,2];b = [1,-1];n = [0:20];x = n.^2;
wi = b(2)*0 - a(2)*(-1);%定义状态变量的初始状态 wi = b(2)*x(-1) - a(2)
*y(-1)
[y,wf] = filter(b,a,x,wi);%滤波得到输出序列 y(n)
stem(n,y,'.');xlabel('n'),ylabel('y(n)');
```

MATLAB 提供的仿真离散时间系统响应的函数为 filter。当求解系统的完全响应时，调用格式为 [y,wf] = filter(b,a,x,wi)。其中 b 表示系统差分方程右端的系数向量，a 表示系统差分方程左端的系数向量，x 表示系统的激励，y 表示系统的响应，wi 和 wf 为系统状态变量的初始状态和终止状态。在该格式中，x 值为零时函数求零输入响应，wi 省略时求零状态响应。

3.3.2.4　完全响应的构成

与连续时间系统时域分析类似，离散时间系统响应中，齐次解的形式仅依赖于系统本身的特征，而与激励信号的形式无关，因此在系统分析中齐次解常称为系统的自由响应或固有响应，但应注意齐次解的系数是与激励有关的。特解的形式取决于激励信号，常称为强迫响应。

$$y(n) = y_h(n) + y_p(n) = \underbrace{\sum_{k=1}^{n} C_k \alpha_k^n}_{\text{齐次解自由响应}} + \underbrace{D(n)}_{\text{特解强迫响应}}$$

3.3.3　离散 LTI 系统的零输入响应和零状态响应

零输入响应和零状态响应的物理意义对任何系统都是相同的。离散时间 LTI 系统的完全响应仍然可以看作是初始状态与输入激励分别单独作用于系统产生响应的叠加。由初

始状态单独作用于系统产生的响应称为零输入响应,记作 $y_{zi}(n)$,它是齐次解的形式,是系统自由响应的一部分。由输入激励单独作用于系统产生的响应称为零状态响应,记作 $y_{zs}(n)$,是系统自由响应的另外部分加上强迫响应。零输入响应和零状态响应与系统全响应的关系用公式描述如下:

$$y(n) = y_h(n) + y_p(n) = \underbrace{\sum_{k=1}^{n} C_k \alpha_k^n}_{\text{齐次解自由响应}} + \underbrace{D(n)}_{\text{特解强迫响应}} = \underbrace{\sum_{k=1}^{n} C_{zik} \alpha_k^n}_{\text{零输入响应}} + \underbrace{\sum_{k=1}^{n} C_{zsk} \alpha_k^n + D(n)}_{\text{零状态响应}}$$

下面通过具体实例讲解零输入响应和零状态响应的求解方法。

【例 3 - 5】 已知描述系统的一阶差分方程为 $y(n) - \dfrac{1}{2}y(n-1) = \dfrac{1}{3}u(n)$:

(1)边界条件 $y(-1) = 0$,求 $y_{zi}(n)$,$y_{zs}(n)$ 和 $y(n)$;

(2)边界条件 $y(-1) = 1$,求 $y_{zi}(n)$,$y_{zs}(n)$ 和 $y(n)$。

解 (1)边界条件为 $y(-1) = 0$ 时的情况

起始时系统处于零状态,所以 $y_{zi}(n) = 0$,齐次解为 $C\left(\dfrac{1}{2}\right)^n$。

设特解为 D,代入原方程后有 $D - \dfrac{1}{2}D = \dfrac{1}{3}$,得到 $D = \dfrac{2}{3}$,因此

$$y(n) = y_{zs}(n) = C\left(\frac{1}{2}\right)^n + \frac{2}{3}$$

由 $y(-1) = 0$ 可得 $C = -\dfrac{1}{3}$,所以,系统完全响应

$$y(n) = y_{zs}(n) = -\frac{1}{3}\left(\frac{1}{2}\right)^n + \frac{2}{3} \quad (n \geq 0)$$

(2)边界条件为 $y(-1) = 1$ 时的情况

先求零状态响应,即是(1)的结果,$y_{zs}(n) = -\dfrac{1}{3}\left(\dfrac{1}{2}\right)^n + \dfrac{2}{3} \ (n \geq 0)$。再求零输入响应,令 $y_{zi}(n) = C_{zi}\left(\dfrac{1}{2}\right)^n$,由 $y(-1) = 1$ 得出 $C_{zi} = \dfrac{1}{2}$,所以有 $y_{zi}(n) = \dfrac{1}{2}\left(\dfrac{1}{2}\right)^n$。因此完全响应为 $y(n) = \dfrac{1}{6}\left(\dfrac{1}{2}\right)^n + \dfrac{2}{3}(n \geq 0)$。

用 MATLAB 实现【例 3 - 5】描述的系统仿真程序为 ep3_11.m,仿真结果如图 3 - 16 所示。

ep3_11.m 程序清单

```
% wM(n) = bMx(n) - aMy(n), w1(n) = w2(n-1) + b1x(n) - a1y(n)
clear all;close all;clc;
a = [1, -0.5];b = 1/3;n = [-5:20]';
u = (n > = 0);%生成激励序列 u(n)
uz = zeros(length(u),1);%生成零输入信号
wi1 = -a(2)*0;wi2 = -a(2)*1;%定义两个状态变量的初始状态,wi = -a(2)*y(-1)
[yzs,wf] = filter(b,a,[u,u]);%仿真零状态响应
[yzi,wf] = filter(b,a,[uz,uz],[wi1,wi2]);%仿真零输入响应
```

[y,wf] = filter(b,a,[u,u],[wi1,wi2]);%仿真完全响应

subplot(2,3,1);stem(n,yzs(:,1),'.');axis([0,20,0,1]);set(gca,'Ytick',[0,0.5,1]);

xlabel('n');ylabel('y^{(1)}_{zs}(n)');axis square;

subplot(2,3,2);stem(n,yzi(:,1)*100,'.');%将零输入响应的值放大 100 倍

axis([0,20,0,1]);set(gca,'Ytick',[0,0.5,1]);xlabel('n');ylabel('y^{(1)}_{zi}(n)');axis square;

subplot(2,3,3);stem(n,y(:,1),'.');axis([0,20,0,1]);set(gca,'Ytick',[0,0.5,1]);

xlabel('n');ylabel('y^{(1)}(n)');axis square;

subplot(2,3,4);stem(n,yzs(:,2),'.');axis([0,20,0,1]);set(gca,'Ytick',[0,0.5,1]);

xlabel('n');ylabel('y^{(2)}_{zs}(n)');axis square;

subplot(2,3,5);stem(n,yzi(:,2)*50,'.');%将零输入响应的值放大 50 倍

axis([0,20,0,1]);set(gca,'Ytick',[0,0.5,1]);xlabel('n');ylabel('y^{(2)}_{zi}(n)');axis square;

subplot(2,3,6);stem(n,y(:,2),'.');axis([0,20,0,1]);set(gca,'Ytick',[0,0.5,1]);

xlabel('n');ylabel('y^{(2)}(n)');axis square;

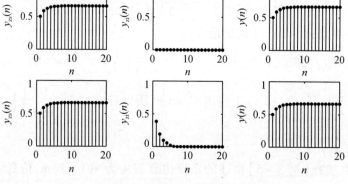

图 3-16　例 3-5 描述系统的响应仿真波形图

3.3.4　离散时间系统的单位冲激响应

单位冲激序列 $\delta(n)$ 作用于离散时间 LTI 系统产生的零状态响应称为单位冲激响应,或者称为单位样值响应,记为 $h(n)$。

对于激励信号为单位冲激序列 $\delta(n)$ 的零状态系统,因为激励仅在 $n=0$ 时刻为非零值,在 $n>0$ 之后激励为零,这时系统相当于一个零输入系统。在这个零输入系统中,激励信号 $\delta(n)$ 的作用仅相当于产生系统的初始状态 $h(0)$。由于系统的起始状态 $\{\cdots h(-2),h(-1)\}$ 的值都为 0,当 $n=0$ 时,不论差分方程的形式如何,都有 $h(0)=1$。因此,求解离散时间系统单位冲激响应问题转化为求系统零输入响应问题,求解时使用的边界条件为:

$h(0)=1,h(n)=0(n<0)$。下面通过例子说明其求解过程。

【例3-6】 已知系统的差分方程模型 $y(n)-5y(n-1)+6y(n-2)=x(n)-3x(n-2)$,求系统的单位样值响应。

解 (1)齐次解 $h_h(n)=C_1 3^n+C_2 2^n$

(2)求 $x(n)$ 单独作用时的单位样值响应 $h_1(n)$

将边界条件 $h_1(0)=1,h(-1)=0$ 代入上式得

$$\begin{cases} 1=C_1+C_2 \\ 0=\dfrac{1}{3}C_1+\dfrac{1}{2}C_2 \end{cases} \Rightarrow \begin{cases} C_1=3 \\ C_2=-2 \end{cases}$$

故 $h_1(n)=(3^{n+1}-2^{n+1})u(n)$。

(3)求 $-3x(n-2)$ 单独作用时的单位样值响应 $h_2(n)$

由线性时不变特性可得

$$h_2(n)=-3h_1(n-2)=-3(3^{n-1}-2^{n-1})u(n-2)$$

(4)根据叠加原理求单位样值响应 $h(n)$

$$\begin{aligned} h(n)&=h_1(n)+h_2(n) \\ &=(3^{n+1}-2^{n+1})u(n)-3(3^{n-1}-2^{n-1})u(n-2) \\ &=(3^{n+1}-2^{n+1})[\delta(n)+\delta(n-1)+u(n-2)]-3(3^{n-1}-2^{n-1})u(n-2) \\ &=\delta(n)+5\delta(n-1)+(3^{n+1}-2^{n+1}-3^n+3\cdot 2^{n-1})u(n-2) \\ &=\delta(n)+5\delta(n-1)+(2\cdot 3^n-2^{n-1})u(n-2) \end{aligned}$$

用 MATLAB 实现【例3-6】描述系统的单位样值响应仿真程序为 ep3_12.m,仿真结果如图 3-17 所示。程序 ep3_12.m 中给出了两种仿真系统单位样值响应的方法,仿真结果完全相同。

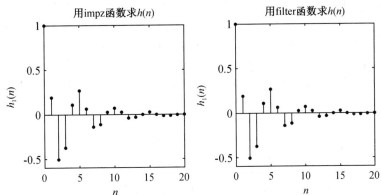

图3-17 例3-6描述系统的单位样值响应仿真波形图

ep3_12.m 程序清单

```
clear all;close all;clc;clf;
a=[1,-0.5,0.6];b=[1,-0.3];n=[0:20]';
[hi,t]=impz(b,a,n);%用 impz 函数计算冲激响应 hi(n)
x=(n==0);%以单位样值序列为激励信号
hf=filter(b,a,x);%经 filter 函数滤波得到 hf(n)
subplot(1,2,1);stem(t,hi,'.');axis square;axis([0,20,-0.6,1]);
```

```
xlabel('n');ylabel('h_{i}(n)');title('用 impz 函数求 h(n)');
subplot(1,2,2);stem(n,hf,'.');axis square;axis([0,20,-0.6,1]);
xlabel('n');ylabel('h_{f}(n)');title('用 filter 函数求 h(n)');
```

3.4 卷 积

离散系统的卷积(卷积和)与连续系统的卷积具有相同的物理意义、定义方法及应用特性,只是由于系统类型的差别采用了不同的描述方法。本节对离散序列的卷积和作简要介绍。

3.4.1 卷积和定义

两个序列的卷积和定义为

$$y(n) = x_1(n) * x_2(n) = x_2(n) * x_1(n) = \sum_{m=-\infty}^{+\infty} x_1(m)x_2(n-m)$$
$$= \sum_{m=-\infty}^{+\infty} x_2(m)x_1(n-m)$$

其中包含反褶、移位、相乘、求和四种基本运算,m 是求和变量。可以利用求序列卷积的方法求解系统的零状态响应,即 $y_{zs}(n) = x(n) * h(n)$。$x(n)$ 是激励信号,$h(n)$ 是系统的单位冲激响应。

3.4.2 图解法求序列的卷积和

离散信号的图解法求序列卷积和过程与连续信号的图解法求卷积积分过程类似,也包含自变量置换、信号反褶、信号移位、序列对位相乘、累加求和五个步骤。具体方法如下:

(1)将 $x(n)$,$h(n)$ 中的自变量 n 改为 m,m 成为函数的自变量。

(2)把其中的一个信号翻转,如将 $h(m)$ 翻转得到 $h(-m)$。

(3)把 $h(-m)$ 平移 n 个单位,得到 $h(n-m)$,n 是参变量。$n > 0$ 时,图形右移;$n < 0$ 时,图形左移。

(4)将 $x(m)$ 与 $h(n-m)$ 相乘。

(5)对乘积后的图形累加求和。

【例 3-7】 某系统的单位样值响应是 $h(n) = a^n u(n)$,其中 $0 < a < 1$。若激励信号为 $x(n) = u(n) - u(n-N)$,试求响应 $y(n)$。

解 $y(n) = \sum_{m=-\infty}^{\infty} x(m)h(n-m) = \sum_{m=-\infty}^{\infty} [u(m) - u(m-N)]a^{n-m}u(n-m)$

(1)$n < 0$ 时,$h(n-m)$ 与 $x(m)$ 相乘处处为零,故 $y(n) = 0$。

(2)$0 \leqslant n \leqslant N-1$ 时,从 $m=0$ 到 $m=n$ 的范围内 $h(n-m)$ 与 $x(m)$ 交叠相乘得到非零值,根据收敛的几何级数求和公式 $\sum_{n=0}^{n_2} a^n = \dfrac{1-a^{n_2+1}}{1-a}$,有

$$y(n) = \sum_{m=0}^{n} a^{n-m} = a^n \sum_{m=0}^{n} a^{-m} = a^n \frac{1-a^{-(n+1)}}{1-a^{-1}} \quad (0 \leqslant n \leqslant N-1)$$

(3)$n \geqslant N-1$ 时,交叠相乘的非零值从 $m=0$ 延伸到 $m=N-1$,因此

$$y(n) = \sum_{m=0}^{N-1} a^{n-m} = a^n \sum_{m=0}^{N-1} a^{-m} = a^n \frac{1-a^{-N}}{1-a^{-1}} \quad (n \geq N-1)$$

图 3 – 18 给出了图解法求序列卷积和的运算过程及结果。

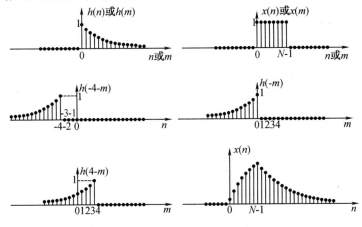

图 3 – 18　例 3 – 7 求解过程与结果

设激励信号 $x(n) = u(n) - u(n-N)$ 中的 $N=8$，单位样值响应 $h(n) = a^n u(n)$ 中的 $a = 0.8$，用 MATLAB 实现【例 3 – 7】中通过卷积运算求解系统零状态响应的仿真程序为 ep3_13. m，仿真结果如图 3 – 19 所示。程序 ep3_13. m 中给出了三种仿真卷积运算的方法，仿真结果完全相同。

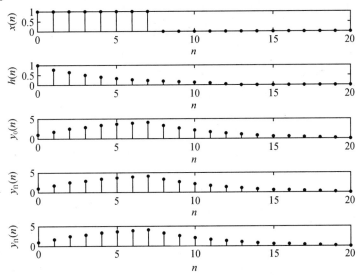

图 3 – 19　例 3 – 7 仿真波形图

ep3_13. m 程序清单

```
clear all;close all;clc;clf;
a = 0.8;N = 8;%定义激励信号长度
n = [0:20]';h = (a.^n). * (n > =0);%生成单位样值响应 h(n)
x = (n > =0&n < N);%生成激励信号 x(n)
yc = conv(h,x);%注意 yc 长度变化
```

yf1 = filter(x,1,h);%用 h(n)作激励

yf2 = filter(1,[1, -a],x);%用 x(n)作激励

subplot(5,1,1);stem(n,x,'.');set(gca,'Xtick',[0,5,10,15,20]);xlabel('n')ylabel('x(n)');

subplot(5,1,2);stem(n,h,'.');set(gca,'Xtick',[0,5,10,15,20]);xlabel('n')ylabel('h(n)');

subplot(5,1,3);stem(n,yc(1:21),'.');

set(gca,'Xtick',[0,5,10,15,20]);xlabel('n')ylabel('y_{c}(n)');

subplot(5,1,4);stem(n,yf1,'.');set(gca,'Xtick',[0,5,10,15,20]);xlabel('n');ylabel('y_{f1}(n)');

subplot(5,1,5);stem(n,yf2,'.');set(gca,'Xtick',[0,5,10,15,20]);xlabel('n');ylabel('y_{f2}(n)');

由【例 3-7】可见,在序列的卷积运算过程中,移位运算是一种线性移位运算,因此,这类卷积称为序列的线性卷积。设两个序列的长度分别是 N 和 M,则线性卷积后的新序列长度为 $N+M-1$,新序列的左、右边界分别为两个原序列的左、右边界之和。在有限长序列的傅里叶变换中也有一种卷积运算,称之为圆卷积,圆卷积中序列采用循环方式移位。

3.4.3 对位相乘求和法求序列的卷积和

当两个有限长序列卷积时,可用简单的竖式相乘对位相加法快速地求出卷积结果。对位相乘求和法求解序列卷积和的运算采用以下几个步骤:

(1)将两序列样值以各自 n 的最高值按右端对齐;

(2)把逐个样值对应相乘但不要进位;

(3)把同一列上的乘积值按对位求和,即可得到 $y(n)$。

表 3-2 给出了几个常用序列卷积(和)结果。

表 3-2 常用序列卷积(和)

序号	$x_1(n)$	$x_2(n)$	$x_1(n) * x_2(n) = x_2(n) * x_1(n)$
1	$\delta(n)$	$x(n)$	$x(n)$
2	a^n	$u(n)$	$\dfrac{1-a^{n+1}}{1-a}$
3	$u(n)$	$u(n)$	$n+1$
4	a_1^n	a_2^n	$\dfrac{a_1^{n+1}-a_2^{n+1}}{a_1-a_2}$ $(a_1 \neq a_2)$
5	a^n	a^n	$(n+1)a^n$
6	a^n	n	$\dfrac{n}{1-a}+\dfrac{a(a^n-1)}{(1-a)^2}$
7	n	n	$\dfrac{1}{6}(n-1)n(n+1)$
8	$a_1^n\cos(\omega_0 n+\theta)$	a_2^n	$\dfrac{a_1^{n+1}\cos[\omega_0(n+1)+\theta-\varphi]-a_2^{n+1}\cos(\theta-\varphi)}{\sqrt{a_1^2+a_2^2-2a_1 a_2\cos\omega_0}}$

【例 3 - 8】 已知

$$x_1(n) = 2\delta(n) + \delta(n-1) + 4\delta(n-2) + \delta(n-3)$$
$$x_2(n) = 3\delta(n) + \delta(n-1) + 5\delta(n-2)$$

求卷积 $y(n) = x_1(n) * x_2(n)$。

解 由于本例给出的离散时间信号未能以闭式表示,为书写方便也可将该离散时间信号写作序列

$$\{x_1(n)\} = \{2 \quad 1 \quad 4 \quad 1\}, \{x_2(n)\} = \{3 \quad 1 \quad 5\}$$
$$\qquad\qquad\qquad \uparrow \qquad\qquad\qquad\qquad\qquad \uparrow$$

排序:

$x_1(n)$ 2   1   4   1

$x_2(n)$ 3   1   5

对位相乘:

$$
\begin{array}{cccccc}
 & & & 10 & 5 & 20 & 5 \\
 & & 2 & 1 & 4 & 1 \\
 & 6 & 3 & 12 & 3 \\
\hline
y(n): & 6 & 5 & 23 & 12 & 21 & 5
\end{array}
$$

即

$$\{y(n)\} = \{6 \quad 5 \quad 23 \quad 12 \quad 21 \quad 5\}$$
$$\uparrow$$

由【例 3 - 8】可见,卷积后得到新序列的左、右边界分别是两个原序列的左边界之和、右边界之和。对位相乘法的实质是将作图过程的反褶与移位两步骤以对位排序方式取代。该方法鲜明地体现了卷积运算中的累加求和过程。

3.5 系统的因果性和稳定性的分析

3.5.1 系统的因果性

所谓因果系统是指输出变化不领先于输入变化的系统。一个离散时间系统,如果系统 n_0 时刻的输出,只取决于 n_0 时刻以及 n_0 时刻以前的输入序列,而和 n_0 时刻以后的输入序列无关,则称该系统是因果系统。否则,系统被称为非因果系统。

线性时不变系统具有因果性的充分必要条件是系统的单位取样响应满足下式

$$h(n) = 0(n < 0) \qquad 等价于 \qquad h(n) = h(n)u(n)$$

因果系统的时域判别条件从概念上也容易理解。单位取样响应是输入为 $\delta(n)$ 的零状态响应,在 $n = 0$ 时刻以前(即 $n < 0$ 时),系统没有加入信号,输出 $h(n)$ 只能等于零。$y(k) = x(k-1)$ 和 $y(k) = kx(k)$ 都是因果系统,$y(k) = x(k+1)$,$y(k) = x(k^2)$ 和 $y(k) = x(-k)$ 都是非因果系统,因为当 $k < 0$ 时的输出决定于 $k > 0$ 的输入。

3.5.2 系统的稳定性

系统能否正常工作,稳定性是先决条件。所谓稳定系统,是指系统有界输入,系统输出

也是有界的。

系统稳定的充分必要条件是系统的单位取样响应绝对可和，即 $\sum\limits_{k=-\infty}^{\infty} |h(n)| < \infty$。如果系统的单位取样响应 $h(n)$ 满足该条件，那么输出 $y(n)$ 一定也是有界的，即 $|y(n)| < \infty$。

【例3-9】 设系统的单位取样响应 $h(n) = u(n)$，求对于任意输入序列 $x(n)$ 的输出 $y(n)$，并检验系统的因果性和稳定性。

解 （1）求系统响应

$$h(n) = u(n), y(n) = x(n) * h(n) = \sum_{k=-\infty}^{\infty} x(k) u(n-k)$$

当 $n-k < 0$ 时，$u(n-k) = 0$；$n-k \geq 0$ 时，$u(n-k) = 1$。因此，求和界限为 $k \leq n$，$y(n) = \sum\limits_{k=-\infty}^{\infty} x(k)$。上式表示该系统是一个累加器，它将输入序列从加上之时开始，逐项累加，一直加到 n 时刻为止。

（2）因果性判定

$h(n) = u(n)$，该系统是因果系统。

（3）稳定性判定

$\sum\limits_{n=-\infty}^{\infty} |h(n)| = \sum\limits_{n=0}^{\infty} |u(n)| = \infty$，该系统是不稳定系统。

思考题

3-1 离散信号与连续信号有何异同？

3-2 数字信号处理同模拟信号处理相比有什么优势？

3-3 正弦序列是否一定是周期序列？你能举出不是周期序列的正弦序列吗？

3-4 离散序列是否是奇异信号的取样序列？离散序列与阶跃信号的取样序列有何不同？

3-5 离散卷积与连续卷积有何联系？有何相似之处和相异之处？

3-6 数字信号处理与模拟信号处理手段有什么区别？

习题

3-1 画出下列各序列的图形。

(1) $x_1(n) = n u(n+2)$ (2) $x_2(n) = (2^{-n} + 1) u(n+1)$

3-2 解下列差分方程。

(1) $y(n) - 2y(n-1) = 0, y(0) = \dfrac{1}{2}$

(2) $y(n) + 3y(n-1) = 0, y(1) = 1$

(3) $y(n) + 3y(n-1) + 2y(n-2) = 0, y(-1) = 2, y(-2) = 1$

(4) $y(n) + y(n-2) = 0, y(0) = 1, y(1) = 2$

3-3 试用时域经典法求解差分方程。

(1) $y(n+1) + 2y(n) = (n-1) u(n)$，边界条件 $y(0) = 1$；

(2) $y(n+2) + 2y(n+1) + y(n) = 3^{n+2} u(n)$，边界条件 $y(-1) = 0, y(0) = 0$；

(3) $y(n+1) - 2y(n) = 4u(n)$，边界条件 $y(0) = 0$。

3-4 求下列差分方程所描述的离散时间系统的零输入响应。

(1) $y(n+2) - y(n+1) - y(n) = 0, y_{zi}(0) = 0, y_{zi}(1) = 1$;

(2) $y(n+3) + 3y(n+2) - 4y(n) = 0, y_{zi}(0) = 1, y_{zi}(1) = 2, y_{zi}(2) = 0$。

3-5 已知系统的差分方程模型 $y(n) - 5y(n-1) + 6y(n-2) = x(n) - 3x(n-2)$,求系统的单位样值响应。

3-6 如果在第 n 个月初向银行存款 $x(n)$ 元,月息为 a,每月利息不取出,试用差分方程写出第 n 月初的本利和 $y(n)$。设 $x(n) = 10$ 元,$a = 0.003, y(0) = 20$ 元,求 $y(n)$,若 $n = 12, y(12)$ 为多少?

3-7 已知一线性时不变系统的单位样值响应 $h(n)$,在 $N_0 \leq n \leq N_1$ 区间之外都为零。而输入 $x(n)$ 在 $N_2 \leq n \leq N_3$ 区间之外均为零。这样,响应 $y(n)$ 在 $N_4 \leq n \leq N_5$ 之外均被限制为零。试用 N_0, N_1, N_2, N_3 来表示 N_4 与 N_5。

3-8 已知: $x_1(n) = 2\delta(n) + \delta(n-1) + 4\delta(n-2) + \delta(n-3)$

$x_2(n) = 3\delta(n) + \delta(n-1) + 5\delta(n-2)$

求卷积 $y(n) = x_1(n) * x_2(n)$。

3-9 已知 $x_1(n) = \{1, 1, 2\}$ 和 $x_1(n) * x_2(n) = \{1, -1, 3, -1, 6\}$,试求 $x_2(n)$。
$\qquad\qquad\qquad\quad \uparrow \qquad\qquad\qquad\qquad\qquad\qquad\quad \uparrow$

3-10 某地质勘测设备给出的发射信号

$$x(n) = \delta(n) + \frac{1}{2}\delta(n-1)$$

接收回波信号

$$y(n) = \left(\frac{1}{2}\right)^n u(n)$$

若地层反射特性的系统函数以 $h(n)$ 表示,且满足 $y(n) = h(n) * x(n)$。

(1) 求 $h(n)$;

(2) 以延时、相加、倍乘运算为基本单元,试画出系统方框图。

3-11 判断如下单位样值响应对应系统的因果性和稳定性。

(1) $h(n) = 2^{-n}u(n+1)$ $\qquad\qquad\qquad$ (2) $h(n) = a^n u(n-1)$

3-12 已知描述系统的差分方程表达式为 $y(n) = \sum_{r=0}^{7} brx(n-r)$,试绘出此离散系统的方框图。如果 $y(-1) = 0, x(n) = \delta(n)$,试求 $y(n)$,指出此时 $y(n)$ 有何特点,这种特点与系统的结构有何关系?

上机题

3-13 试用 MATLAB 命令求解以下离散时间系统的单位取样响应。

(1) $3y(n) + 4y(n-1) + y(n-2) = x(n) + x(n-1)$

(2) $\frac{5}{2}y(n) + 6y(n-1) + 10y(n-2) = x(n)$

3-14 已知某系统的单位取样响应为 $h(n) = \left(\frac{7}{8}\right)^n [u(n) - u(n-10)]$,试用 MATLAB 求当激励信号为 $x(n) = u(n) - u(n-5)$ 时,系统的零状态响应。

第4章　连续时间信号与系统的频域分析

从本章开始由时域分析转入频域分析。傅里叶变换是在傅里叶级数正交函数展开的基础上产生并发展的。傅里叶分析的研究与应用经历了一百余年。1822 年法国数学家傅里叶(J. Fourier,1768—1830)在研究热传导理论时发表了《热的分析理论》一书,提出并证明了将周期函数展开为正弦级数的原理,奠定了傅里叶级数的理论基础。泊松(Poisson)、高斯(Gauss)等人把这一成果应用到电学中去。伴随着电机制造、交流电的产生与传输等实际问题的需要,三角函数、指数函数以及傅里叶分析等数学工具已得到广泛的应用。直到 19 世纪末,制造出电容器。20 世纪初,谐振电路、滤波器、正弦振荡器的出现为正弦函数与傅里叶分析在通信系统中的应用开辟了广阔的前景。20 世纪 70 年代,出现了各种二值正交函数(沃尔什函数),它对通信、数字信号处理等技术领域的研究提供了多种途径和手段。使人们认识到傅里叶分析不是信息科学与技术领域中唯一的变换域方法。从此,在通信与控制系统的理论研究和实际应用中,采用频率域(频域)的分析方法比经典的时间域(时域)方法有许多突出的优点。频域分析将时间变量变换成频率变量,揭示了信号内在的频率特性以及信号时间特性与其频率特性之间的密切关系,从而导出了信号的频谱、带宽以及滤波、调制和频分复用等重要概念。

当今,傅里叶分析方法已成为信号分析与系统设计不可缺少的重要工具。尽管傅里叶分析方法不是信息科学与技术领域中唯一的变换方法,但傅里叶分析始终有着极其广泛的应用,它是研究其他变换方法的基础。"快速傅里叶变换(FFT)"的出现给傅里叶分析这一数学工具增添了新的生命力。傅里叶分析方法不仅应用于电力工程、通信和控制领域之中,而且在力学、光学、量子物理和各种线性系统分析等许多有关数学、物理和工程技术领域中得到广泛的应用。

在频域分析中,首先讨论周期信号的傅里叶级数,然后讨论非周期信号的傅里叶变换。傅里叶变换是在傅里叶级数的基础上发展而产生的,这方面的问题统称为傅里叶分析。

4.1　周期信号的傅里叶级数

如果正交函数集是指数函数集或三角函数集,此时周期函数所展成的级数就是傅里叶级数。

4.1.1　三角形式傅里叶级数

若$f(t)$是周期为T_1,角频率为ω_1,频率为f_1的周期信号,则信号$f(t)$的三角形式傅里叶级数展开式为

$$f(t) = a_0 + a_1\cos\omega_1 t + b_1\sin\omega_1 t + a_2\cos\omega_1 t + b_2\sin\omega_1 t + \cdots + a_n\cos\omega_1 t + b_n\sin\omega_1 t$$

$$= a_0 + \sum_{n=1}^{\infty} \left[a_n\cos(n\omega_1 t) + b_n\sin(n\omega_1 t) \right] \tag{4-1}$$

其中 a_n 和 b_n 为傅里叶系数；a_0 为直流分量。根据正交函数的正交性可求出

直流分量：
$$a_0 = \frac{1}{T_1}\int_{T_1} f(t)\,\mathrm{d}t \tag{4-2}$$

余弦分量的幅度：
$$a_n = \frac{2}{T_1}\int_{T_1} f(t)\cos(n\omega_1 t)\,\mathrm{d}t \tag{4-3}$$

正弦分量的幅度：
$$b_n = \frac{2}{T_1}\int_{T_1} f(t)\sin(n\omega_1 t)\,\mathrm{d}t \tag{4-4}$$

由上述表达式可见，a_n 是 n 的偶函数，b_n 是 n 的奇函数。因此，积分区间 T_1 通常取 $\left[-\dfrac{T_1}{2}, \dfrac{T_1}{2}\right]$。

式(4-1)~式(4-4)揭示了三角形式傅里叶级数展开的物理意义：周期信号可以由其直流分量、基波及各次谐波的正弦、余弦分量叠加(线性组合)构成，系数 a_0,a_n,b_n 由周期信号 $f(t)$ 的周期 T_1 及在一个周期内的取值确定，且每个谐波分量的频率都是基波频率的整数倍。

基波是指频率为 $f_1(f_1 = \dfrac{1}{T_1})$ 的正弦、余弦分量，f_1 称为基频，ω_1 称为基波角频率；N 次谐波是指频率为 Nf_1 的正弦、余弦分量。

在实际应用中，通常将式(4-1)中同频率的正弦、余弦分量合并成余弦分量形式，傅里叶展开式为

$$f(t) = c_0 + \sum_{n=1}^{\infty} c_n\cos(n\omega_1 t + \varphi_n) \tag{4-5}$$

其中

$$a_0 = c_0,\ a_n = c_n\cos\varphi_n,\ b_n = -c_n\sin\varphi_n$$

$$c_n = \sqrt{a_n^2 + b_n^2},\ \varphi_n = -\arctan\left(\frac{b_n}{a_n}\right)$$

当周期信号的波形具有某些对称性(如全波对称、半波对称)时，其相应的傅里叶系数也会呈现出一定的特征。了解这些特征，会给手工计算傅里叶级数系数带来一些方便。请阅读其他参考书学习相关知识。

在现实生活中，有许多实际的需求需要将一个连续时间信号展开为三角函数和式的形式。例如，为了从实测的信号中消除高频干扰，需要先把信号表示为三角函数的和式，然后把代表高频干扰的正弦分量过滤除掉，即把它们的系数 b_n 处理为零，从而可以把有用信号提取出来。又如，为了以传输最少数据的方式发送信号而进行数据压缩，也需要先将信号用三角函数展开式表示，然后只发送那些振幅较大的正弦分量，较小振幅的正弦分量对信号没有实质性贡献就不用发送，从而可以加快信号传输的速度。

4.1.2 指数形式傅里叶级数

三角函数形式的傅里叶级数含义比较明确，但运算很不方便，因此经常采用指数形式的傅里叶级数。将欧拉公式

$$\cos(n\omega_1 t) = \frac{1}{2}(\mathrm{e}^{\mathrm{j}n\omega_1 t} + \mathrm{e}^{-\mathrm{j}n\omega_1 t}),\ \sin(n\omega_1 t) = \frac{1}{2\mathrm{j}}(\mathrm{e}^{\mathrm{j}n\omega_1 t} - \mathrm{e}^{-\mathrm{j}n\omega_1 t})$$

代入式(4-1)化简后得到周期信号 $f(t)$ 的指数形式傅里叶级数展开式为

$$f(t) = \sum_{n=-\infty}^{\infty} F(n\omega_1) e^{jn\omega_1 t} \tag{4-6}$$

可见,任意一个周期信号 $f(t)$ 可以分解为一组虚指数信号的线性组合,其中每个虚指数信号的频率都是基波频率的整数倍。$F(n\omega_1)$(可简写为 F_n)是指数形式傅里叶级数的系数,它等于

$$F(n\omega_1) = F_n = \frac{1}{T_1} \int_{T_1} f(t) e^{-jn\omega_1 t} dt \tag{4-7}$$

$F(n\omega_1)$ 是关于变量 $n\omega_1$ 的复函数,又称频谱函数。当 $f(t)$ 是实周期信号时,$F(n\omega_1)$ 的模和实部是 $n\omega_1$ 的偶函数;$F(n\omega_1)$ 的相角和虚部是 $n\omega_1$ 的奇函数。

指数型傅里叶级数中出现负频率分量(n 是 $-\infty$ 到 $+\infty$ 之间的整数),这只是一种数学表达形式,没有太多的物理意义。三角型傅里叶级数和指数型傅里叶级数实质上是同一级数的两种不同的表现形式。二者之间的关系为

$$F_0 = a_0 = c_0, F_n = |F_n| e^{j\varphi_n} = \frac{1}{2}(a_n - jb_n)$$

$$F_{-n} = |F_{-n}| e^{-j\varphi_n} = \frac{1}{2}(a_n + jb_n), |F_n| = |F_{-n}| = \frac{1}{2}c_n = \frac{1}{2}\sqrt{a_n^2 + b_n^2}$$

从上面的学习可以看到,对于不同的周期信号,其傅里叶级数的形式相同(无论是三角形式还是指数形式),不同的只是各周期信号的傅里叶系数。可见,傅里叶系数反映了周期信号的特征。为了形象地描述周期信号特征,通常将信号各次谐波所对应的傅里叶系数的幅度和相位值以图形方式表示,称这种线状分布图形为信号的频谱。

4.1.3 傅里叶级数存在和收敛的条件

不是所有的周期信号都可以展成傅里叶级数的形式。只有周期信号在满足"狄利克雷(Dirichlet)条件"下,才可以展成正交函数线性组合的无穷级数。如果正交函数集是三角函数集或指数函数集,则周期函数展成的级数就是傅里叶级数。狄利克雷条件包括以下几点:

(1)在任何一个周期内,周期信号必须绝对可积,即 $\int_T |f(t)| dt$ 等于有限值。

只有满足这个条件时,傅里叶级数的系数才存在(c_n 或 F_n 值必须是有限的),但并不能保证傅里叶级数收敛。

(2)在任何一个周期内,只有有限个数的极大值和极小值。

当信号在一个周期内有无穷多个极大值和极小值时,表明该信号有频率趋近无穷的高频分量。这就使高频的傅里叶级数的系数衰减较慢,有可能导致傅里叶级数不收敛。

(3)在任何一个周期内,只允许有限个阶跃型间断点,且在这些间断点上,只出现有限跃变值。

当周期信号 $f(t)$ 满足狄利克雷条件时,其傅里叶级数在 $f(t)$ 的不连续点处收敛于 $\dfrac{[f(t_+) + f(t_-)]}{2}$。其中

$$f(t_+) = \lim_{\tau \to 0} f(t + \varepsilon), f(t_-) = \lim_{\tau \to 0} f(t - \varepsilon)$$

实际上,在电子、通信、控制等工程技术中的周期信号一般都能满足狄利克雷条件。不满足狄利克雷条件的周期信号,在自然界中都属于一类比较反常的周期信号,即所谓病态

的函数,它们在信号与系统的研究中没有什么特别的重要性。

图 4-1 画出了周期矩形脉冲在幅度 $A=1$、周期 $T=2$、脉冲宽度 $\tau=1$ 时傅里叶级数的部分和 $f_N(t)$。其中,$N=1,2,5,20$。随着 N 的增加,傅里叶级数部分和对原始波形的近似程度不断提高。在不连续点 $t=0.5$ 处,傅里叶级数部分和收敛到该点左极限和右极限的中值 0.5;在不连续点附近,部分和 $f_N(t)$ 呈现起伏,起伏的频率随着 N 的变大而增加。但起伏的峰值不随 N 的增大而下降。若不连续点的幅度是 1,则傅里叶级数部分和呈现的峰值最大值是 1.09,即有 9% 的超量。无论 N 多大,这个超量不变,这种现象称为吉伯斯(Gibbs)现象。在傅里叶级数的项数取得很大时,不连续点附近波峰宽度趋近于零。所以波峰下的面积也趋近于零,因而在能量意义下部分和的波形收敛于原波形。由图 4-1 还可以看出,频率较低的谐波,其振幅较大,它们组成方波的主体,而频率较高的高次谐波振幅较小,它们主要影响波形的细节。波形中所包含的高次谐波越多,波形的边缘越陡峭。

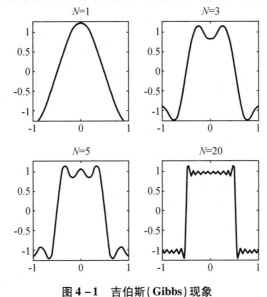

图 4-1 吉伯斯(Gibbs)现象

4.1.4 周期信号的频谱

4.1.4.1 周期信号频谱的概念

由上面的讨论中,已经了解到傅里叶系数反映了周期信号的特征,也提出了周期信号频谱的概念。将周期信号分解为傅里叶级数,为在频域中认识信号特征提供了重要的手段。因为在时域内给出的不同信号,不易简明地比较出它们各自的特征,而当周期信号分解为傅里叶级数后,得到的是直流分量和无穷多正弦分量的和,从而可以在频域内方便地予以比较。

频谱图包括幅度频谱和相位频谱。幅度频谱表示谐波分量的振幅(c_n 或 F_n)随频率变化的关系;相位频谱表示谐波分量的相位 φ_n 随频率变化的关系。习惯上将幅度频谱简称为频谱。图 4-2 以周期性矩形脉冲信号为例给出三角形式傅里叶级数和指数形式傅里叶级数的频谱图。当傅里叶系数为实数时,相位变化只会出现 $0,\pi$ 或 $-\pi$ 情况,可以将周期信号的幅度频谱和相位频谱画在同一张图中,如图 4-3 所示。在一般情况下,傅里叶系数为复数,幅度频谱与相位频谱就不可能画在一张图中,而必须分为幅度频谱和相位频谱两张图。

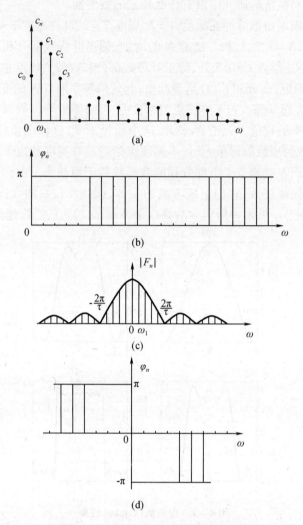

图 4-2 周期信号的频度谱和相位谱

(a)三角形式单边幅度谱；(b)三角形式相位谱；(c)指数形式双边幅度频谱；(d)指数形式相位谱

由图 4-2 和图 4-3 可以得到连续周期信号的频谱具有以下特点：

(1)连续周期信号的频谱是非周期的

频谱图的频谱包络是非周期的。在一个周期内具有有限宽度脉冲的周期信号，它们的频谱包络线都等间隔地通过零点。过零点的位置由脉冲宽度决定。

(2)周期信号的频谱具有离散性

频谱图由频率离散的谱线组成，每条谱线代表一个谐波分量。

(3)周期信号的频谱具有谐波性

频谱中的谱线只能出现在基波频率的整数倍频率上。信号的周期越大，基波频率越小，谱线越密。

(4)周期信号的频谱具有收敛性

频谱中各条谱线的高度，即各次谐波的振幅总是随着谐波 $n\omega_0$ 的增大而逐渐减小，并最终趋近于零。

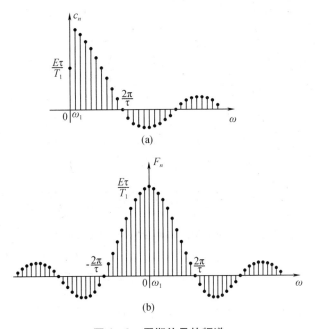

图 4 – 3　周期信号的频谱

(a)三角形式单边幅度谱(含相位变化);(b)指数形式双边幅度谱(含相位变化)

在周期信号的频谱分析中,一般使用指数形式的傅里叶级数,原因有两个:一是计算量小(只计算一个系数),二是其表达形式非常简洁(虽然往往是复数),便于进行信号的频谱分析。常用到的几个基本公式为

$$F_n = |F_n| e^{j\omega_n}, \ |F_n| = \sqrt{[\text{Re}(F_n)]^2 + [\text{Im}(F_n)]^2}, \varphi_n = \arctan\left[\frac{\text{Im}(F_n)}{\text{Re}(F_n)}\right]$$

4.1.4.2　周期信号的频谱在信号合成(重建)中的作用

将周期信号分解为傅里叶级数,为在频域中认识信号特征提供了重要的手段。同样,也可以利用信号在频域中的特征重建时域信号。周期信号的幅频特性和相频特性在信号合成的过程中起着重要作用。

频谱的幅度表示了周期信号 $f(t)$ 中各频率分量的大小。如果 $f(t)$ 是一个平滑函数,函数值的变化较缓慢,合成这样的信号主要需要变化缓慢的(低频)正弦波及少量变化急剧的(高频)正弦波,信号的幅度谱将会随着频率的增加而快速衰减,这时只需取傅里叶级数的前几项就可获得对原信号的一个较好的近似表示。如果 $f(t)$ 中有不连续点或函数值的变化急剧,相对而言合成这样的信号就需要较多的高频分量,信号的幅度谱将会随着频率的增加而缓慢地衰减,需取更多项的傅里叶级数才可获得对原信号的近似表示。周期方波有不连续点,所以它的幅度谱衰减较慢(按 $\frac{1}{n}$ 速度衰减)。三角波是一个连续函数,所以它的幅度谱衰减较快(按 $\frac{1}{n^2}$ 速度衰减)。

相位谱对信号中急剧变化点的位置起着重要的作用。为了使合成的信号在不连续点有瞬时的跳变,谐波的相位将使得各谐波分量的幅度在不连续点前几乎都取相同的符号,在不连续点后各谐波分量的幅度取相反的符号。这样各次谐波合成的结果才能使信号 $f(t)$ 在不连续点附近存在急剧变化。图 4 – 4 中画出了傅里叶级数最低的 3 个谐波分量的波形。

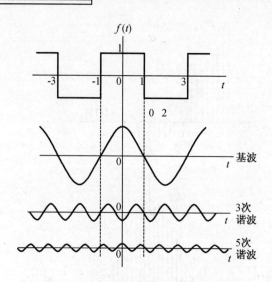

图 4 - 4　相位谱对周期信号波形的影响

　　各谐波分量的相位使得在不连续点 $t = 1$ 前各谐波分量信号的幅度为正,$t = 1$ 后各谐波分量信号的幅度为负,其他不连续点情况也是类似的。所有谐波幅度的这种符号变化产生的影响加在一起就产生了信号的不连续点。相位谱对信号中急剧变化点的位置起着重要的作用,如果在重建信号的时候忽略了相位谱,重建的信号就会模糊或失去了信号原有的特征。

4.1.4.3　信号的有效带宽

　　描述信号有效带宽的方法有两种:3 dB 带宽和第一零点带宽。在周期信号的频谱分析中常用第一零点带宽表示信号的有效带宽(即频谱宽度)。

　　第一零点带宽是指频谱包络从 0 到第一个包络线零点的频率范围。在周期信号的有效带宽内,谐波分量的功率占据该周期信号功率的绝大部分。周期信号的频谱宽度(简称带宽)用 ω_B(单位为 rad / s)或 f_B(单位为 Hz)表示,定义为

$$\omega_B = \frac{2\pi}{\tau}, f_B = \frac{1}{\tau} \tag{4 - 8}$$

　　信号的有效带宽与信号在时域的持续时间 τ 成反比。由此可以看到周期信号频谱包络线在过零点处的角频率为 $\frac{2\pi}{\tau}$ 的整数倍。

　　信号的有效频带宽度是信号频率特性中的重要指标,具有实际应用意义。在信号的有效带宽内,集中了信号的绝大部分谐波分量,若信号丢失有效带宽以外的谐波成分,不会对信号产生明显影响。任何系统都有其有效带宽。当信号通过系统时,信号与系统的有效带宽必须"匹配";若信号的有效带宽大于系统的有效带宽,则信号通过此系统时,就会损失许多重要成分而产生较大失真;若信号的有效带宽远小于系统的带宽,信号可以顺利通过,但对系统资源是巨大浪费。表 4 - 1 所列的是常见信号的频带宽度。

表 4 – 1　常见信号的频带宽度

信号	频带宽度	信号	频带宽度
传真、电报	1.2 Hz ~ 2.4 kHz	电视信号	0 Hz ~ 6 MHz
语言信号	300 Hz ~ 3.4 kHz	电视伴音	30 Hz ~ 10 kHz
音乐信号	20 Hz ~ 20 kHz	主动声呐信号	2 Hz ~ 20 kHz

4.1.4.4　周期信号的功率谱

功率有限的信号称为功率信号。周期信号属于功率信号。在用归一化平均功率(在 1 Ω 电阻上消耗的平均功率)研究信号的功率时,无论周期信号 $f(t)$ 表示电压还是电流,其平均功率为

$$P = \frac{1}{T}\int_T f^2(t)\,\mathrm{d}t$$

应用指数形式傅里叶级数表示 $f(t)$,则平均功率

$$P = \frac{1}{T}\int_{-\frac{T}{2}}^{\frac{T}{2}} f^2(t)\,\mathrm{d}t = \frac{1}{T}\int_{-\frac{T}{2}}^{\frac{T}{2}} f(t)f^*(t)\,\mathrm{d}t = \frac{1}{T}\int_{-\frac{T}{2}}^{\frac{T}{2}} f^*(t)\Big(\sum_{n=-\infty}^{\infty} F_n \mathrm{e}^{jn\omega_0 t}\Big)\mathrm{d}t$$

将上式中的求和与积分次序交换,得

$$P = \sum_{n=-\infty}^{\infty} F_n \frac{1}{T}\int_{-\frac{T}{2}}^{\frac{T}{2}} f^*(t)\mathrm{e}^{jn\omega_0 t}\mathrm{d}t = \sum_{n=-\infty}^{\infty} F_n\Big[\frac{1}{T}\int_{-\frac{T}{2}}^{\frac{T}{2}} f(t)\mathrm{e}^{-jn\omega_0 t}\mathrm{d}t\Big]^* = \sum_{n=-\infty}^{\infty} F_n F_n^*$$

因此

$$P = \sum_{n=-\infty}^{\infty} |F_n|^2 \qquad\qquad (4-9)$$

式(4-9)称为帕塞瓦尔(Parseval)功率守恒定理。$|F_n|^2$ 随 $n\omega_0$ 分布情况称为周期信号的功率频谱,简称功率谱。帕塞瓦尔定理告诉我们:周期信号的平均功率也可以在频域中描述,且等于信号所包含的直流、基波以及各次谐波的平均功率之和。

周期信号的功率谱也是离散谱。从周期信号的功率谱中不仅可以看到各平均功率分量的分布情况,而且可以确定在周期信号的有效带宽内谐波分量具有的平均功率占整个周期信号的平均功率之比。

4.1.5　傅里叶级数分析应用举例

【例 4 – 1】　已知周期信号

$$f(t) = 1 - \frac{1}{2}\cos\Big(\frac{\pi}{4}t - \frac{2\pi}{3}\Big) + \frac{1}{4}\sin\Big(\frac{\pi}{3}t - \frac{\pi}{6}\Big)$$

试求该周期信号的基波周期 T,基波角频率 ω,画出它的单边频谱图。

解　首先应用三角公式将 $f(t)$ 改写为只有余弦分量的形式,得到

$$f(t) = 1 + \frac{1}{2}\cos\Big(\frac{\pi}{4}t - \frac{2\pi}{3}\Big) + \frac{1}{4}\cos\Big(\frac{\pi}{3}t - \frac{\pi}{6} - \frac{\pi}{2}\Big)$$

由于 $\frac{1}{2}\cos\Big(\frac{\pi}{4}t + \frac{\pi}{3}\Big)$ 的周期 $T_1 = 8$,$\frac{1}{4}\cos\Big(\frac{\pi}{3}t - \frac{2\pi}{3}\Big)$ 的周期 $T_1 = 6$,所以 $f(t)$ 的周期 $T = 24$,基波角频率 $\omega = \frac{2\pi}{T} = \frac{\pi}{12}$。

可见：1 是该信号的直流分量；$\frac{1}{2}\cos\left(\frac{\pi}{4}t+\frac{\pi}{3}\right)$ 是 $f(t)$ 的 $\dfrac{\left[\frac{\pi}{4}\right]}{\left[\frac{\pi}{12}\right]}=3$ 次谐波分量；

$\frac{1}{4}\cos\left(\frac{\pi}{3}t-\frac{2\pi}{3}\right)$ 是 $f(t)$ 的 $\dfrac{\left[\frac{\pi}{3}\right]}{\left[\frac{\pi}{12}\right]}=4$ 次谐波分量。

$f(t)$ 的单边振幅频谱图、相位频谱图如图 4－5 所示。

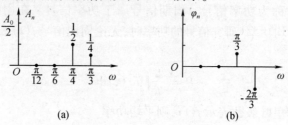

(a)　　　　　　　　　　　(b)

图 4 － 5　例 4 － 1 频谱图

【例 4 － 2】　设周期矩形脉冲信号 $f(t)$ 的脉冲宽度为 τ，脉冲幅度为 E，重复周期为 T，波形如图 4 － 6 所示，分别求其三角形式傅里叶级数和指数形式傅里叶级数，并画出频谱图。

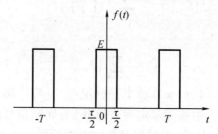

图 4 － 6　周期矩形脉冲信号

解　$f(t)$ 在一个周期内的表达式为 $f(t)=E\left[u\left(t+\frac{T}{2}\right)-u\left(t-\frac{T}{2}\right)\right]$。

（1）求 $f(t)$ 的三角形式傅里叶级数

直流分量 a_0：

$$a_0=\frac{1}{T}\int_{-\frac{T}{2}}^{\frac{T}{2}}f(t)\,\mathrm{d}t=\frac{1}{T}\int_{-\frac{\tau}{2}}^{\frac{\tau}{2}}E\,\mathrm{d}t=\frac{E}{T}\tau$$

正弦分量的幅度 b_n：

$$b_n=0$$

余弦分量的幅度 a_n：

$$a_n=\frac{2}{T}\int_{-\frac{T}{2}}^{\frac{T}{2}}f(t)\cos(n\omega_1 t)\,\mathrm{d}t=\frac{2}{T}\int_{-\frac{\tau}{2}}^{\frac{\tau}{2}}E\cos\left(n\frac{2\pi}{T}\right)\mathrm{d}t$$

$$=\frac{2E}{n\pi}\sin\left(\frac{n\pi\tau}{T}\right)=\frac{E\tau\omega_1}{\pi}\mathrm{Sa}\left(\frac{n\omega_1\tau}{2}\right)=\frac{2E\tau}{T}\mathrm{Sa}\left(\frac{n\omega_1\tau}{2}\right)$$

$f(t)$ 的三角形式傅里叶级数：

$$f(t) = a_0 + \sum_{n=1}^{\infty} \left[a_n \cos(n\omega_1 t) + b_0 \sin(n\omega_1 t) \right]$$

$$= -\frac{E\tau}{T} + \frac{2E}{T} \sum_{n=1}^{\infty} \mathrm{Sa}\left(\frac{n\omega_1 \tau}{2}\right) \cos(n\omega_1)$$

(2)求 $f(t)$ 的指数形式傅里叶级数

系数 F_n:

$$F_n = \frac{1}{T} \int_{-\frac{T}{2}}^{\frac{T}{2}} f(t) e^{-jn\omega_1 t} dt = \frac{1}{T} \int_{-\frac{\tau}{2}}^{\frac{\tau}{2}} E e^{-jn\omega_1 t} dt = \frac{E\tau}{T} \mathrm{Sa}\left(\frac{n\omega_1 \tau}{2}\right)$$

$f(t)$ 的指数形式傅里叶级数:

$$f(t) = \sum_{n=-\infty}^{\infty} F_n e^{jn\omega_1 t} dt = \frac{E\tau}{T} \sum_{n=-\infty}^{\infty} \mathrm{Sa}\left(\frac{n\omega_1 \tau}{2}\right) e^{jn\omega_1 t}$$

(3)画频谱图

幅值确定:

$$F_0 = c_0 = a_0 = \frac{E}{T}\tau$$

$$F_n = \frac{2E\tau}{T} \mathrm{Sa}\left(\frac{n\omega_1 \tau}{2}\right)$$

$$c_n = a_n = 2F_n = \frac{2E\tau}{T} \mathrm{Sa}\left(\frac{n\omega_1 \tau}{2}\right)$$

相位确定:

$$\tan\varphi_n = -\frac{b_n}{a_n} = 0, \varphi_n = \begin{cases} 0 & (c_n > 0, \frac{n\omega_1 \tau}{2} \text{在一、二象限}) \\ \pi & (c_n < 0, \frac{n\omega_1 \tau}{2} \text{在三、四象限}) \end{cases}$$

零、极点确定:设 $\omega = n\omega_1$,则

零点为

$$\sin\left(\frac{\omega\tau}{2}\right) = 0 \Rightarrow \frac{\omega\tau}{2} = m\pi \Rightarrow \omega = \frac{2m\pi}{\tau} \Rightarrow \omega = \frac{2\pi}{\tau}, \frac{4\pi}{\tau}, \cdots$$

极点为

$$\sin\left(\frac{\omega\tau}{2}\right) = 1 \Rightarrow \frac{\omega\tau}{2} = \frac{(2m+1)\pi}{2} \Rightarrow \omega = \frac{(2m+1)\pi}{\tau} \Rightarrow \omega = \frac{3\pi}{\tau}, \frac{5\pi}{\tau}, \cdots$$

各次谐波频率确定:

设 $\frac{\tau}{T_1} = \frac{1}{4}$,即 $T_1 = 4\tau$,则 $\omega_1 = \frac{2\pi}{T_1} = \frac{2\pi}{4\tau} = \frac{1}{4}\left(\frac{2\pi}{\tau}\right)$。

由于 $\omega = n\omega_1$,因此第一个零值点之内或两个相邻的零值点之间有 3 根谱线。

一般情况下,若 $\tau/T_1 = 1/n$,则第一个零值点之内或两个相邻的零值点之间有 $n-1$ 根谱线。

图 4 - 7(a)和(b)分别表示幅度谱 $|c_n|$ 和相位谱 φ_n 的图形,由于本例的 c_n 是实数,因此可以将幅度谱、相位谱合画在一幅图上,如图 4 - 7(c)(d)所示。

请结合【例 4 - 2】自行讨论周期性矩形脉冲信号的周期 T、脉宽 τ 与信号频谱的谱线间隔、包络线的过零点、谐波分量幅度值之间的关系。

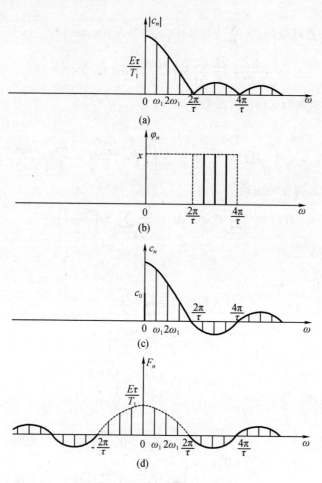

图 4-7　周期矩形信号的频谱

【例 4-3】　用 MATLAB 实现通过前 20 项傅里叶系数合成图 4-6 所示的周期性脉冲信号的仿真,并画出它的三角形式频谱图和指数形式频谱图。

解　设周期性脉冲信号的周期 $T=1$,脉宽 $\tau=\dfrac{T}{4}$,脉冲高度 $E=1$。实现信号合成的程序为 ep4_1.m,波形如图 4-8 所示;仿真信号频谱图的程序为 ep4_2.m,波形如图 4-9 所示。

图 4-8 中显示了 3 个周期的脉冲信号。由图 4-8 低频分量具有较大的幅度值,谐波频率越高,谐波分量的幅度值越小,当用前 20 个谐波分量合成周期性脉冲信号时,能够非常明显地看到吉布斯现象。图 4-9 中只显示了 3 个周期的脉冲信号。由图 4-9 可见,在对单周期信号的合成时,信号的直流分量为负值,但这并不与傅里叶级数的定义相悖,图 4-8 对该问题给出了很好的解释。

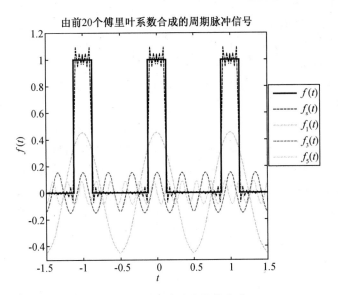

图 4 - 8   周期脉冲信号的合成

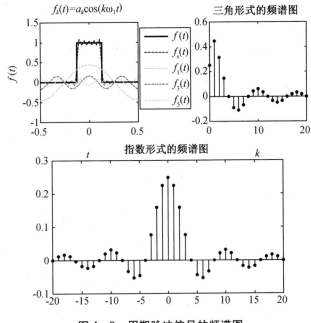

图 4 - 9   周期脉冲信号的频谱图

ep4_1. m 程序清单

```
clear all,close all,clc,clf;
E = 1;%基波设置周期性脉冲信号的高度
T1 = 1; % 设置周期性脉冲信号的周期
tao = T1/4; % 设置周期性脉冲信号的脉冲宽度
omg1 = 2 * pi/T1;% 设置基波频率
N = 1000; % 设置时域抽样点数
t = linspace( -1.5 * T1,1.5 * T1 - T1/N,N)';%定义 3 个周期内的时域抽样点
```

```
% linspace(初值,终值,点数)是产生线性等分向量函数
f = 0 * t;% 初始化时域信号
% 定义三个脉冲
f(t > - tao/2&t < tao/2) = E;f(t > ( -tao/2 - T1)&t < ( tao/2 - T1)) = E;f(t > ( -tao/2 + T1)&t < ( tao/2 + T1)) = E;
k1 = - 20;k2 = 20;k = [k1:k2]';% 确定指数形式的下标
F = 1/N * exp( -j * kron(k * omg1,t.')) * f;% 数值法求指数形式傅里叶级数系数
% 将指数形式傅里叶级数系数转换成三角形式傅里叶级数系数
a0 = F(21);ak = F(22:41) + F(20: -1:1);% a(n) = F(n) + F( -n)求前20项系数
fs = cos(kron(t,[0:20] * omg1)) * [a0;ak(1:20)];% 用前20个系数合成3个周期的
脉冲信号
plot(t,f,'k');% 输出周期性脉冲信号
hold on;
plot(t,fs,'b:');% 输出用前20个系数合成的周期性脉冲信号
plot(t,ak(1) * cos(omg1 * t),'g:');% 输出基波分量
plot(t,ak(3) * cos(3 * omg1 * t),'r:');% 输出三次谐波分量
plot(t,ak(5) * cos(5 * omg1 * t),'c:');% 输出五次谐波分量
axis square;axis([ -1.5,1.5, -0.5,1.2]);xlabel('t'),ylabel('f(t)');
legend('f(t)','f_{s}(t)','f_{1}(t)','f_{3}(t)','f_{5}(t)');
title('由前20个傅里叶系数合成的周期脉冲信号');
ep4_2.m 程序清单
clear all,close all,clc,clf;
E = 1;T1 = 1; tao = T1/4; omg1 = 2 * pi/T1;
N = 1000;t = linspace( -T1/2,T1/2 - T1/N,N)';% 定义一个周期内的时域抽样点
f = 0 * t;f(t > - tao/2&t < tao/2) = E;
k1 = -20;k2 = 20;k = [k1:k2]';
F = 1/N * exp( -j * kron(k * omg1,t.')) * f;% 数值法求指数形式傅里叶级数系数
% 将指数形式傅里叶级数系数转换成三角形式傅里叶级数系数
a0 = abs(F(21));ak = F(22:41) + F(20: -1:1);% a(n) = F(n) + F( -n)求前20项
系数
fs = cos(kron(t,[0:20] * omg1)) * [a0;ak(1:20)];% 用前20个系数合成单脉冲信号
subplot(2,2,1);plot(t,f,'k');% 输出单脉冲信号
hold on;
plot(t,fs,'b:');% 输出前20个系数合成单脉冲信号
plot(t,ak(1) * cos(omg1 * t),'g:');% 输出基波分量
plot(t,ak(3) * cos(3 * omg1 * t),'r:');% 输出三次谐波分量
plot(t,ak(5) * cos(5 * omg1 * t),'c:');% 输出五次谐波分量
axis square;axis([ -0.5,0.5, -1,1.5]);xlabel('t'),ylabel('f(t)');
legend('f(t)','f_{s}(t)','f_{1}(t)','f_{3}(t)','f_{5}(t)');
title('\itf_{k}(t) = a_{k}cos(k\omega_{1}t)');
```

```
subplot(2,2,2)
stem([0:20],[a0;ak],'.');%输出三角形式频谱图
axis square;axis([0,20,-0.2,0.6]);xlabel('k'),ylabel('\rma_{k}');
title('三角形式的频谱图');
subplot('position',[0.2,0.05,0.6,0.45])
stem([k1:k2],[F(1:20);F(21);F(22:41)],'.');%输出指数形式频谱图
title('指数形式的频谱图');
```

4.2 非周期信号的傅里叶变换

前面一节讨论了周期信号的频谱,并得到了离散频谱。在自然界里除了周期信号外,还广泛存在着非周期信号。这些非周期信号的频谱如何描述、有何特点,本节将周期信号的傅里叶分析方法(傅里叶级数)推广到非周期信号中去,引出频谱密度的概念,导出非周期信号的傅里叶分析方法(傅里叶变换),并对傅里叶变换的特性进行介绍。

4.2.1 傅里叶变换

非周期信号可以看成是周期为无穷大的周期信号。在信号传播与处理领域,所谓周期无穷大是指在一个脉冲来之前,前一个脉冲在电路中的作用已经基本消失了。对于周期性延拓的周期信号,当周期趋于无穷大时,除了基带附近的波形外,其两边的波形将被推向无穷远(即被左右截断),从而变成了非周期信号,这样就可以用极限状态的傅里叶级数来分析非周期信号。但当周期趋于无穷大时,傅里叶级数的频谱(即各频率分量的系数)将趋于零,为避免出现这种情况,需要将傅里叶级数的频谱乘以周期 T,因此引出了傅里叶变换。

4.2.1.1 从傅里叶级数到傅里叶变换的转换

理论上,非周期信号可以看成是周期为无穷大的周期信号。由4.1节的学习知道:周期信号的频谱是离散谱,谱线间隔只与周期 T 有关,且成反比关系。按照傅里叶分析理论,由周期性矩形脉冲信号的频谱得到单脉冲信号的频谱的过程可通过图4-10描述。由图4-10可见,非周期信号的频谱是连续谱。

由周期信号指数形式傅里叶系数 $F(n\omega_1)$ 定义可知:当周期 $T\to\infty$ 时,虽然谱线间隔 ω_1 趋于0,但谱线的幅度 $F(n\omega_1)$ 也趋于0。这一结论显然与图4-10不符。信号的能量在时域、频域都应该是守恒的,因此,不能直接使用傅里叶级数分析方法直接描述非周期信号的频谱,在周期 T 极限的过程中必须去掉 $F(n\omega_1)$ 表达式内的周期 T。为了描述非周期信号的频谱特性,引入频谱密度的概念。

单位频带的频谱值称为"频谱密度",用 $\dfrac{F(n\omega_1)}{\omega_1}$ 表示。非周期信号 $f(t)$ 的频谱称为频谱密度函数,即"频谱函数 $F(\omega)$"。

周期信号的指数形式傅里叶系数为

$$F(n\omega_1) = \frac{1}{T_1}\int_{-\frac{T_1}{2}}^{\frac{T_1}{2}}f(t)\mathrm{e}^{-jn\omega_1 t}\mathrm{d}t \tag{4-10}$$

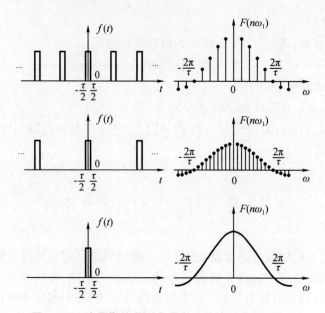

图 4 – 10   由周期信号到非周期信号的频谱变化过程

去掉周期 T_1 得到

$$F(n\omega_1)T_1 = \frac{2\pi F(n\omega_1)}{\omega_1} = \int_{-\frac{T_1}{2}}^{\frac{T_1}{2}} f(t) e^{-jn\omega_1 t} dt \qquad (4-11)$$

因此频谱密度

$$\frac{F(n\omega_1)}{\omega_1} = \frac{1}{2\pi} \int_{-\frac{T_1}{2}}^{\frac{T_1}{2}} f(t) e^{-jn\omega_1 t} dt \qquad (4-12)$$

对于非周期信号,重复周期 $T_1 \to \infty$,重复频率 $\omega_1 \to 0$,谱线间隔 $\Delta(n\omega_1) \to d\omega$,离散频率 $n\omega_1$ 变成连续频率 ω 。在这种极限情况下, $F(n\omega_1) \to 0$,但由于能量是守恒的,式(4 – 11)中的 $2\pi F(n\omega_1)/\omega_1$ 不能趋于零,而应趋于一个有限值,且变成一个连续函数,称为频谱密度函数,通常记为 $F(\omega)$ 或 $F(j\omega)$,即

$$F(\omega) = \lim_{T_1 \to \infty} F(n\omega_1)T_1 = \lim_{\omega_1 \to 0} \frac{2\pi F(n\omega_1)}{\omega_1} = \lim_{T_1 \to \infty} \int_{-\frac{T_1}{2}}^{\frac{T_1}{2}} f(t) e^{-jn\omega_1 t} dt$$

于是有

$$F(\omega) = \int_{-\infty}^{\infty} f(t) e^{-j\omega t} dt \qquad (4-13)$$

式(4 – 13)为非周期信号的傅里叶正变换公式。

同理,周期信号的傅里叶级数

$$f(t) = \sum_{n=-\infty}^{\infty} F(n\omega_1) e^{jn\omega_1 t} \qquad (4-14)$$

改变上式右端的书写形式

$$f(t) = \sum_{n=-\infty}^{\infty} \frac{F(n\omega_1)}{\omega_1} e^{jn\omega_1 t} \cdot \omega_1$$

由于

$$\Delta(n\omega_1) = \omega_1, \sum_{n=-\infty}^{\infty} \Leftrightarrow \sum_{n\omega_1=-\infty}^{\infty}$$

上式可继续改写为

$$f(t) = \sum_{nw_1 = -\infty}^{\infty} \frac{F(n\omega_1)}{\omega_1} e^{jn\omega_1 t} \Delta(n\omega_1)$$

在极限情况下有

$$n\omega_1 \to \omega, \Delta(n\omega_1) \to d\omega, \frac{F(n\omega_1)}{\omega_1} \to \frac{F(\omega)}{2\pi}, \sum_{n\omega_1 = -\infty}^{\infty} \to \int_{-\infty}^{\infty}$$

于是得到

$$f(t) = \frac{1}{2\pi} \int_{-\infty}^{\infty} F(\omega) e^{j\omega t} d\omega \qquad (4-15)$$

式(4-15)为非周期信号的傅里叶反(逆)变换公式。

通过上面的讨论,我们得到了非周期信号的傅里叶分析基本方法。

4.2.1.2 傅里叶变换的定义

傅里叶正变换

$$F(\omega) = FT[f(t)] = \int_{-\infty}^{\infty} f(t) e^{-j\omega t} dt \qquad (4-16)$$

傅里叶逆变换

$$f(t) = IFT[F(\omega)] \frac{1}{2\pi} \int_{-\infty}^{\infty} F(\omega) e^{j\omega t} d\omega \qquad (4-17)$$

对于傅里叶变换,需要注意的是傅里叶变换的积分区间要根据实际情况而定。如果信号$f(t)$的定义域在$(0, +\infty)$上,则傅里叶变换的公式(4-11)将变为

$$F(\omega) = \int_{0}^{\infty} f(t) e^{-j\omega t} dt \qquad (4-18)$$

式(4-16)称为双边傅里叶变换,式(4-18)称为单边傅里叶变换。

4.2.1.3 非周期信号的频谱

由4.1节可知,信号在时域中是连续、周期的,其频谱在频域中是离散、非周期的;从本节傅里叶变换定义可知,信号在时域中是连续、非周期的,其频谱在频域中也是连续、非周期的。以后我们将会知道,信号在时域中是离散、非周期的,其频谱在频域中是连续、周期的;信号在时域中是离散、周期的,其频谱在频域中也是离散、周期的。

$F(\omega)$是$f(t)$的频谱函数,它一般是复函数,可以写作

$$F(\omega) = |F(\omega)| e^{j\varphi(\omega)} = R(\omega) + jX(\omega), \varphi(\omega) = \arctan\left[\frac{X(\omega)}{R(\omega)}\right]$$

上式中$|F(\omega)|$是$F(\omega)$的模,代表信号中各频率分量的相对大小;$\varphi(\omega)$是$F(\omega)$的相位函数,表示信号中各频率分量之间的相位关系。$|F(\omega)| - \omega$与$\varphi(\omega) - \omega$曲线分别称为幅度谱和相位谱,它们都是ω的连续函数,在形状上与相应的周期信号频谱包络线相同。具有离散频谱的信号,其能量集中在一些谐波分量中;具有连续频谱的信号,其能量分布在所有的频率中,每一频率分量包含的能量则为无穷小量。若$f(t)$为实数,则幅度谱为偶函数,相位谱为奇函数。

非周期信号的频谱密度与相对应的周期信号的傅里叶复系数之间的关系是

$$F(\omega) = \lim_{T_1 \to \infty} T_1 F(n\omega_1)\big|_{n\omega_1 = \omega}, F(n\omega_1) = \frac{F(\omega)}{T}\bigg|_{\omega = n\omega_1}$$

应用上述关系可以较方便地通过周期信号的频谱求取相应的非周期信号的频谱,或者

相反。在形状上非周期信号的频谱与相应的周期信号的频谱包络线相同。

4.2.1.4 傅里叶变换存在的充分条件

非周期信号 $f(t)$ 存在傅里叶变换 $F(\omega)$ 时,也应满足狄里克雷条件,不同之处仅在于非周期信号要求在无限区间内绝对可积,即 $\int_{-\infty}^{\infty} |f(t)| \mathrm{d}t < \infty$。

狄利克雷条件只是非周期信号存在傅里叶变换的充分条件,而不是必要条件。它意味着满足绝对可积条件的能量信号,其傅里叶变换必然存在。在频域内引入广义函数后,对于并不满足绝对可积条件的功率信号,甚至某些非功率非能量信号,其傅里叶变换也存在,且有确定的表达式。奇异函数符合这种情况,因而像阶跃函数、冲激函数等也存在傅里叶变换。这给信号的频域分析与系统的频域分析带来很大的方便。

4.2.2 典型非周期信号的傅里叶变换

常见信号是组成复杂信号的基础,如果再与下一节讨论的傅里叶变换性质结合起来,几乎可以分析工程中遇到的所有信号的频谱。本节讨论的信号中,有的不满足绝对可积的条件,但引入广义函数的概念以后,使许多不满足绝对可积条件的功率信号和某些非功率、非能量信号也存在傅里叶变换,而且具有非常清楚的物理意义,这样就可以把周期信号和非周期信号的分析方法统一起来,使傅里叶变换应用更为广泛。

4.2.2.1 指数信号

从信号的定义域划分,指数信号分为两类:单边指数信号和双边指数信号。下面分别说明这两类指数信号的傅里叶变换。

(1)单边指数信号

单边指数信号定义表达式为

$$f(t) = \begin{cases} \mathrm{e}^{-\alpha t} & (t \geqslant 0) \\ 0 & (t < 0) \end{cases}$$

波形如图 4 – 11 所示。

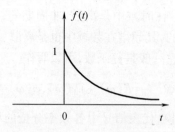

图 4 – 11　单边指数信号

根据傅里叶变换的定义有

$$F(\omega) = \mathrm{FT}[f(t)] = \int_{-\infty}^{\infty} \mathrm{e}^{-\mathrm{j}\omega t}\mathrm{d}t = \frac{1}{\alpha + \mathrm{j}\omega} \quad (\alpha > 0)$$

幅度频谱和相位频谱表达式分别为

$$|F(\omega)| = \frac{1}{\sqrt{\alpha^2 + \omega^2}}, \varphi(\omega) = -\arctan\left(\frac{\omega}{\alpha}\right)$$

单边指数信号其频谱如图 4 – 12 所示。

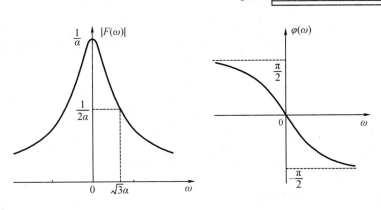

图 4 - 12　单边指数信号的频谱图

（2）双边指数信号

双边指数函数的表达式为 $f(t) = \mathrm{e}^{-\alpha|t|}$ $(-\infty < t < \infty)$。波形如图 4 - 13 所示。根据傅里叶变换的定义有

$$F(\omega) = \int_{-\infty}^{\infty} \mathrm{e}^{-\alpha|t|} \mathrm{e}^{-\mathrm{j}\omega t} \mathrm{d}t = \int_{-\infty}^{0} \mathrm{e}^{\alpha t} \mathrm{e}^{-\mathrm{j}\omega t} \mathrm{d}t + \int_{0}^{\infty} \mathrm{e}^{-\alpha t} \mathrm{e}^{-\mathrm{j}\omega t} \mathrm{d}t$$

$$= \frac{1}{\alpha - \mathrm{j}\omega} + \frac{1}{\alpha + \mathrm{j}\omega} = \frac{2\alpha}{\alpha^2 + \omega^2}$$

幅度频谱和相位频谱表达式分别为

$$|F(\omega)| = \frac{2\alpha}{\alpha^2 + \omega^2}, \varphi(\omega) = 0$$

双边指数信号频谱如图 4 - 14 所示。

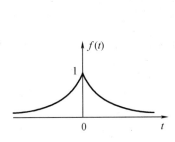

图 4 - 13　双边指数信号

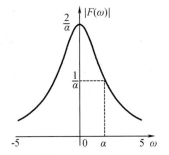

图 4 - 14　双边指数信号频谱

4.2.2.2　矩形脉冲信号

矩形脉冲信号数学表达式为

$$f(t) = E\left[u\left(t + \frac{\tau}{2}\right) - u\left(t - \frac{\tau}{2}\right)\right]$$

其中，τ 为矩形脉冲信号脉宽；E 为矩形信号的幅度值。波形如图 4 - 15 所示。当 $E = 1$ 时，矩形脉冲信号又称为门信号，用 $g_\tau(t)$ 表示。

门信号的表示式为

$$g_\tau(t) = u\left(t + \frac{\tau}{2}\right) - u\left(t - \frac{\tau}{2}\right)$$

由傅里叶变换的定义可得

$$F(\omega) = \int_{-\frac{\tau}{2}}^{\frac{\tau}{2}} E\mathrm{e}^{-\mathrm{j}\omega t}\mathrm{d}t = \frac{E}{-\mathrm{j}\omega}\left[\mathrm{e}^{-\mathrm{j}\omega\frac{\tau}{2}} - \mathrm{e}^{\mathrm{j}\omega\frac{\tau}{2}}\right] = \frac{2E}{\omega}\sin\left(\frac{\omega\tau}{2}\right) = E\tau\mathrm{Sa}\left(\frac{\omega\tau}{2}\right)$$

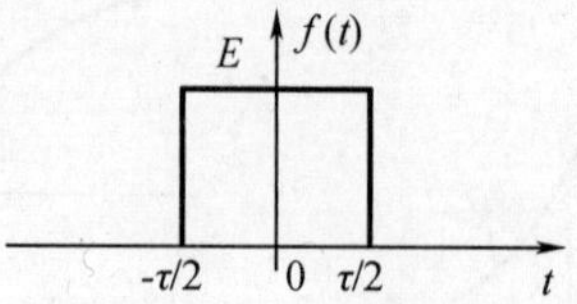

图 4 – 15　矩形脉冲信号

其幅度频谱和相位频谱表达式分别为

$$|F(\omega)| = E\tau\left|\mathrm{Sa}\left(\frac{\omega\tau}{2}\right)\right|$$

$$\varphi(\omega) = \begin{cases} 0 & \left[\dfrac{4n\pi}{\tau} < |\omega| < \dfrac{2(2n+1)\pi}{\tau}\right] \Leftrightarrow \left[2n\pi < |\omega| < (2n+1)\pi\right] \\ \pi & \left[\dfrac{2(2n+1)\pi}{\tau} < |\omega| < \dfrac{4(n+1)\pi}{\tau}\right] \Leftrightarrow \left[(2n+1)\pi < \omega < 2(n+1)\pi\right] \end{cases}$$

矩形脉冲信号频谱如图 4 – 16 所示。

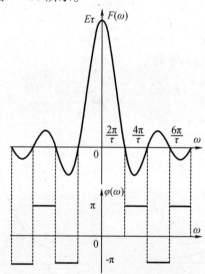

图 4 – 16　矩形脉冲信号频谱图

　　非周期矩形脉冲信号的频谱是连续频谱,且其频谱波形与周期矩形脉冲信号的频谱包络是一样的,不同之处在于一个是连续频谱,一个是离散频谱。另外,非周期矩形脉冲信号的频宽也与时宽成反比。

4.2.2.3　符号函数

符号函数数学表达式为

$$f(t) = \begin{cases} +1 & (t > 0) \\ -1 & (t < 0) \end{cases}$$

　　符号函数又称正负号函数,符号函数波形如图 4 – 17 所示。显然,这种信号不满足绝对可积的条件,但它仍存在傅里叶变换。直接用定义式无法得到它的傅里叶变换,可以将符号函数看成是下列函数的极限形式。

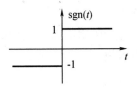

图 4 – 17   符号函数波形

设

$$f_\alpha(t) = \begin{cases} -e^{\alpha t} & t < 0 \\ e^{-\alpha t} & t > 0 \end{cases}$$

则 $\mathrm{sgn}(t) = \lim\limits_{\alpha \to 0} f_\alpha(t)$，符号函数的傅里叶变换可表示为

$$\mathrm{FT}[\mathrm{sgn}(t)] = \lim_{\alpha \to 0}\left[\int_0^\infty e^{-\alpha t} e^{-j\omega t}\mathrm{d}t - \int_{-\infty}^0 e^{\alpha t} e^{-j\omega t}\mathrm{d}t \right]$$

$$= \lim_{\alpha \to 0}\left[\frac{1}{\alpha + j\omega} - \frac{1}{\alpha - j\omega t} \right] = \lim_{\alpha \to 0} \frac{-2j\omega}{\alpha^2 + \omega^2} = \frac{2}{j\omega}$$

即 $F(\omega) = \mathrm{FT}[\mathrm{sgn}(t)] = \dfrac{2}{j\omega} = \dfrac{-j2}{\omega}$，其幅度频谱和相位频谱表达式分别为

$$|F(\omega)| = \frac{2}{|\omega|},\quad \varphi(\omega) = \begin{cases} -\dfrac{\pi}{2} & (\omega > 0) \\ \dfrac{\pi}{2} & (\omega < 0) \end{cases}$$

符号函数的频谱如图 4 – 18 所示。

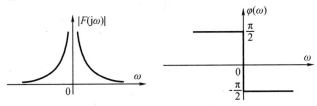

图 4 – 18   符号函数的频谱图

4.2.2.4　冲激信号

单位冲激信号的表达式为

$$f(t) = \delta(t)$$

其傅里叶变换为

$$F(\omega) = \int_{-\infty}^\infty \delta(t) e^{-j\omega t}\mathrm{d}t = 1$$

可见，单位冲激信号的频谱为常数1，其频谱在整个频率范围内是均匀分布的，带宽为无穷大，所以单位冲激信号的频谱也称为"全通频谱"或"白色频谱"。

如果一个时域信号的频谱是单位冲激函数，即 $F(\omega) = \delta(\omega)$，可以通过傅里叶逆变换得到该时域信号。即

$$f(t) = \frac{1}{2\pi}\int_{-\infty}^\infty \delta(\omega) e^{j\omega t}\mathrm{d}\omega = \frac{1}{2\pi}$$

可见，直流信号的傅里叶变换是冲激函数，冲激信号的傅里叶变换是直流。单位冲激

信号、直流信号及其频谱如图 4 - 19 所示。

直流信号、单位冲激信号是常用的典型信号,与其相关的一些傅里叶变换公式也是信号与系统分析中经常使用的。下面给出一些常用公式。

$$\text{FT}\left[\frac{1}{2\pi}\right] = \delta(\omega), \text{FT}[1] = 2\pi\delta(\omega)$$

$$\text{FT}[E] = 2\pi E\delta(\omega), \text{FT}[\delta(t-t_0)] = \text{e}^{-\text{j}\omega t_0}$$

$$\text{FT}[\delta'(t)] = \text{j}\omega, \text{IFT}[\delta(\omega-\omega_0)] = \frac{1}{2\pi}\text{e}^{\text{j}\omega_0 t}$$

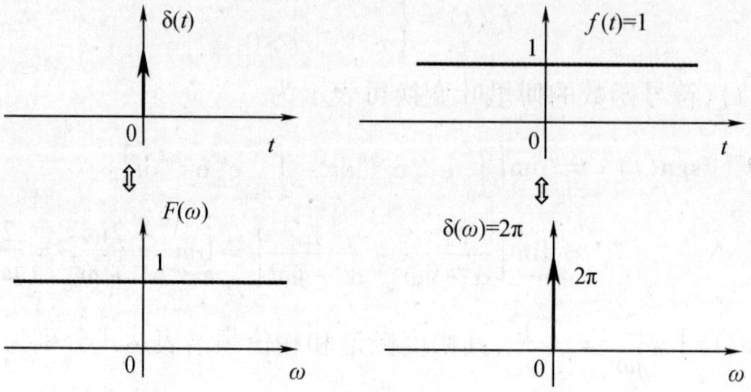

图 4 - 19 单位冲激信号、直流信号及其频谱

4.2.2.5 单位阶跃信号

单位阶跃信号与符号函数一样,也不满足绝对可积条件,但它仍存在傅里叶变换。单位阶跃信号的数学表达式为

$$f(t) = u(t) = \frac{1}{2} + \frac{1}{2}\text{sgn}(t)$$

其傅里叶变换为

$$F(\omega) = \text{FT}[u(t)] = \text{FT}[0.5] + 0.5\text{FT}[\text{sgn}(t)] = \pi\delta(\omega) + \frac{1}{\text{j}\omega}$$

单位阶跃信号的幅度频谱和相位频谱表达式为

$$|F(\omega)| = \sqrt{\pi^2\delta^2(\omega) + \frac{1}{\omega^2}}, \varphi(\omega) = \begin{cases} 0 & (\omega = 0) \\ -\dfrac{\pi}{2} & (\omega > 0) \\ \dfrac{\pi}{2} & (\omega < 0) \end{cases}$$

单位阶跃信号频谱图如图 4 - 20 所示。

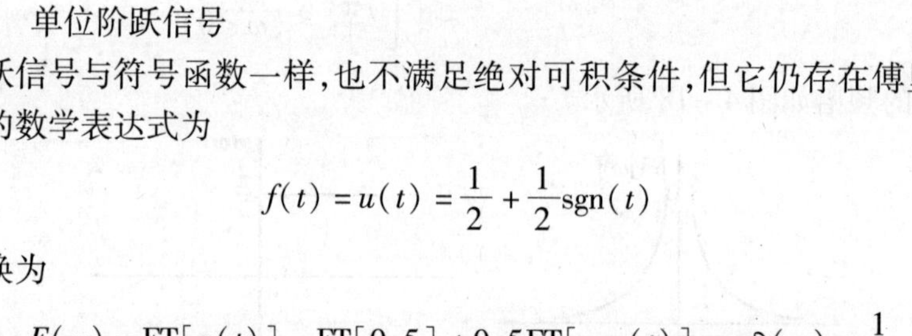

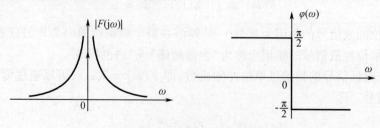

图 4 - 20 单位阶跃信号频谱图

4.2.2.6 升余弦脉冲信号

升余弦脉冲信号的频谱如图 4-21 所示。

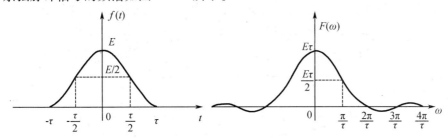

图 4-21 升余弦脉冲信号频谱图

升余弦脉冲信号的表达式为

$$f(t) = \frac{E}{2}\left[1 + \cos\left(\frac{\pi t}{\tau}\right)\right] \quad (0 \leqslant |t| \leqslant \tau)$$

傅里叶变换为

$$F(\omega) = \frac{E\sin(\omega\tau)}{\omega\left[1 - \left(\frac{\omega\tau}{\pi}\right)^2\right]} = \frac{E\tau\,\mathrm{Sa}(\omega\tau)}{1 - \left(\frac{\omega\tau}{\pi}\right)^2}$$

升余弦脉冲信号的幅度谱在有效带宽之外的衰减速度比抽样信号快很多,这一特点非常有意义。在通信系统中经常使用升余弦脉冲信号。

4.2.2.7 傅里叶变换的 MATLAB 实现方法

用 MATLAB 实现傅里叶变换运算的方法有两种,即符号运算求解法和数值计算求解法。这里只介绍符号运算求解法。MATLAB 符号数学工具箱提供了直接求解傅里叶变换与傅里叶反变换的函数 fourier 和 ifourier,基本用法为:

(1)$F = \mathrm{fourier}(f)$ 它是符号函数 f 的傅里叶变换,默认返回值是关于 ω 的函数;

(2)$f = \mathrm{ifourier}(F)$ 它是符号函数 F 的傅里叶反变换,独立变量默认为 ω,默认返回值是关于 x 的函数。

【例 4-4】 利用 MATLAB 实现以下傅里叶变换运算:

(1)求单边指数信号 $f(t) = \mathrm{e}^{-2t}u(t)$ 的傅里叶变换,并绘出幅度谱及相位谱;

(2)求 $F(\omega) = \dfrac{1}{1 + \omega^2}$ 的傅里叶逆变换。

解 求 $f(t) = \mathrm{e}^{-2t}u(t)$ 傅里叶变换的程序为 ep4_3.m,绘出 $f(t)$ 频谱的程序为 ep4_4.m,求 $F(\omega) = \dfrac{1}{1 + \omega^2}$ 傅里叶逆变换的程序为 ep4_5.m。

程序 ep4_3.m 的运行结果为:Fw = 1/(2 + i * w),程序 ep4_4.m 的运行结果如图 4-22 所示。

程序 ep4_5.m 的运行结果为

ft = 1/2 * exp(- t) * heaviside(t) + 1/2 * exp(t) * heaviside(- t)

在 MATLAB 的 MAPLE 内核中,将 heaviside 函数定义为阶跃信号符号表达式,在符号运算过程中,若要调用它必须用 sym 定义后才能实现。

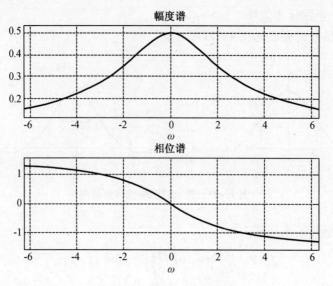

图 4 - 22   例 4 - 4 频谱图

ep4_3. m 程序清单

ft = sym('exp(- 2 * t) * Heaviside(t)');

Fw = fourier(ft)

ep4_4. m 程序清单

clear all;clc;clf;

ft = sym('exp(- 2 * t) * Heaviside(t)');Fw = fourier(ft);

subplot(2,1,1);ezplot(abs(Fw));

grid on;title('幅度谱');

phase = atan(imag(Fw)/real(Fw));

subplot(2,1,2);ezplot(phase);

grid on;title('相位谱');

ep4_5. m 程序清单

syms t;% 定义符号变换 t

Fw = sym('1/(1 + w^2)');

ft = ifourier(Fw,t)

4.2.3 傅里叶变换的基本性质

傅里叶变换建立了信号时域和频域的一一对应关系,也就是说任一信号可以有时域和频域两种描述方法。了解时域和频域之间的内在联系,当在某一个域中分析复杂时,利用傅里叶变换的性质可以转换到另一个域中进行分析计算;另外,根据定义来求取傅里叶正、反变换时,不可避免地会遇到繁杂的积分或不满足绝对可积而可能出现广义函数的麻烦。研究傅里叶变换的性质可加深对信号及其特征的理解,简化信号的傅里叶变换和逆变换的求取。

下面将系统地讨论傅里叶变换的性质及其应用,从而用简捷方法求取傅里叶正、逆变换。

4.2.3.1　线性性质

若 $\mathrm{FT}[f_1(t)] = F_1(\omega)$，$\mathrm{FT}[f_2(t)] = F_2(\omega)$，则

$$\mathrm{FT}[a_1 f_1(t) + a_2 f_2(t)] = a_1 F_1(\omega) + a_2 F_2(\omega)$$

其中 a_1, a_2 为常数。线性性质说明相加信号的频谱等于各个单独信号的频谱之和。线性性质又称为叠加性质。

【例 4-5】 求图 4-23 所示信号 $f(t)$ 的傅里叶变换。

解 由图 4-23 可以得到

$$f(t) = g_\tau(t) + g_{2\tau}(t)$$

根据线性性质有

$$\mathrm{FT}[f(t)] = \mathrm{FT}[g_\tau(t)] + \mathrm{FT}[g_{2\tau}(t)]$$

$$= \tau \mathrm{Sa}\left(\frac{\omega\tau}{2}\right) + 2\tau \mathrm{Sa}(\omega\tau)$$

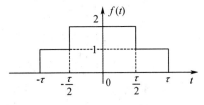

图 4-23　例 4-5 图

4.2.3.2　对称性

若 $\mathrm{FT}[f(t)] = F(\omega)$，则 $\mathrm{FT}[F(t)] = 2\pi f(-\omega)$。该性质可以通过傅里叶变换的定义得到。

由

$$f(t) = \frac{1}{2\pi}\int_{-\infty}^{\infty} F(\omega)\,\mathrm{e}^{\mathrm{j}\omega t}\,\mathrm{d}\omega$$

得到

$$f(-t) = \frac{1}{2\pi}\int_{-\infty}^{\infty} F(\omega)\,\mathrm{e}^{-\mathrm{j}\omega t}\,\mathrm{d}\omega$$

将变量 t, ω 对换

$$f(-\omega) = \frac{1}{2\pi}\int_{-\infty}^{\infty} F(t)\,\mathrm{e}^{-\mathrm{j}\omega t}\,\mathrm{d}t$$

所以

$$\mathrm{FT}[F(t)] = 2\pi f(-\omega)$$

当 $f(t)$ 是偶函数时，有 $\mathrm{FT}[F(t)] = 2\pi f(\omega)$。

该性质描述了傅里叶正、逆变换之间的对称关系。以 $f(t)$ 是偶函数为例，这种对称关系体现为：$F(t)$ 的频谱波形形状与 $f(t)$ 时域波形只是在幅值上相差 2π 倍的关系。例如前面讲过的矩形脉冲信号和抽样信号的频谱、直流和冲激信号的频谱都具有对称性关系。直流和冲激信号的频谱对称性如图 4-24 所示。

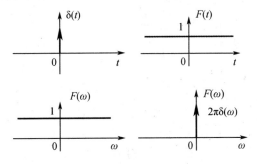

图 4-24　直流和冲激信号的频谱对称性

【例 4-6】 求抽样信号 $\mathrm{Sa}(t) = \dfrac{\sin t}{t}$ 的傅里叶变换。

解 由于 $\mathrm{FT}\big[g_\tau(t)\big]=\tau\mathrm{Sa}\Big(\dfrac{\omega\tau}{2}\Big)$，当 $\tau=2$ 时有 $\mathrm{FT}\big[g_2(t)\big]=2\mathrm{Sa}(\omega)$，整理后得到

$$\mathrm{Sa}(\omega)=\mathrm{FT}\Big[\frac{1}{2}g_2(t)\Big]$$

抽样信号是偶函数，根据傅里叶变换的对称性质

$$\mathrm{FT}\big[F(t)\big]=2\pi f(-\omega)=2\pi f(\omega)$$

抽样信号的频谱为

$$\mathrm{FT}\big[\mathrm{Sa}(t)\big]=2\pi\Big[\frac{1}{2}g_2(\omega)\Big]=\pi g_2(\omega)=\begin{cases}\pi & (\,|\omega|<1)\\ 0 & (\,|\omega|>1)\end{cases}$$

利用对称性求信号 $f(t)$ 频谱的一般方法：

(1)确定与信号 $f(t)$ 具有频谱对称关系的信号 $f_1(t)$；

(2)求信号 $f_1(t)$ 的频谱 $F_1(\omega)$；

(3)将 $F_1(\omega)$ 整理成与 $f(t)$ 具有相同形式的表达式，记为 $f(\omega)$；

(4)在(3)中，信号 $f_1(t)$ 的形式可能发生改变，与 $f(\omega)$ 对应的时域信号记为 $f_2(t)$；

(5)根据傅里叶变换对称性公式得到 $\mathrm{FT}\big[f(t)\big]=2\pi f_2(-\omega)$，如果 $f(t)$ 是偶函数，有 $\mathrm{FT}\big[f(t)\big]=2\pi f_2(\omega)$。

由对称性可知，矩形脉冲信号和抽样信号的频谱具有对称性。【例 4-6】通过求抽样信号的频谱给出了用对称性求信号频谱的理论求解方法。下面通过【例 4-7】用 MATLAB 验证矩形脉冲信号的频谱是抽样信号。

【例 4-7】 设矩形脉冲信号

$$f(t)=\begin{cases}1 & \Big(|t|<\dfrac{1}{2}\Big)\\[2mm] 0 & \Big(|t|>\dfrac{1}{2}\Big)\end{cases}$$

的波形持续时间为 $t\in[-1,1]$，其频谱 $F(\omega)$ 的频率范围 $\omega\in[-8\pi,8\pi]$。绘制 $f(t)$ 和 $F(\omega)$，并利用计算得到的频谱 $F(\omega)$ 恢复时域信号 $f_s(t)$，比较和原信号 $f(t)$ 的差别。

解 本例中的傅里叶变换部分采用数值技术方法，且通过矩阵计算实现傅里叶变换，实现程序为 ep4_6.m，波形如图 4-25 所示。

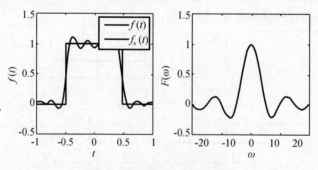

图 4-25　例 4-7 波形图

ep4_6.m 程序清单

```
clear all,close all,clc,clf;
T=2;N=200; %时域初始化
```

```
t = linspace( -T/2,T/2 - T/N,N)';%定义时域抽样点
f = 0 * t;%初始化时域信号
f(t > -1/2&t < 1/2) = 1;%时域信号赋值
OMG = 16 * pi;K = 100;%频域初始化
omg = linspace( -OMG/2,OMG/2 - OMG/K,K)';%定义频域抽样点
F = 0 * omg;%初始化频谱
%下面为用时域信号 f(t)求频谱 F(w),傅里叶变换用数值法求解
U = exp( -j * kron(omg,t.'));%定义变换矩阵,kron 函数实现张量积
F = T/N * U * f;%左乘变换矩阵实现傅里叶变换
%下面为用频谱 F(w)合成时域信号 f(t),傅里叶逆变换用数值法求解
fs = 0 * t;%初始化合成信号
V = exp( j * kron(t,omg.'));%定义逆变换矩阵
fs = OMG/2/pi/K * V * F;%左乘逆变换矩阵实现傅里叶变换
subplot(1,2,1);plot(t,f,'k',t,fs,'m');axis square;axis([ -1,1, -0.5,1.5]);
xlabel('t'),ylabel('f(t)');legend('f(t)','\rmf{s}(t)');
subplot(1,2,2);plot(omg,F,'k');axis square;axis([ -8 * pi,8 * pi, -0.5,1.5]);
xlabel('\omega'),ylabel('F(\omega)');
```

4.2.3.3 共轭性质

一般情况下,$F(\omega)$ 是复函数,可以把它表示成模与相位或实部与虚部两部分,即

$$F(\omega) = |F(\omega)|e^{j\varphi(\omega)} = R(\omega) + jX(\omega)$$

其中

$$|F(\omega)| = \sqrt{R^2(\omega) + X^2(\omega)}, \varphi(\omega) = \arctan\left[\frac{X(\omega)}{R(\omega)}\right]$$

无论 $f(t)$ 是实函数还是复函数,均具有以下共同性质:

(1) $|F(\omega)|$ 是偶函数,$\varphi(\omega)$ 是奇函数。该性质在信号分析中应用非常广泛。

(2)信号在时域内反褶,其频谱也反褶,信号在时域内共轭其频谱共轭且反褶。即

$$\text{FT}[f(-t)] = F(-\omega),\text{FT}[f^*(t)] = F^*(-\omega),\text{FT}[f^*(-t)] = F^*(\omega)$$

非周期信号的频谱也可以用正弦分量描述,傅里叶变换可以写成三角函数形式。根据傅里叶变换的定义及欧拉公式有

$$F(\omega) = \int_{-\infty}^{\infty} f(t)e^{j\omega t}dt = \int_{-\infty}^{\infty} f(t)\cos(\omega t)dt - j\int_{-\infty}^{\infty} f(t)\sin(\omega t)dt \qquad (4 - 19)$$

其实部和虚部分别为

$$R(\omega) = \int_{-\infty}^{\infty} f(t)\cos(\omega t)dt$$

$$X(\omega) = -\int_{-\infty}^{\infty} f(t)\sin(\omega t)dt \qquad (4 - 20)$$

当 $f(t)$ 为实函数或虚函数时,还可以得到其频谱的一些其他特性。

$f(t)$ 为实函数情况:

(1)实函数傅里叶变换的实部是偶函数,虚部是奇函数,$F(-\omega) = F^*(\omega)$。

因为

$$R(\omega) = R(-\omega),X(\omega) = -X(-\omega)$$

所以
$$F(-\omega) = R(-\omega) + jX(-\omega) = R(\omega) - jX(\omega) = F^*(\omega)$$

(2)实偶函数的傅里叶变换仍为实偶函数。

由 $f(t)$ 是实偶函数及式(4-19)、式(4-20)得到
$$f(t) = f(-t), X(\omega) = 0$$
$$F(\omega) = R(\omega) = 2\int_0^\infty f(t)\cos(\omega t)\,\mathrm{d}t$$

可见,若 $f(t)$ 是实偶函数,$F(\omega)$ 必为 ω 的实偶函数。

【例4-8】 设函数 $f(t) = e^{-\alpha|t|}$ $(-\infty < t < \infty)$,求 $f(t)$ 的频谱。

解 $f(t)$ 的傅里叶变换为
$$F(\omega) = \frac{2\alpha}{\alpha^2 + \omega^2}$$

其模与相位分别为
$$|F(\omega)| = \frac{2\alpha}{\alpha^2 + \omega^2}, \varphi(\omega) = 0$$

频谱如图4-26所示。

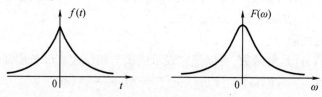

图4-26 例4-8频谱图

(3)实奇函数的傅里叶变换为虚奇函数。

由 $f(t)$ 是实奇函数及式(4-19)、式(4-20)得到
$$f(t) = -f(-t), R(\omega) = 0, F(\omega) = jX(\omega) = -2j\int_0^\infty f(t)\sin(\omega t)\,\mathrm{d}t$$

可见,若 $f(t)$ 是实奇函数,$F(\omega)$ 必为 ω 的虚奇函数。

【例4-9】 已知函数
$$f(t) = \begin{cases} e^{-\alpha t} & (t > 0) \\ -e^{-\alpha t} & (t < 0) \end{cases}$$

求 $f(t)$ 的频谱。

解 $f(t)$ 的傅里叶变换为
$$F(\omega) = \frac{-2j\omega}{\alpha^2 + \omega^2}$$

其模与相位分别为
$$|F(\omega)| = \frac{2|\omega|}{\alpha^2 + \omega^2}, \varphi(\omega) = \begin{cases} -\dfrac{\pi}{2} & (\omega > 0) \\ \dfrac{\pi}{2} & (\omega < 0) \end{cases}$$

频谱如图4-27所示。

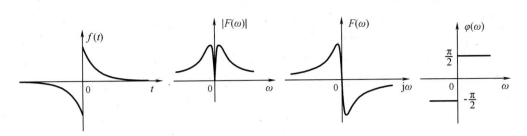

图 4 − 27 例 4 − 9 频谱图

$f(t)$ 为虚函数情况：

虚函数傅里叶变换的实部是奇函数，虚部是偶函数，即

$$F(-\omega) = -F^*(\omega)$$

令 $f(t) = \mathrm{j}p(t)$，由式(4 − 19)得到

$$
\begin{aligned}
F(\omega) &= \int_{-\infty}^{\infty} f(t)\cos(\omega t)\,\mathrm{d}t - \mathrm{j}\int_{-\infty}^{\infty} f(t)\sin(\omega t)\,\mathrm{d}t \\
&= \int_{-\infty}^{\infty} \mathrm{j}p(t)\cos(\omega t)\,\mathrm{d}t - \mathrm{j}\int_{-\infty}^{\infty} \mathrm{j}p(t)\sin(\omega t)\,\mathrm{d}t \\
&= \int_{-\infty}^{\infty} p(t)\sin(\omega t)\,\mathrm{d}t + \mathrm{j}\int_{-\infty}^{\infty} p(t)\cos(\omega t)\,\mathrm{d}t
\end{aligned}
$$

因此

$$R(\omega) = \int_{-\infty}^{\infty} p(t)\sin(\omega t)\,\mathrm{d}t, \quad X(\omega) = \int_{-\infty}^{\infty} p(t)\cos(\omega t)\,\mathrm{d}t$$

在上述情况下一定满足：$R(\omega)$ 是奇函数，$X(\omega)$ 是偶函数。根据

$$R(\omega) = -R(-\omega), \quad X(\omega) = X(-\omega)$$

也可以得到

$$F(-\omega) = R(-\omega) + \mathrm{j}X(-\omega) = -R(\omega) + \mathrm{j}X(\omega) = -F^*(\omega)$$

4.2.3.4 尺度变换特性

若 $\mathrm{FT}[f(t)] = F(\omega)$，则 $\mathrm{FT}[f(at)] = \dfrac{1}{|a|}F\left(\dfrac{\omega}{a}\right)$。特殊情况为 $f(-t) = F(-\omega)$。

傅里叶变换的尺度变换特性揭示的物理含义是：信号在时域中的压缩($a > 1$)等效于在频域中的扩展；反之，信号在时域中的扩展($a < 1$)则等效于在频域中的压缩。

当 $f(t) = u\left(t + \dfrac{1}{2}\right) - u\left(t - \dfrac{1}{2}\right)$ 时，用 MATLAB 仿真 $f(t)$，$f\left(\dfrac{1}{2}t\right)$，$f(2t)$ 的时域波形及频谱，其尺度变换对应关系如图 4 − 28 所示。

上述现象是不难理解的。若信号在时域中被展宽，即信号的持续时间增大，则信号随时间的变化速度减慢，其频谱所包含的频率分量就会减少，即带宽变窄，但信号展宽后其能量增大，为了维持信号的能量守恒，各频率分量的幅值必然会以相同的比例增大；若信号在时域中被压缩，即信号的持续时间减小，则信号随时间的变化速度加快，其频谱所包含的频率分量就会增加，即带宽变宽，但信号压缩后其能量减小，为了维持信号的能量守恒，各频率分量的幅值必然会以相同的比例减小。

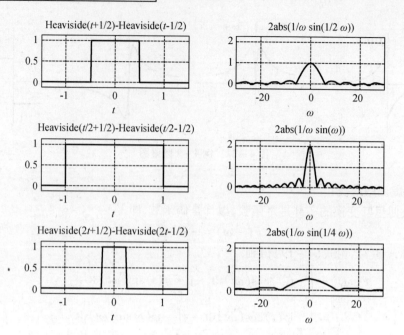

图 4-28　矩形冒充信号尺度变换及其频谱波形

　　也可以从时限 τ 和频限 B_f 的角度来讨论傅里叶变换尺度变换特性揭示的物理意义。

对于任意形状的 $f(t)$ 和 $F(\omega)$，由 $F(\omega) = \int_{-\infty}^{\infty} f(t)e^{j\omega t}dt$ 可以得到

$$F(0) = \int_{-\infty}^{\infty} f(t)e^{-j\omega t}dt = \int_{-\infty}^{\infty} f(t)dt$$

由 $f(t) = \dfrac{1}{2\pi}\int_{-\infty}^{\infty} F(\omega)e^{j\omega t}d\omega$ 可以得到

$$f(0) = \frac{1}{2\pi}\int_{-\infty}^{\infty} F(\omega)e^{j\omega t}d\omega = \frac{1}{2\pi}\int_{-\infty}^{\infty} F(\omega)d\omega$$

　　这说明 $f(t)$ 和 $F(\omega)$ 覆盖的面积分别等于 $F(\omega)$ 与 $f(t)$ 在零点的数值 $F(0)$ 与 $f(0) \cdot 2\pi$。

　　定义任意形状的 $f(t)$ 和 $F(\omega)$ 的等效脉冲宽度 τ 和等效频带宽度 B_f 如图 4-29 所示。

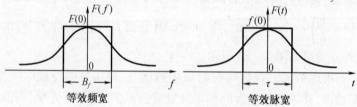

图 4-29　$f(t)$ 和 $F(t)$ 的等效面积示意图

　　由图 4-29 可以得到

$$f(0) \cdot \tau = F(0), F(0) \cdot B_\omega = 2\pi \cdot f(0)$$

由于 $B_\omega = 2\pi \cdot B_f$，所以有

$$B_\omega = \frac{2\pi}{\tau}, B_f = \frac{1}{\tau}$$

从上面的讨论可以看出:信号的等效脉冲宽度和占有的等效频带宽成反比,若要压缩信号的持续时间,则不得不以展宽频带为代价。所以在通信中,通信速度与频带宽度是一对矛盾。

4.2.3.5 时移特性

若 $\mathrm{FT}[f(t)] = F(\omega)$,则 $\mathrm{FT}[f(t \pm t_0)] = F(\omega)\mathrm{e}^{\pm \mathrm{j}\omega t_0}$。

时移特性表明:信号 $f(t)$ 在时域中右移(延时)t_0,等效于在频域中频谱乘以因子 $\mathrm{e}^{-\mathrm{j}\omega t_0}$,即幅度谱不变,而相位谱产生附加变化($-\omega t_0$)。傅里叶变换的时移特性体现出的物理意义是:信号在时域出现移位,其频谱只产生相位的变化。

将时移特性与尺度变换特性相结合可得到下面两个有用的公式:

$$\mathrm{FT}[f(at - t_0)] = \frac{1}{|a|}F\left(\frac{\omega}{a}\right)\mathrm{e}^{-\mathrm{j}\frac{\omega}{a}t_0}, \quad \mathrm{FT}[f(t_0 - at)] = \frac{1}{|a|}F\left(-\frac{\omega}{a}\right)\mathrm{e}^{-\mathrm{j}\frac{\omega}{a}t_0}$$

【例4-10】 求图4-30所示脉冲信号的频谱。

解 令 $f_0(t)$ 表示矩形单脉冲,则其频谱为

$$F_0(\omega) = E\tau \mathrm{Sa}\left(\frac{\omega\tau}{2}\right)$$

由图4-30得到

$$f(t) = f_0(t) + f_0(t + T) + f(t - T)$$

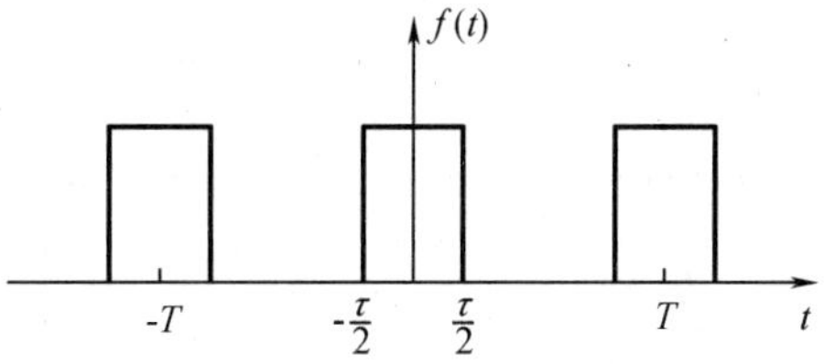

图4-30 三脉冲信号的波形图

根据时移特性,可以得到三脉冲信号 $f(t)$ 的频谱为

$$F(\omega) = F_0(\omega)(1 + \mathrm{e}^{\mathrm{j}\omega T} + \mathrm{e}^{-\mathrm{j}\omega T}) = E\tau \cdot \mathrm{Sa}\left(\frac{\omega\tau}{2}\right)[1 + 2\cos(\omega T)]$$

频谱如图4-31所示。

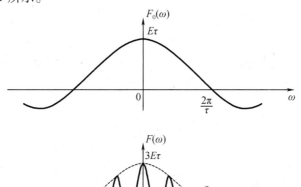

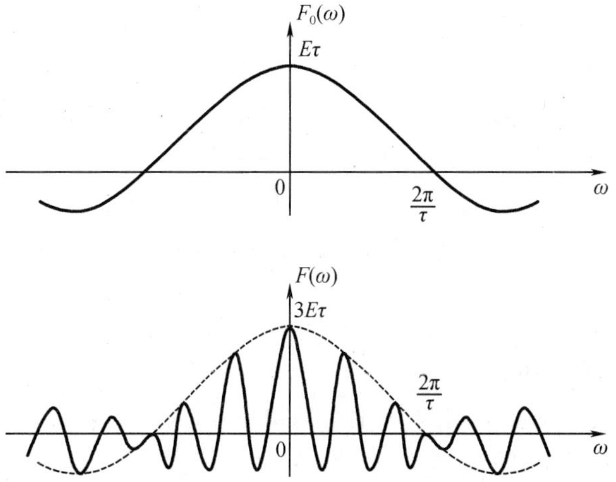

图4-31 例4-10频谱图

4.2.3.6 频移特性

若 $\mathrm{FT}[f(t)] = F(\omega)$，则 $\mathrm{FT}[f(t)\mathrm{e}^{\pm j\omega_0 t}] = F(\omega \mp \omega_0)$。

频移特性表明：若信号在时域中产生了相移，则其频谱在频域中就会产生相应的频移。例如，如果信号 $f(t)$ 的频谱为基带频谱信号，即在 $\omega = 0$ 附近，则 $f(t)\mathrm{e}^{j\omega_0 t}$ 可将 $f(t)$ 的基带频谱信号搬移到 $\omega = \omega_0$ 附近，变成高频频谱信号，这个过程就是通信中所谓的调制，反之就是解调过程。另外，如果信号 $f(t)$ 的频谱在 $\omega = \omega_0$ 附近，则 $f(t)\mathrm{e}^{\pm j\omega_0 t}$ 可将 $f(t)$ 的频谱搬移到 $\omega = \omega_c \pm \omega_0$ 附近，这个过程称为变频。频谱搬移技术在通信系统中得到广泛的应用，如调幅、同步解调、变频等。

由于复指数信号是物理上不可实现的，所以在实际应用中的频谱搬移是由所谓的载波信号 $\cos \omega_0 t$ 或 $\sin \omega_0 t$ 来实现的。下面来分析载波信号实现频谱搬移的原理。

【例 4 - 11】 用频移特性求调幅信号 $f(t)\cos \omega_0 t$ 和 $f(t)\sin \omega_0 t$ 的频谱。

解 由于

$$\cos \omega_0 t = \frac{\mathrm{e}^{j\omega t} + \mathrm{e}^{-j\omega t}}{2}, \sin \omega_0 t = \frac{\mathrm{e}^{j\omega t} - \mathrm{e}^{-j\omega t}}{j2}$$

所以有

$$\mathrm{FT}[f(t)\cos(\omega_0 t)] = \frac{1}{2}\mathrm{FT}[f(t)\mathrm{e}^{j\omega t}] + \frac{1}{2}\mathrm{FT}[f(t)\mathrm{e}^{-j\omega t}]$$

根据频移特性得到

$$\mathrm{FT}[f(t)\cos(\omega_0 t)] = \frac{1}{2}[F(\omega + \omega_0) + F(\omega - \omega_0)]$$

同理可得

$$\mathrm{FT}[f(t)\sin(\omega_0 t)] = \frac{j}{2}[F(\omega + \omega_0) - F(\omega - \omega_0)]$$

在 $f(t) = u\left(t + \frac{1}{4}\right) - u\left(t - \frac{1}{4}\right)$，$\omega \in [-8\pi, 8\pi]$ 情况下，用 MATLAB 实现仿真，仿真程序为 ep4_7.m，频谱如图 4 - 32 所示。

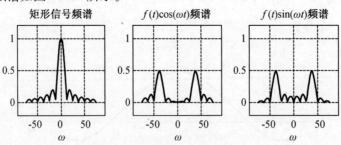

图 4 - 32 例 4 - 11 频谱图

ep4_7.m 程序清单

```
clear all;close all;clc;clf;
ft1 = sym('2 * (Heaviside(t + 1/4) - Heaviside(t - 1/4))');
Fw1 = simplify(fourier(ft1));
ft2 = sym('2 * cos(2 * pi * 6 * t) * (Heaviside(t + 1/4) - Heaviside(t - 1/4))');
Fw2 = simplify(fourier(ft2));
```

$ft3 = sym('2 * sin(2 * pi * 6 * t) * (Heaviside(t + 1/4) - Heaviside(t - 1/4))');$

$Fw3 = simplify(fourier(ft3));$

$subplot(1,3,1); ezplot(abs(Fw1), [-24 * pi, 24 * pi]); grid \ on;$

$axis([-30 * pi, 30 * pi, -0.2, 1.2]); axis \ square; title('矩形信号频谱');$

$subplot(1,3,2); ezplot(abs(Fw2), [-24 * pi, 24 * pi]); grid \ on;$

$axis([-30 * pi, 30 * pi, -0.2, 1.2]); axis \ square; title('f(t)cos(wt)频谱');$

$subplot(1,3,3); ezplot(abs(Fw3), [-24 * pi, 24 * pi]); grid \ on;$

$axis([-30 * pi, 30 * pi, -0.2, 1.2]); axis \ square; title('f(t)sin(wt)频谱');$

可见时间信号 $f(t)$ 乘以 $\cos\omega_0 t$ 或 $\sin\omega_0 t$，等效于 $f(t)$ 的频谱 $F(\omega)$ 一分为二，沿频率轴向左和向右各平移 ω_0。

【例 4 - 12】 分别求 $\cos(\omega_0 t)$，$\sin(\omega_0 t)$ 和 $e^{\pm j\omega_0 t}$ 的傅里叶变换。

解 令 $f_0(t) = 1$，则 $e^{\pm j\omega_0 t} = f_0(t)e^{\pm j\omega_0 t}$。由于 $FT[1] = 2\pi\delta(\omega)$，根据频移特性有

$$FT[e^{\pm j\omega_0 t}] = FT[f_0(t)e^{\pm j\omega_0 t}] = 2\pi\delta(\omega \mp \omega_0) \qquad (4-21)$$

由欧拉公式

$$\cos(\omega_0 t) = \frac{1}{2}(e^{j\omega_0 t} + e^{-j\omega_0 t}), \sin(\omega_0 t) = \frac{1}{2j}(e^{j\omega_0 t} - e^{-j\omega_0 t})$$

及式(4-21)可求出

$$FT[\cos(\omega_0 t)] = FT\left[\frac{1}{2}(e^{j\omega_0 t} + e^{-j\omega_0 t})\right] = \pi[\delta(\omega + \omega_0) + \delta(\omega - \omega_0)]$$

$$FT[\sin(\omega_0 t)] = FT\left[\frac{1}{2j}(e^{j\omega_0 t} - e^{-j\omega_0 t})\right] = j\pi[\delta(\omega + \omega_0) - \delta(\omega - \omega_0)]$$

4.2.3.7 微分特性

微分特性包括时域微分和频域微分两个方面的特性。

(1)时域微分

若 $FT[f(t)] = F(\omega)$，则

$$\begin{cases} FT\left[\dfrac{df(t)}{dt}\right] = j\omega F(\omega) \\ FT\left[\dfrac{d^n f(t)}{dt^n}\right] = (j\omega)^n F(\omega) \end{cases}$$

可见，时域的微分运算到频域变成了乘法运算。由下面要讲到的积分特性可以看到，时域的积分运算到频域变成了除法运算。连续时间系统的数学模型是微分方程，因此对连续时间系统在变换域分析比在时域分析更方便。

根据微分特性可以很方便地得出 $\delta(t)$ 导数的傅里叶变换。即

$$FT[\delta'(t)] = j\omega \cdot FT[\delta(t)] = j\omega \qquad (4-22)$$

(2)频域微分

若 $FT[f(t)] = F(\omega)$，则

$$\begin{cases} IFT\left[\dfrac{dF(\omega)}{d\omega}\right] = (-jt)f(t) \\ IFT\left[\dfrac{d^n F(\omega)}{d\omega^n}\right] = (-jt)^n f(t) \end{cases}$$

【例 4 - 13】 已知三角脉冲信号

$$f(t) = \begin{cases} E\left(1 - \dfrac{2}{\tau}|t|\right) & \left(|t| \leqslant \dfrac{\tau}{2}\right) \\ 0 & \left(|t| > \dfrac{\tau}{2}\right) \end{cases}$$

波形如图 4-33 所示,求其频谱 $F(\omega)$。

解 由图 4-33 可见,$f(t)$ 的一阶导数是阶跃信号形式、二阶导数是冲激信号形式,波形如图 4-34 所示。

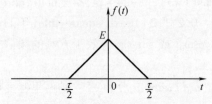

图 4-33 三角脉冲信号的波形图

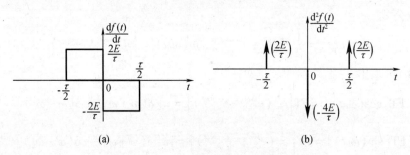

(a)　　　　　　　　　　　　　(b)

图 4-34 三角脉冲信号的导数波形

(a)一阶导数;(b)二阶导数

根据图 4-34(b),可以得到 $f(t)$ 二阶导数的表达式为

$$f''(t) = \frac{2E}{\tau}\left[\delta\left(t + \frac{\tau}{2}\right) - 2\delta(t) + \delta\left(t - \frac{\tau}{2}\right)\right]$$

其频谱为

$$\mathrm{FT}[f''(t)] = \frac{2E}{\tau}(\mathrm{e}^{-\mathrm{j}\omega\frac{\tau}{2}} + \mathrm{e}^{\mathrm{j}\omega\frac{\tau}{2}} - 2) = \frac{2E}{\tau}\left[2\cos\left(\omega\frac{\tau}{2}\right) - 2\right] = -\frac{8E}{\tau}\sin^2\left(\frac{\omega\tau}{4}\right)$$

根据微分特性公式 $\mathrm{FT}[f''(t)] = (\mathrm{j}\omega)^2 F(\omega)$,得到

$$F(\omega) = \frac{1}{(\mathrm{j}\omega)^2}\mathrm{FT}[f''(t)] = \frac{1}{(\mathrm{j}\omega)^2}\left[-\frac{8E}{\tau}\sin^2\left(\frac{\omega\tau}{4}\right)\right] = \frac{E\tau}{2} \cdot \frac{\sin^2\left(\dfrac{\omega\tau}{4}\right)}{\left(\dfrac{\omega\tau}{4}\right)^2} = \frac{E\tau}{2}\mathrm{Sa}\left(\frac{\omega\tau}{4}\right)$$

4.2.3.8　积分特性

积分特性包括时域积分和频域积分两个方面的特性。

(1)时域积分

若 $\mathrm{FT}[f(t)] = F(\omega)$,则

$$\mathrm{FT}\left[\int_{-\infty}^{t} f(\tau)\mathrm{d}\tau\right] = \frac{F(\omega)}{\mathrm{j}\omega} + \pi F(0)\delta(\omega)$$

如果 $F(0) = 0$(零状态),则

$$\text{FT}\left[\int_{-\infty}^{t} f(\tau)\,\mathrm{d}\tau\right] = \frac{F(\omega)}{\mathrm{j}\omega} \tag{4-23}$$

可见,时域的积分运算到频域变成了除法运算。在系统不为零状态时,求解时必须注意对 $F(0)$ 的使用。

(2)频域积分

若 $\text{FT}[f(t)] = F(\omega)$,则

$$\text{IFT}\left[\int_{-\infty}^{\omega} F(\Omega)\,\mathrm{d}\Omega\right] = -\frac{f(t)}{\mathrm{j}t} + \pi f(0)\delta(t)$$

如果 $f(0)=0$(零状态),则

$$\text{IFT}\left[\int_{-\infty}^{\omega} F(\Omega)\,\mathrm{d}\Omega\right] = -\frac{f(t)}{\mathrm{j}t}$$

4.2.3.9 卷积定理

(1)时域卷积定理

若 $\text{FT}[f_1(t)] = F_1(\omega)$,$\text{FT}[f_2(t)] = F_2(\omega)$,则

$$\text{FT}[f_1(t) * f_2(t)] = F_1(\omega) \cdot F_2(\omega) \tag{4-24}$$

证明:

$$\begin{aligned}
\text{FT}[f_1(t) * f_2(t)] &= \int_{-\infty}^{\infty}\left[\int_{-\infty}^{\infty} f_1(\tau)f_2(t-\tau)\,\mathrm{d}\tau\right]\mathrm{e}^{-\mathrm{j}\omega t}\mathrm{d}t \\
&= \int_{-\infty}^{\infty} f_1(\tau)\left[\int_{-\infty}^{\infty} f_2(t-\tau)\mathrm{e}^{-\mathrm{j}\omega t}\mathrm{d}t\right]\mathrm{d}\tau = \int_{-\infty}^{\infty} f_1(\tau)F_2(\omega)\mathrm{e}^{-\mathrm{j}\omega\tau}\mathrm{d}\tau \\
&= F_2(\omega)\int_{-\infty}^{\infty} f_1(t)\mathrm{e}^{-\mathrm{j}\omega t}\mathrm{d}t = F_1(\omega)F_2(\omega)
\end{aligned}$$

在证明过程中使用了时移定理。

时域卷积定理告诉我们:两个时间函数卷积的频谱等于这两个时间函数频谱的乘积,即在时域中两个信号的卷积等效于在频域中频谱相乘。

(2)频域卷积定理

若 $\text{FT}[f_1(t)] = F_1(\omega)$,$\text{FT}[f_2(t)] = F_2(\omega)$,则

$$\text{FT}[f_1(t) \cdot f_2(t)] = \frac{1}{2\pi}[F_1(\omega) * F_2(\omega)] \tag{4-25}$$

证明:

$$\begin{aligned}
\text{FT}[f_1(t)f_2(t)] &= \int_{-\infty}^{\infty} f_1(t)f_2(t)\mathrm{e}^{-\mathrm{j}\omega t}\mathrm{d}t = \int_{-\infty}^{\infty} f_2(t)\mathrm{e}^{-\mathrm{j}\omega t}\left[\frac{1}{2\pi}\int_{-\infty}^{\infty} F_1(x)\mathrm{e}^{\mathrm{j}xt}\mathrm{d}x\right]\mathrm{d}t \\
&= \frac{1}{2\pi}\int_{-\infty}^{\infty} F_1(x)\left[\int_{-\infty}^{\infty} f_2(t)\mathrm{e}^{-\mathrm{j}(\omega-x)t}\mathrm{d}t\right]\mathrm{d}x = \frac{1}{2\pi}\int_{-\infty}^{\infty}[F_1(x)F_2(\omega-x)]\mathrm{d}x \\
&= \frac{1}{2\pi}[F_1(\omega) * F_2(\omega)]
\end{aligned}$$

在证明过程中使用了频移定理。

频域卷积定理告诉我们:两个时间函数频谱的卷积等效于这两个时间函数的乘积,即两个时间函数乘积的频谱等于这两个时间函数频谱的卷积乘以 $\frac{1}{2\pi}$。

时域和频域卷积定理是对称的,这是由傅里叶变换的对称性决定的。卷积定理在信号和系统分析中占有重要的地位(如通信系统中的调制与解调),它揭示了两函数在时域(或

频域)中的卷积积分,对应于频域(或时域)中两者的傅里叶变换(或反变换)应具有的关系。

【例4－14】 利用卷积定理求【例4－13】中三角脉冲信号的频谱。

解 矩形脉冲信号的卷积是三角脉冲。由卷积的定义可知本例中矩形脉冲信号的幅度和宽度分别为 $\sqrt{\dfrac{2E}{\tau}}$,$\dfrac{\tau}{2}$。设矩形脉冲信号为 $g(t)$,其频谱为 $G(\omega)$,则有

$$f(t) = g(t) * g(t)$$

$$G(\omega) = \sqrt{\frac{2E}{\tau}} \cdot \frac{\tau}{2} \mathrm{Sa}\left(\frac{\omega\tau}{4}\right)$$

根据卷积定义,三角脉冲信号的频谱为 $G(\omega) \cdot G(\omega)$,即

$$F(\omega) = \left[\sqrt{\frac{2E}{\tau}} \cdot \frac{\tau}{2}\mathrm{Sa}\left(\frac{\omega\tau}{4}\right)\right]^2 = \frac{E\tau}{2}\mathrm{Sa}^2\left(\frac{\omega\tau}{4}\right)$$

利用 MATLAB 绘制三角脉冲信号频谱的程序为 ep4_8.m,频谱图如图4－35所示。

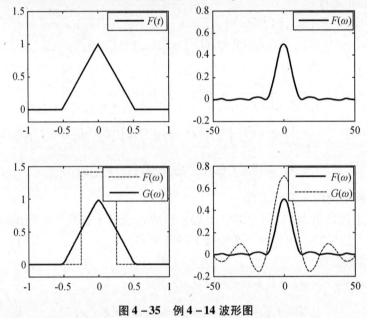

图4－35　例4－14 波形图

ep4_8.m 程序清单

```
clear all;close all;clc;clf;
% 本例采用了两种方法求三角脉冲信号频谱(直接法和卷积法)
[t,omg,FT,IFT] = prefourier([-1,1],500,[-50,50],500);
tau = 1;E = 1;
g = sqrt(2*E/tau).*(t>-tau/4&t<tau/4);% 由定义生成矩形脉冲 g(t)的抽样点
f = E*(1-2*abs(t)/tau).*(t>-tau/2&t<tau/2);% 由定义生成 f(t)的抽样点
G = FT*g;% 由定义计算矩形脉冲的频谱
F = FT*f;% 由定义计算三角脉冲的频谱
Fe = G.*G;% 因矩形脉冲的卷积是三角脉冲,由卷积定理可知 Fe 是三角脉冲的频谱
fe = IFT*Fe;% 矩形脉冲的频谱生成矩形脉冲信号
subplot(2,2,1);plot(t,f,'k');
```

axis($[-1,1,-0.2,1.5]$);legend($'$F(t)$'$);

subplot($2,2,2$);plot(omg,F,$'$k$'$);

axis($[-50,50,-0.2,0.8]$);legend($'$F(\omega)$'$);

subplot($2,2,3$);plot(t,g,$'$m:$'$,t,fe,$'$k$'$);axis($[-1,1,-0.2,1.5]$);

legend($'$F(\omega)$'$,$'$G(\omega)$'$);

subplot($2,2,4$);plot(omg,Fe,$'$k$'$,omg,G,$'$m:$'$);

axis($[-50,50,-0.2,0.8]$);legend($'$F(\omega)$'$,$'$G(\omega)$'$);

  上面仅对信号与系统分析课程中常用到的一些非周期信号傅里叶变换性质进行了介绍,还有一些其他性质,有兴趣的同学可以参阅其他参考书籍学习。表4-2对课程中涉及的傅里叶变换基本性质进行了总结,供同学们参考。

表4-2 傅里叶变换基本性质

性质名称	时域	频域
线性	$a_1f_1(t) + a_2f_2(t)$	$a_1F(j\omega_1) + a_2F(j\omega_2)$
时移	$f(t-t_0)$	$F(\omega)e^{-j\omega t_0}$
频移	$f(t)e^{j\omega_0 t}$	$F(\omega-\omega_0)$
调制	$f(t)\sin(\omega_0 t)$ $f(t)\cos(\omega_0 t)$	$\frac{1}{2}[F(j(\omega+\omega_0)) + F(j(\omega-\omega_0))]$ $\frac{j}{2}[F(j(\omega+\omega_0)) - F(j(\omega-\omega_0))]$
尺度变换	$f(at)$	$\frac{1}{\|a\|}F(j\frac{\omega}{a})$
对称性	$F(t)$	$2\pi f(-\omega)$
时域卷积	$f_1(t) * f_2(t)$	$F_1(\omega)F_2(\omega)$
频域卷积	$f_1(t)f_2(t)$	$\frac{1}{2\pi}F_1(\omega) * F_2(\omega)$
时域微分	$\frac{d^n f(t)}{dt^n}$	$(j\omega)^n F(\omega)$
时域积分	$\int_{-\infty}^{t} f(x)dx$	$\pi F(0)\delta(\omega) + \frac{F(\omega)}{j\omega}$
频域微分	$(-jt)^n f(t)$	$\frac{d^n F(\omega)}{d\omega^n}$
频域积分	$\pi f(0)\delta(t) + \frac{f(t)}{-jt}$	$\int_{-\infty}^{\infty} F(\eta)d\eta$
帕塞瓦尔等式	$\int_{-\infty}^{\infty} f^2(t)dt$	$\frac{1}{2\pi}\int_{-\infty}^{\infty} \|F(\omega)\|^2 d\omega$

4.3　周期信号的傅里叶变换

由前面讨论的内容可知,在频域中分析周期信号的数学工具是傅里叶级数,而分析非周期信号的数学工具是傅里叶变换,这将给信号的频域分析带来诸多不便。本节将用傅里叶变换来分析周期信号,以便与非周期信号的分析统一起来,并从同一观点和层次来分析它们的异同点。周期信号在展开成傅里叶级数后,其频谱是离散的,而非周期信号经过傅里叶变换后所得的频谱是连续的。虽然周期信号不满足傅里叶变换存在的充分条件,即绝对可积条件,但在允许冲激函数存在并认为它有意义的前提下,绝对可积条件就成为不必要的限制条件了,在这种意义下其傅里叶变换是存在的。

4.3.1　周期信号的傅里叶变换

周期信号的傅里叶变换是通过对周期信号的指数形式傅里叶级数进行傅里叶变换得到的。令周期信号 $f(t)$ 的周期为 T_1,角频率是 ω_1,它的傅里叶级数为

$$f(t) = \sum_{n=-\infty}^{\infty} F_n e^{jn\omega_1 t} \tag{4-26}$$

其中

$$F_n = \frac{1}{T_1} \int_{-\frac{T_1}{2}}^{\frac{T_1}{2}} f(t) e^{-jn\omega_1 t} dt \tag{4-27}$$

对式(4-26)两边取傅里叶变换得

$$\mathrm{FT}[f(t)] = \mathrm{FT}\left[\sum_{n=-\infty}^{\infty} F_n e^{jn\omega_1 t}\right] = \sum_{n=-\infty}^{\infty} F_n \mathrm{FT}[e^{jn\omega_1 t}] = 2\pi \sum_{n=-\infty}^{\infty} F_n \delta(\omega - n\omega_1)$$

所以周期信号的傅里叶变换为

$$\mathrm{FT}[f(t)] = 2\pi \sum_{n=-\infty}^{\infty} F_n \delta(\omega - n\omega_1) \tag{4-28}$$

其中 F_n 为周期信号 $f(t)$ 的傅里叶系数。

由式(4-28)可见,周期信号的频谱具有以下特点:由一系列冲激函数组成离散频谱;冲激发生在信号的谐波频率处 $(0, \pm\omega_1, \pm 2\omega_1, \cdots)$,冲激的强度是相应的傅里叶系数 F_n 的 2π 倍;大小不是有限值,而是在无穷小的频带内有无穷大的频谱值。

只要知道周期信号的傅里叶系数,即可方便地写出傅里叶变换的表示形式。傅里叶系数 F_n 可由式(4-26)直接求出,但更简捷的求解方法是利用周期性脉冲序列傅里叶系数与单脉冲傅里叶变换之间的关系得到。

从周期性脉冲序列 $f(t)$ 中截取一个周期,得到单脉冲信号 $f_0(t)$,$f_0(t)$ 傅里叶变换 $F_0(\omega)$ 为

$$F_0(\omega) = \int_{-\frac{T_1}{2}}^{\frac{T_1}{2}} f(t) e^{-j\omega t} dt \tag{4-29}$$

而周期性脉冲序列 $f(t)$ 的傅里叶系数 F_n 为

$$F_n = \frac{1}{T_1} \int_{-\frac{T_1}{2}}^{\frac{T_1}{2}} f(t) e^{-jn\omega_1 t} dt \tag{4-30}$$

因此有

$$F_n = \frac{1}{T_1} F_0(\omega)\big|_{\omega=n\omega_1} \qquad (4-31)$$

可见,周期性脉冲序列的傅里叶级数 F_n 等于单脉冲的傅里叶变换 $F_0(\omega)$ 在频率点 $n\omega_1$ 的值乘以 $1/T_1$。典型的非周期信号的傅里叶变换基本上是我们熟知的,用该方法求傅里叶系数 F_n 非常方便。

4.3.2 典型周期信号傅里叶级数频谱及傅里叶变换频谱

【例4-15】 已知单位冲激序列的周期为 T_1,角频率 $\omega_1 = 2\pi/T_1$,求傅里叶级数与傅里叶变换,并分别画出傅里叶级数频谱和傅里叶变换频谱。

解 单位冲激序列的傅里叶级数频谱与傅里叶变换频谱如图4-36所示,求解方法如下。

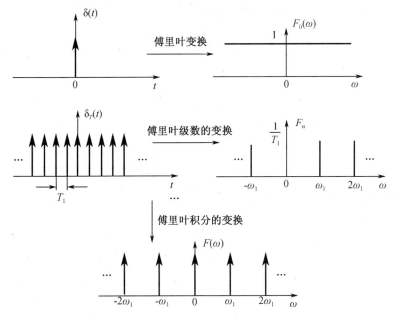

图4-36 单位脉冲序列的傅里叶级数与傅里叶变换

单位冲激序列 $\delta_T(t)$ 的表示形式为

$$\delta_T(t) = \sum_{n=-\infty}^{\infty} \delta(t-nT_1) \qquad (4-32)$$

由于单位脉冲 $\delta_0(t)$ 的傅里叶变换 $F_0(\omega) = \mathrm{FT}[\delta_0(t)] = 1$,所以傅里叶系数

$$F_n = \frac{1}{T_1} F_0(\omega)\big|_{\omega=n\omega_1} = \frac{1}{T_1} \qquad (4-33)$$

$\delta_T(t)$ 的傅里叶级数为

$$\delta_T(t) = \frac{1}{T_1} \sum_{n=-\infty}^{\infty} \mathrm{e}^{jn\omega_1 t} \qquad (4-34)$$

$\delta_T(t)$ 的傅里叶变换为

$$F(\omega) = \mathrm{FT}[\delta_T(t)] = 2\pi \sum_{n=-\infty}^{\infty} F_n \delta(\omega-n\omega_1) = \omega_1 \sum_{n=-\infty}^{\infty} \delta(\omega-n\omega_1) \qquad (4-35)$$

频域信号也可以是单位冲激序列,表示为

$$\delta_{\omega_1}(\omega) = \sum_{n=-\infty}^{\infty} \delta(\omega - n\omega_1)$$

由式(4-35)可以得到它对应的时域信号为$\frac{1}{\omega_1}\delta_T(t)$,即

$$\text{IFT}[\delta_{\omega_1}(\omega)] = \frac{1}{\omega_1}\delta_T(t)$$

【**例4-16**】 已知周期矩形脉冲信号$f(t)$的脉幅为E,脉宽为τ,周期为T_1,角频率 $\omega_1 = 2\pi/T_1$,求傅里叶级数及傅里叶变换,并分别画出傅里叶级数频谱和傅里叶变换频谱。

解 周期矩形脉冲信号$f(t)$的傅里叶级数频谱与傅里叶变换频谱如图4-37所示。

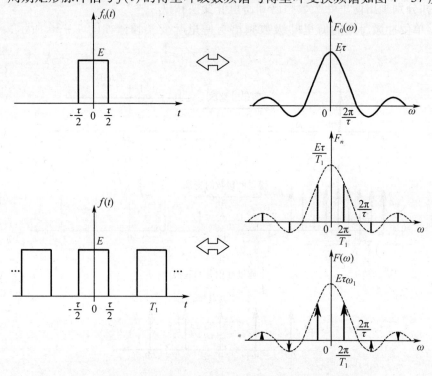

图4-37 周期矩形脉冲信号的傅里叶级数与傅里叶变换

单个矩形脉冲信号$f_0(t)$的傅里叶变换为

$$F_0(\omega) = \text{FT}[f_0(t)] = E\tau\text{Sa}\left(\frac{\omega\tau}{2}\right)$$

周期矩形脉冲信号$f(t)$的傅里叶系数为

$$F_n = \frac{1}{T_1}F_0(\omega)\Big|_{\omega=n\omega_1} = \frac{E\tau}{T_1}\text{Sa}\left(\frac{n\omega_1\tau}{2}\right)$$

傅里叶级数为

$$f(t) = \frac{E\tau}{T_1}\sum_{n=-\infty}^{\infty}\text{Sa}\left(\frac{n\omega_1\tau}{2}\right)e^{jn\omega_1 t}$$

傅里叶变换为

$$F(\omega) = 2\pi\sum_{n=-\infty}^{\infty}F_n\delta(\omega - n\omega_1) = E\tau\cdot\omega_1\sum_{n=-\infty}^{\infty}\text{Sa}\left(\frac{n\omega_1\tau}{2}\right)\delta(\omega - n\omega_1)$$

通过上面两个实例的分析可以看到：用傅里叶级数描述的周期信号频谱和用傅里叶变换描述的周期信号频谱都是离散谱，且谐频点相同、谱线包络相同，差别仅体现在各次谐波分量的大小上（傅里叶级数频谱是具体值，傅里叶变换频谱是冲激值）。两种频谱都能准确反映周期信号的频域特性，这是非常有意义的事情。这样，周期信号和非周期信号的频域分析方法可以统一到傅里叶变换分析方法，使傅里叶变换这一工具得到更广泛的应用。

4.4 抽样信号的傅里叶变换

对信号进行抽样的目的是实现模拟信号的数字化。信号的抽样是数字信号处理所必需的理论基础。

4.4.1 信号的抽样

所谓"抽样"就是利用取样脉冲序列 $s(t)$ 从连续信号 $f(t)$ 中"抽取"一系列离散样本值的过程。这样得到的离散信号称为抽样信号。抽样也称为"采样"或"取样"。需要注意的是抽样信号与抽样函数 $Sa(t) = \sin(t)/t$ 是完全不同的两个含义。

$f(t)$ 用取样脉冲序列 $s(t)$（开关函数）进行取样，取样间隔为 $T_s, f_s = 1/T_s$ 称为抽样频率。得取样信号 $f_s(t)$，表达式为 $f_s(t) = f(t)s(t)$，其波形如图 4 - 38 所示。

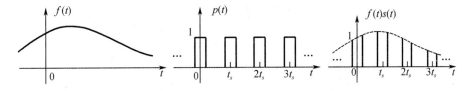

图 4 - 38 抽样信号波形

抽样过程是指模拟信号转变为离散信号的过程。如图 4 - 39 所示就是完成抽样过程的方框图。连续信号经抽样变成抽样信号，再经量化、编码变成数字信号。

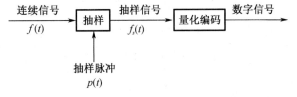

图 4 - 39 抽样过程方框图

模数转换包含了抽样和量化两个内容，抽样只是把模拟信号变为一系列时刻上值的离散信号，抽样就是时间离散化，而量化则是把时间离散信号变为幅值也离散的信号。量化就是幅值也离散化。量化过程所遇到的问题是量化精度与存储器有限字长之间的矛盾。

信号抽样面临的问题是：抽样后离散信号的频谱是什么样的？它与未被抽样的连续信号的频谱有什么关系？连续信号被抽样后，是否保留了原信号的所有信息？在什么条件下，可以从抽样的信号还原成原始信号？抽样信号的傅里叶变换及抽样定理对这些问题给出了很好的解释。

4.4.2 抽样信号的傅里叶变换

信号的抽样包括时域抽样和频域抽样,时域抽样又包括自然抽样和理想抽样。下面首先介绍时域抽样的傅里叶变换。

4.4.2.1 时域抽样

假设:

(1)连续信号 $f(t)$ 的傅里叶变换 $F(\omega) = \mathrm{FT}[f(t)]$;

(2)抽样脉冲序列 $p(t)$ 的傅里叶变换 $P(\omega) = \mathrm{FT}[p(t)]$;

(3)抽样信号 $f_s(t)$ 的傅里叶变换 $F_s(\omega) = \mathrm{FT}[f_s(t)]$。

若采用均匀抽样、抽样周期为 T_s、抽样频率为 $\omega_s = 2\pi f_s = \dfrac{2\pi}{T_s}$,则抽样信号为

$$f_s(t) = f(t) \cdot p(t)$$

由于 $p(t)$ 是周期信号,故傅里叶变换为 $P(\omega) = 2\pi \sum\limits_{n=-\infty}^{\infty} P_n \delta(\omega - n\omega_s)$,其中

$$P_n = \frac{1}{T_s} \int_{-\frac{T_s}{2}}^{\frac{T_s}{2}} p(t) \mathrm{e}^{-jn\omega_s t} \mathrm{d}t \qquad (4-36)$$

是 $p(t)$ 的傅里叶级数的系数。

根据频域卷积定理可以得到

$$F_s(\omega) = \frac{1}{2\pi} F(\omega) * P(\omega)$$

所以

$$F_s(\omega) = \Big[\sum_{n=-\infty}^{\infty} P_n \delta(\omega - n\omega_s) \Big] * F(\omega) = \sum_{n=-\infty}^{\infty} P_n F(\omega - n\omega_s) \qquad (4-37)$$

由式(4-37)可见抽样信号的频谱具有以下特点:信号在时域被抽样后,它的频谱 $F_s(\omega)$ 是连续信号频谱 $F(\omega)$ 的形状以 ω_s 为间隔周期地重复而得到,在重复中幅度被 $p(t)$ 的傅里叶系数 P_n 加权;P_n 值取决于抽样脉冲序列的形状,其中

$$P_n = \frac{1}{T_s} \int_{-\frac{T_s}{2}}^{\frac{T_s}{2}} p(t) \mathrm{e}^{-jn\omega_s t} \mathrm{d}t$$

只是 n(而不是 ω)的函数,故 $F(\omega)$ 在重复过程中形状不发生变化。

矩形脉冲和冲激脉冲是两种常用的抽样脉冲序列,下面介绍这两种信号的傅里叶变换。

(1)矩形脉冲抽样(自然抽样)

若取样脉冲 $p(t)$ 是矩形脉冲,称这种取样为矩形脉冲抽样或自然抽样。抽样过程如图 4-40 所示。

设矩形脉冲序列 $p(t)$ 的脉冲幅度为 E,脉宽为 τ,取样角频率为 ω_s。由于矩形脉冲信号的傅里叶变换为

$$P_0(\omega) = E\tau \mathrm{Sa}\left(\frac{n\omega_s \tau}{2}\right) \qquad (4-38)$$

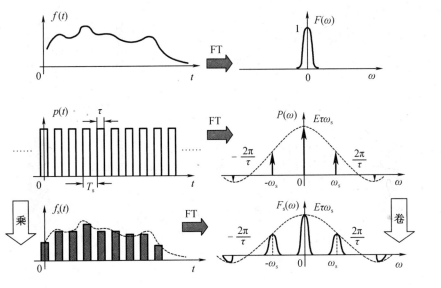

图 4 – 40　矩形抽样信号的频谱

可以得到矩形脉冲序列的傅里叶系数为

$$P_n = \frac{1}{T_s} P_0(\omega) \big|_{\omega = n\omega_s} = \frac{E\tau}{T_s} \mathrm{Sa}\left(\frac{n\omega_s\tau}{2}\right) \tag{4-39}$$

因此,抽样信号的频谱为

$$F_s(\omega) = \sum_{n=-\infty}^{\infty} P_n F(\omega - n\omega_s) = \frac{E\tau}{T_s} \sum_{n=-\infty}^{\infty} \mathrm{Sa}\left(\frac{n\omega_s\tau}{2}\right) F(\omega - n\omega_s) \tag{4-40}$$

由图 4 – 40 可见,$F_s(\omega)$ 的频谱是 $F(\omega)$ 在以 ω_s 为周期重复,幅度以 $\mathrm{Sa}(n\omega_s\tau/2)$ 的规律变化。由于矩形脉冲边缘下降很陡,其频谱所占的频带几乎是无限宽。要使平移后的频谱不发生混叠,必须使 $\omega_s - \omega_m \geq \omega_m$,即 $\omega_s \geq 2\omega_m$。这是一个很重要的不等式,它指出:抽样频率必须大于信号频谱中最高频率的两倍。实际上,抽样频率必须选择数倍于信号的最高频率,以保证在实际硬件限制的条件下能恢复出原来的信号。

(2)冲激抽样(理想抽样)

若取样脉冲 $p(t)$ 是冲激序列,称这种取样为冲激抽样或理想取样。抽样过程如图 4 – 41 所示。

设冲激序列 $p(t)$ 的取样角频率为 ω_s。由于 $P_0(\omega) = \mathrm{FT}[\delta(t)] = 1$,可以得到单位冲激序列的傅里叶级数系数为

$$P_n = \frac{1}{T_s} P_0(\omega) \big|_{\omega = n\omega_0} \tag{4-41}$$

因此,抽样信号的频谱为

$$F_s(\omega) = \sum_{n=-\infty}^{\infty} P_n F(\omega - n\omega_s) = \frac{1}{T_s} \sum_{n=-\infty}^{\infty} F(\omega - n\omega_s) \tag{4-42}$$

由图 4 – 41 可见,$F_s(\omega)$ 的频谱是 $F(\omega)$ 在以 ω_s 为周期等幅地重复,冲激序列的傅里叶系数 P_n 为常数。

实际抽样为矩形脉冲抽样。当脉宽 τ 相对较窄时($\tau \to 0$),往往近似认为是冲激抽样。冲激抽样是矩形脉冲抽样的一种极限情况。

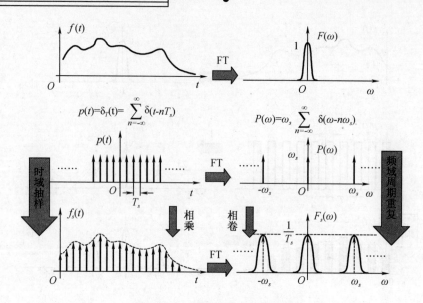

图 4 - 41 冲激抽样信号的频谱

4.4.2.2 频域抽样

对于频域中的连续频谱,也可以在频域中对其进行抽样,而且频域抽样与时域抽样存在着对偶关系。频域抽样的本质是考查时域信号波形的变化关系。

假设连续频谱函数为 $F(\omega)$,对应的时间函数为 $f(t)$;$F(\omega)$ 在频域中被间隔为 ω_1 的冲激序列 $\delta_{\omega_1}(\omega)$ 抽样;抽样后的频谱函数 $F_1(\omega)$,对应的时间函数 $f_1(t)$。则频域抽样过程满足

$$F_1(\omega) = F(\omega)\delta_{\omega_1}(\omega) \tag{4-43}$$

其中

$$\delta_{\omega_1}(\omega) = \sum_{n=-\infty}^{\infty} \delta(\omega - n\omega_1) \tag{4-44}$$

由

$$\mathrm{FT}[\delta_T(t)] = \omega_1\delta_{\omega_1}(\omega) \tag{4-45}$$

得到

$$\mathrm{IFT}[\delta_{\omega_1}(\omega)] = \frac{1}{\omega_1}\delta_{T_1}(t) \tag{4-46}$$

根据时域卷积定理有

$$F_1(\omega) = F(\omega)\delta_{\omega_1}(\omega) = \mathrm{FT}\{\mathrm{IFT}[F(\omega)] * \mathrm{IFT}[\delta_{\omega_1}(\omega)]\}$$

因此,抽样后的频谱对应的时域信号 $f_1(t)$ 为

$$f_1(t) = \mathrm{IFT}[F(\omega)] * \mathrm{IFT}[\delta_{\omega_1}(\omega)] = f(t) * [\frac{1}{\omega_1}\delta_{T_1}(t)]$$

$$= \frac{1}{\omega_1}f(t) * \sum_{n=-\infty}^{\infty} \delta(t - nT_1) = \frac{1}{\omega_1}\sum_{n=-\infty}^{\infty} f(t - nT_1) \tag{4-47}$$

由式(4-47)可见,若 $f(t)$ 的频谱 $F(\omega)$ 被间隔为 ω_1 的冲激序列在频域中抽样,则在时域中等效于 $f(t)$ 以 T_1 为周期重复,幅值为原来的 $1/\omega_1$。变化过程如图 4-42 所示。

从上面的分析可以得到周期信号和抽样信号的特性如下:

(1)时域若为周期信号(周期为 T_1),则频域为离散频谱(谱线间隔 $\omega_1 = 2\pi/T_1$)。该特性由频域抽样过程体现。

(2)时域若以时间间隔 $T_s = 2\pi/\omega_s$ 对连续信号 $f(t)$ 抽样,得到离散信号 $f_s(t)$,则频域得

到的频谱 $F_s(\omega)$ 是 $F(\omega)$ 以 ω_s 为周期的重复。该特性由时域抽样过程体现。

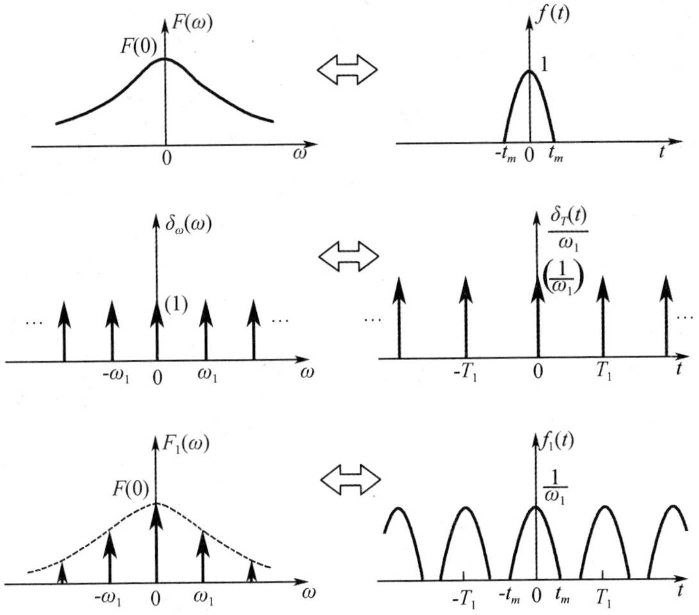

图 4-42 频谱抽样所对应的信号波形

4.5 抽样定理

在一定的条件下,一个连续的时间信号完全可以用该信号在等时间间隔点上的值或样本来表示,并且可以用这些样本值把该信号完全恢复出来。比如说,电影就是由一组时序的单个画面(一帧)所组成的,其中每一帧代表连续变化的场景中的一个瞬时画面(也就是时间样本),当以足够快的速度来看这些时序样本时,我们就会感觉到原来连续活动景象的重现。又如印刷照片,一般是由很多细小的网点所组成的,其中每一个点就相应于空间连续图像的一个采样点,如果这些样点在空间距离足够靠近的话,那么这幅照片看起来在空间还是连续的。抽样定理对这一问题给出了合理的解释。

抽样定理阐明了如何从抽样信号 $f_s(t)$ 恢复被抽样信号 $f(t)$ 全部信息的条件,或者说给出了能否由抽样信号 $f_s(t)$ 无失真地恢复被抽样信号 $f(t)$ 的条件。抽样定理包括时域抽样定理和频域抽样定理两种。

4.5.1 时域抽样定理

抽样定理对带限信号和带通信号的要求是不一样的,我们以带限信号为例介绍时域抽样定理。所谓带限信号是指:一个信号 $f(t)$,其频谱 $F(\omega)$ 在 $|\omega| > \omega_m$ 时 $F(\omega) = 0$,称 ω_m 为带限信号 $f(t)$ 的带宽。

阐明抽样器的输入连续信号 $f(t)$ 和输出离散信号 $f(nT_s)$ 关系的数学表示,称为抽样定理。时域抽样定理告诉我们:若带限信号 $f(t)$ 的最高角频率为 ω_m,则信号 $f(t)$ 可以用等间隔的抽样值唯一表示;而抽样间隔必须不大于 $1/2f_m$,或者说最低抽样频率为 $2f_m$。时域抽样定理对离散信号的插值和连续信号的重建都做了详细的规定,具体可用内插定理和重建定理描述。

定理1:内插定理。

设有一连续信号 $f(t)$,频谱在 $|\omega_m|$ 范围内不为0,则只要抽样间隔满足 $T_s \leqslant \omega_m / \pi$,连续信号 $f(t)$ 就可表示为

$$f(t) = \frac{\omega_m}{\pi} \sum_{n=-\infty}^{\infty} f(nT_s) \frac{\sin[\omega_m(t-nT_s)]}{\omega_m(t-nT_s)} \tag{4-48}$$

式(4-48)称为内插公式,它表明:一个角频率从 0 到 ω_m 的有限频带信号 $f(t)$,唯一地由其均匀间隔 T_s 上的样点值 $f(nT_s)$ 所决定。

定理2:重建定理。

设 $f(t)$ 是一带限连续信号,最高频率为 ω_m,根据定理1对 $f(t)$ 进行抽样,得到 $f(nT_s)$,则 $f(nT_s)$ 经过一个截止频率为 $\omega_s \geqslant 2\omega_m$ 的理想低通滤波器后便得到 $f(t)$。即理想低通滤波器的频率特性为

$$H(\omega) = \begin{cases} T_s & (|\omega| < \omega_s) \\ 0 & (|\omega| > \omega_s) \end{cases} \tag{4-49}$$

从而有 $F(\omega) = F_s(\omega) \cdot H(\omega)$。

从抽样信号的频谱恢复成连续信号的频谱,就是信号的重建过程。重建定理讨论的就是如何由离散时间信号无失真地恢复连续时间信号。

内插公式的证明。时域抽样必导致频域周期重复。由于 $f(t)$ 的频带有限,在周期重复时,为保证 $|\omega_m|$ 内为 $F(\omega)$,则重复周期应满足 $\omega_s \geqslant 2\omega_m$,将抽样信号通过截止频率为 ω_m 的理想低通滤波器,便能从 $F_s(\omega)$ 中恢复 $F(\omega)$,也就是说,能从抽样信号 $f_s(t)$ 中恢复原始信号 $f(t)$。若 $f(t) \leftrightarrow F(\omega)$,$f_s(t) \leftrightarrow F_s(\omega)$,则当 $F_s(\omega)$ 通过截止频率为 ω_m 的理想低通滤波器时,滤波器的响应频谱为 $F(\omega)$。显然滤波器的作用等效于一个开关函数 $G_{2\omega_m}(\omega)$ 同 $F_s(\omega)$ 的相乘:$F(\omega) = G_{2\omega_m}(\omega) F_s(\omega)$。如图 4-43 所示。

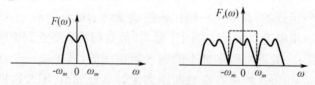

图4-43 抽样信号的恢复

令频域开关函数 $G_{2\omega_m}(\omega)$ 对应的时域信号为 $g(t)$,根据时域卷积定理有

$$f(t) = g(t) * f_s(t)$$

由傅里叶变换的对称性质可以得到 $g(t) = \frac{\omega_m}{\pi} \mathrm{Sa}(\omega_m t)$,而时域抽样信号 $f_s(t)$ 为

$$f_s(t) = \sum_{n=-\infty}^{\infty} f(t)\delta(t-nT_s) = \sum_{n=-\infty}^{\infty} f(nT_s)\delta(t-nT_s)$$

所以原时域信号 $f(t)$ 为

$$f(t) = \frac{\omega_m}{\pi}\mathrm{Sa}(\omega_m t) * \sum_{n=-\infty}^{\infty} f(nT_s)\delta(t-nT_s) = \frac{\omega_m}{\pi}\sum_{n=-\infty}^{\infty} f(nT_s)\mathrm{Sa}[\omega_m(t-nT_s)]$$

$$= \frac{\omega_m}{\pi}\sum_{n=-\infty}^{\infty} f(nT_s)\frac{\sin[\omega_m(t-nT_s)]}{\omega_m(t-nT_s)}$$

证明过程如图4－44所示。

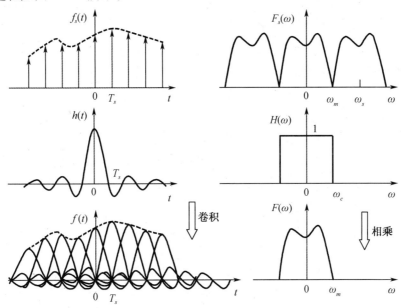

图4－44 内插公式证明过程图解

由证明可见：$f(t)$ 可以展开为正交的抽样函数的无穷级数，且级数的系数等于抽样值 $f(nT_s)$。这样，若在抽样信号 $f_s(t)$ 的每个抽样值上画一个峰值为 $f(nT_s)$ 的 Sa 函数的波形，合成的波形就是 $f(t)$。另外，Sa 函数的波形就是理想低通滤波器的冲激响应 $h(t)$，若 $f_s(t)$ 通过理想低通滤波器，那么每一个抽样值产生一个冲激响应 $h(t)$，这些响应进行叠加便得到 $f(t)$，从而达到恢复信号的目的。

时域抽样定理具有一定的物理意义。对于一个频率受限的信号波形绝不可能在很短的时间内产生独立的、实质的变化，它的最高变化速度受最高频率分量 ω_m 的限制。为保留波形所有频率分量的全部信息，时域抽样定理要求在一个周期的时间间隔内至少对信号进行两次抽样。当抽样频率不满足抽样定理时，抽样信号的频谱 $F_s(\omega)$ 将发生混叠，从而无法恢复原信号。如图4－45所示。

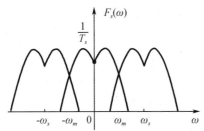

图4－45 不满足抽样定理的抽样信号频谱

通常把最低允许抽样频率 $f_N = 2f_m$ 或 $\omega_N = 2\omega_m$ 称为奈奎斯特频率，最大允许抽样间隔 $T_N = \dfrac{1}{2f_m} = \dfrac{\pi}{\omega_m}$ 称为奈奎斯特间隔。

【例 4 - 17】 确定 $\mathrm{Sa}(2t)$ 的最低抽样频率和奈奎斯特间隔。

解 由于 $\mathrm{FT}[Eg_\tau(t)] = E\tau\mathrm{Sa}\left(\dfrac{\omega\tau}{2}\right)$，有

$$\mathrm{FT}[u(t+2) - u(t-2)] = 4\mathrm{Sa}(2\omega)$$

根据抽样函数的对称性得

$$\mathrm{FT}[4\mathrm{Sa}(2t)] = 2\pi[u(\omega+2) - u(\omega-2)]$$

即

$$\mathrm{FT}[\mathrm{Sa}(2t)] = \frac{\pi}{2}[u(\omega+2) - u(\omega-2)]$$

故：信号的截至频率 $\omega_m = 2$

奈奎斯特频率 $f_N = 2f_m = \dfrac{\omega_m}{\pi} = \dfrac{2}{\pi}$

奈奎斯特间隔 $T_N = \dfrac{1}{2f_m} = \dfrac{\pi}{\omega_m} = \dfrac{\pi}{2}$

需要注意的是，在实际应用中不可能实现信号的无失真恢复，主要原因有以下两个方面：一是实际非周期信号的频谱带宽为无穷大，故所谓的最高频率 f_m 并不存在，若取其有效带宽作为最高频率 f_m，因只是近似地满足抽样定理所要求的带限信号条件，所以在信号抽样过程中肯定会产生一定的失真；二是信号的恢复过程必然要用到理想低通滤波器，而理想低通滤波器是物理上无法实现的。当用实际低通滤波器来代替理想低通滤波器时，即使 $F_s(\mathrm{j}\omega)$ 不存在频谱混叠现象，实际低通滤波器也会对 $F_s(\mathrm{j}\omega)$ 中的基带频谱造成非线性衰减，同时由于实际低通滤波器不存在所谓的理想截频，所以其输出并不只是所需要的 $F(\mathrm{j}\omega)$，还有其他成分的频谱，这些原因都会导致信号的恢复过程产生一定的失真。不过，只要被抽样信号接近理想的带限信号，其最高频率 f_m 也取得足够大，且实际低通滤波器的性能比较接近理想低通滤波器的性能，则从信号抽样到信号恢复所造成的失真可以控制在工程实际允许的范围内。

4.5.2 频域抽样定理

通过前面的讨论可以看出，取样的本质是将一个连续变量的函数离散化的过程。因此，不仅可以对时域的连续信号进行取样，也可以在频域对一个连续的频谱进行取样。通过取样将信号在时域或频域离散化，这对于应用数字技术分析和处理信号具有重要的意义。

频域抽样定理的内容是：设信号 $f(t)$ 是在 $(-t_m, t_m)$ 时间范围内有非零值的时限信号，若在频域中以不大于 $1/(2t_m)$ 的频率间隔（即 $f_s \leqslant 1/(2t_m)$）对 $f(t)$ 的频谱 $F(\omega)$ 进行抽样，则 $F(\omega)$ 可由频谱抽样点上的值唯一表示。即

$$F(\omega) = \sum_{n=-\infty}^{\infty}\left\{\frac{1}{\omega_s}F(n\omega_s)\mathrm{Sa}\left[\frac{T_s}{2}(\omega - n\omega_s)\right]\right\} \tag{4-50}$$

在频域抽样定理中，有两个问题是必须要理解清楚的：

(1) 为什么抽样频率间隔必须满足 $f_s \leqslant 1/(2t_m)$（即 $\omega_s \leqslant \pi/t_m$）；

(2) 用频谱抽样点上的值唯一描述信号频谱 $F(\omega)$ 的表达式是如何得到的。

由抽样信号的傅里叶变换已经知道：若 $f(t)$ 被等间隔 T_s 采样，将等效于 $F(\omega)$ 以 $\omega_s = 2\pi/T_s$ 为周期重复；而 $F(\omega)$ 被等间隔 ω_s 采样，则等效于 $f(t)$ 以 T_s 为周期重复。在时域中

进行抽样的过程,必然导致频域中的信号为周期函数;在频域中进行抽样的过程,必然导致时域中的信号为周期函数。为保证信号抽样后的无失真恢复,若时域信号 $f(t)$ 为带限信号 $(|\omega| \leqslant \omega_m)$,则时域的抽样间隔 T_s 不大于 $1/(2t_m)$ 或 π/t_m(奈奎斯特间隔);若时域信号 $f(t)$ 为时限信号$(|t| \leqslant t_m)$,则频域的抽样间隔 f_s 不大于 $1/(2t_m)$(或 ω_s 不大于 π/t_m)。

当采用单位冲激序列 $\delta_{\omega_s}(\omega)$ 对时限信号 $f(t)$ 的频谱 $F(\omega)$ 进行抽样时,抽样信号 $F_1(\omega)$ 对应的周期性时域信号 $f_1(t)$ 为

$$f_1(t) = \frac{1}{\omega_s}\sum_{n=-\infty}^{\infty} f(t-nT_s) \quad (T_s \geqslant 2t_m) \tag{4-51}$$

为保证 $F(\omega)$ 能够无失真恢复,需对周期信号 $f_1(t)$ 加矩形窗 $g_{T_s}(t)$,根据频域卷积定理可以得到 $F(\omega)$ 为

$$F(\omega) = \mathrm{FT}[f_1(t) \cdot g_{T_s}(t)] = \frac{1}{2\pi}\{\mathrm{FT}[f_1(t)] * \mathrm{FT}[g_{T_s}(t)]\}$$

由于 $\mathrm{FT}[g_{T_s}(t)] = T_s\mathrm{Sa}\left(\dfrac{\omega T_s}{2}\right)$,其中 $T_s = \dfrac{2\pi}{\omega_s}$,有

$$\mathrm{FT}[f_1(t)] = F_1(\omega) = F(\omega) \cdot \delta_{\omega_s}(\omega) = \sum_{n=-\infty}^{\infty} F(n\omega_s)\delta(\omega - n\omega_s)$$

可以求出

$$\begin{aligned}
F(\omega) &= \frac{1}{2\pi}\{\mathrm{FT}[f_1(t)] * \mathrm{FT}[g_{T_s}(t)]\} \\
&= \frac{1}{2\pi}\Big[\sum_{n=-\infty}^{\infty} F(n\omega_s)\delta(\omega - n\omega_s)\Big] * \Big[T_s\mathrm{Sa}\Big(\frac{\omega T_s}{2}\Big)\Big] \\
&= \frac{1}{2\pi}\Big[\sum_{n=-\infty}^{\infty} F(n\omega_s)T_s\mathrm{Sa}\Big[\frac{T_s}{2}(\omega - n\omega_s)\Big]\Big] \\
&= \sum_{n=-\infty}^{\infty}\Big\{\frac{1}{\omega_s}F(n\omega_s)\mathrm{Sa}\Big[\frac{T_s}{2}(\omega - n\omega_s)\Big]\Big\}
\end{aligned}$$

当 $T_s = 2t_m$ 时,$\omega_s = \dfrac{\pi}{t_m}$,有

$$F(\omega) = \sum_{n=-\infty}^{\infty}\Big\{\frac{t_m}{\pi}F\Big(n\frac{\pi}{t_m}\Big)\mathrm{Sa}\Big[t_m\Big(\omega - n\frac{\pi}{t_m}\Big)\Big]\Big\} \tag{4-52}$$

通过上面的分析可见,频域抽样的结论与时域抽样的结论是对偶的。即 $f(t) \leftrightarrow F(\omega)$,$t \leftrightarrow \omega$,$T_s \leftrightarrow \omega_s$,$t_m \leftrightarrow \omega_c$。这正是连续时间信号时域与频域存在对称性的体现。时域抽样的内插公式为

$$f(t) = \sum_{n=-\infty}^{\infty} \frac{\omega_c}{\pi}f(nT_s)\mathrm{Sa}[\omega_c(t-nT_s)] \tag{4-53}$$

利用对偶特性,当 $T_s = 2t_m$ 时,可以方便地由式(4-53)得到式(4-50)。

我们已经详细地讲述了信号的时域抽样定理和频域抽样定理。在讨论时域取样时,要求信号必须是带限的;在讨论频域取样时,要求信号必须是时限的。一切带限信号都可以看成是任意信号经过理想低通滤波器后所产生的;一切时限信号都可以看成是任意信号与矩形窗相乘而产生的。因此,带限信号在时域中可以表示为任意信号与理想低通滤波器单位冲激响应的卷积积分;时限信号在频域中可以表示为任意信号的频谱与矩形窗频谱的卷积积分。由于理想低通滤波器的单位冲激响应和矩形窗的频谱都具有取样函数的形状,该

函数非零区间都是无限的,因此可以得出以下重要的结论:频域有限则时域无限,时域有限则频域无限,但反之不一定成立。这一结论对于今后利用数字信号处理技术处理连续时间信号具有重要的意义。

4.5.3 抽样定理的 MATLAB 实现

本小节以升余弦脉冲信号

$$f(t) = \frac{E}{2}\left[1 + \cos\left(\frac{\pi t}{\tau}\right)\right] \quad (0 \leqslant |t| \leqslant \tau)$$

为例,利用 MATLAB 验证信号的抽样、信号的重建,并进行误差分析。

(1)信号抽样

设 $E = 1$,$\tau = \pi$,则 $f(t) = (1 + \cos t)/2$。在抽样间隔 $T_s = 1$ 情况下,仿真程序为 ep4_9. m,仿真结果如图 4 – 46 所示。

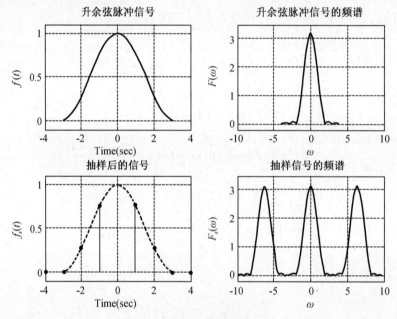

图 4 – 46 仿真结果图

由图 4 – 46 可见,升余弦脉冲信号的频谱在抽样后发生了周期延拓,延拓周期为

$$\omega_s = \frac{2\pi}{T_s}$$

ep4_9. m 程序清单

```
clear all;close all;clc;clf;
Ts = 1;dt = 0.1;t1 = - 4:dt:4;
ft = ((1 + cos(t1))/2). * (uCT(t1 + pi) - uCT(t1 - pi));
subplot(2,2,1);plot(t1,ft);grid on;axis([ - 4,4, - 0.1,1.1]);
xlabel('Time(sec)');ylabel('f(t)');title('升余弦脉冲信号');
N = 500;k = - N:N;
w = pi * k/(N * dt);
```

```
Fw = dt * ft * exp( − j * t1′ * w) ;%傅里叶变换的数值计算
subplot(2,2,2) ;plot(w,abs(Fw)) ;grid on;axis([ − 10,10, − 0.2,1.1 * pi]) ;
xlabel('\omega') ;ylabel('F(w)') ;title('升余弦脉冲信号的频谱') ;
t2 = − 4:Ts:4;
fst = ( (1 + cos(t2) )/2). * (uCT(t2 + pi) − uCT(t2 − pi) ) ;
subplot(2,2,3) ;plot(t1,ft,':') ;% 抽样信号的包络线
hold on; grid on;
stem(t2,fst,'.') ;% 绘制抽样信号
axis([ − 4,4, − 0.1,1.1]) ;xlabel('Time(sec)') ;ylabel('fs(t)') ;
title('抽样后的信号') ;hold off;
Fsw = Ts * fst * exp( − j * t2′ * w) ;% 傅里叶变换的数值计算
subplot(2,2,4) ;plot(w,abs(Fsw)) ;grid on;
axis([ − 10,10, − 0.2,1.1 * pi]) ;xlabel('\omega') ;ylabel('Fs(w)') ;
title('抽样信号的频谱') ;
```

（2）信号重建

设升余弦脉冲信号的截止频率为 $\omega_m = 2$，抽样间隔仍为 $T_s = 1$，采用截止频率为 $\omega_c = 1.2\omega_m$ 的低通滤波器对抽样信号滤波后重建信号 $f(t)$。仿真程序为 ep4_10.m，仿真结果如图 4 − 47 所示。

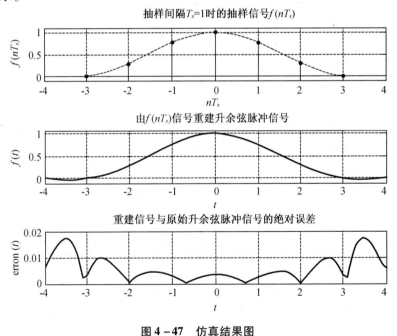

图 4 − 47　仿真结果图

由图 4 − 47 可见，重建后的信号与原升余弦脉冲信号的误差在 10^2 以内，基本满足了无失真要求。

ep4_10.m 程序清单

```
clear all;close all;clc;clf;
wm = 2;% 升余弦脉冲信号带宽
```

```
wc = 1.2 * wm;%理想低通截止频率
Ts = 1;%抽样间隔
n = -100:100;%时域参与计算点数
nTs = n * Ts;%时域抽样点
fs = ((1 + cos(nTs))/2). * (uCT(nTs + pi) - uCT(nTs - pi));%抽样信号
t = -4:0.1:4;
ft = fs * Ts * wc/pi * sinc((wc/pi) * (ones(length(nTs),1) * t - nTs' * ones(1,length
(t))));%重建信号
t1 = -4:0.1:4;
f1 = ((1 + cos(t1))/2). * (uCT(t1 + pi) - uCT(t1 - pi));%设置重建信号的包络线
subplot(3,1,1);plot(t1,f1,':');hold on;%绘制包络线
stem(nTs,fs,'.');grid on;%绘制抽样信号
axis([-4,4,-0.1,1.1]);xlabel('nTs');ylabel('f(nTs)');
title('抽样间隔 Ts = 1 时的抽样信号 f(nTs)');hold off;
subplot(3,1,2);plot(t,ft);grid on;%绘制重建信号
axis([-4,4,-0.1,1.1]);xlabel('t');ylabel('f(t)');
title('由 f(nTs)信号重建升余弦脉冲信号');
error = abs(ft - f1);%求重建信号与原始升余弦脉冲信号的绝对误差
subplot(3,1,3);plot(t,error);grid on;xlabel('t');ylabel('error(t)');
title('重建信号与原始升余弦脉冲信号的绝对误差');
```

如果在信号抽样过程中不满足抽样定理,将会产生频谱混叠,信号重建后会产生较大失真。在抽样间隔为 $T_s = 2$ 的情况下,对抽样信号进行重建,实现程序为 ep4_11.m,仿真结果如图 4 - 48 所示。

ep4_11.m 程序清单

```
t1 = -4:0.1:4;
f1 = ((1 + cos(t1))/2). * (uCT(t1 + pi) - uCT(t1 - pi));
subplot(3,1,1);plot(t1,f1,':');
hold on;%绘制包络线
stem(nTs,fs,'.');grid on;%绘制抽样信号
axis([-4,4,-0.1,1.1]);xlabel('nTs');ylabel('f(nTs)');
title('抽样间隔 Ts = 2 时的抽样信号 f(nTs)');hold off;
subplot(3,1,2);plot(t,ft);grid on;%绘制重建信号
axis([-4,4,-0.1,1.8]);xlabel('t');ylabel('f(t)');
title('由 f(nTs)信号重建得到有失真的升余弦脉冲信号');
error = abs(ft - f1);
subplot(3,1,3);plot(t,error);grid on;
xlabel('t');ylabel('error(t)');
title('重建信号与原始升余弦脉冲信号的绝对误差');
```

由图 4 - 48 可见,在不满足抽样定理时,重建后的信号与原升余弦脉冲信号产生了较大的失真,绝对误差非常明显。

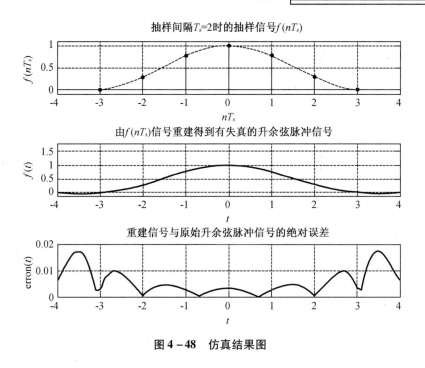

图 4 - 48 仿真结果图

4.6 系统的频域分析

系统的频域分析就是寻求不同信号激励下其响应随频率变化的规律。本节将以信号的频谱分析为基础,讨论信号作用于线性时不变系统时零状态响应的频域求解方法,这种系统的频域分析法又称为系统的傅里叶变换分析法。

4.6.1 系统函数

系统函数是描述系统特性本质的函数,不随输入信号的变化而变化。对于某一特定系统而言,其系统函数是固定不变的。对于不同的系统,其系统函数是不一样的,这也正是一个系统区别于另一个系统的本质特征。系统函数在时域、频域、复频域的描述方法不同。

由第 2 章的学习已经知道,在时域中表征系统特性的函数是系统的单位冲激响应 $h(t)$。令 $H(\omega) = \mathrm{FT}[h(t)]$,则 $H(\omega)$ 表征系统的频域特性,称 $H(\omega)$ 为系统的频率响应,即系统在频域的系统函数。利用卷积可以求出系统的时域零状态响应,即 $y(t) = h(t) * f(t)$。设 $Y(\omega) = \mathrm{FT}[y(t)]$,$H(\omega) = \mathrm{FT}[h(t)]$,$F(\omega) = \mathrm{FT}[f(t)]$,根据时域卷积定理可以得到 $Y(\omega) = H(\omega)F(\omega)$,即 $H(\omega) = \dfrac{Y(\omega)}{F(\omega)}$。可见,在变换域系统函数可定义为系统的零状态响应与激励信号的比值。

一般情况下,系统的频率响应 $H(\omega)$ 是复函数,可用幅度和相位表示为

$$H(\omega) = |H(\omega)| e^{j\varphi(\omega)} \qquad (4-54)$$

$|H(\omega)|$ 称为系统的幅度响应(幅频特性),$\varphi(\omega)$ 称为相位响应(相频特性)。当 $h(t)$ 为实函数时,由傅里叶变换性质可知:$H(\omega) = H^*(-\omega)$,$|H(\omega)|$ 是 ω 的偶函数,$\varphi(\omega)$ 是 ω

的奇函数。

当激励信号 $F(\omega)$ 作用于系统 $H(\omega)$ 时，系统相当于乘法器的作用，通过 $H(\omega)F(\omega)$，求出系统零状态响应的频域解。在这一过程中，系统对 $F(\omega)$ 进行某种处理，改变 $F(\omega)$ 的幅度和相位，从而达到所要求的信号处理目的。

在许多教材中，系统的频率响应用 $H(\mathrm{j}\omega)$ 描述。用 $H(\mathrm{j}\omega)$ 描述系统的频率响应是为了建立傅里叶变换与拉氏变换的联系。对于稳定的因果系统，将 $H(s)$ 表示式中的变量 s 以 $\mathrm{j}\omega$ 取代，即可写出 $H(\mathrm{j}\omega)$。频域与复频域的关系为 $s = \sigma + \mathrm{j}\omega$。系统的频率响应用 $H(\omega)$ 描述和用 $H(\mathrm{j}\omega)$ 描述无质的区别。

在信号与系统分析中，频响特性分析非常重要。系统的频率响应 $H(\omega)$（系统函数）可通过多种方式获得：

(1)若已知系统的单位冲激响应 $h(t)$，则 $H(\omega) = \mathrm{FT}[h(t)]$。

(2)若已知系统的激励信号 $F(\omega)$ 及其零状态响应 $Y(\omega)$，则 $H(\omega) = \dfrac{Y(\omega)}{F(\omega)}$。

(3)若已知描述系统的微分方程，可以对微分方程两边取其傅里叶变换，整理后通过公式 $H(\omega) = \dfrac{Y(\omega)}{F(\omega)}$ 求出系统的频率响应。

(4)若已知系统电路，系统的频率响应可以通过电路的零状态响应频域等效电路模型来求取。不需要列写电路的微分方程。

已知电路的基本元件电阻、电感、电容的时域特性为

$$v_R(t) = Ri_R(t), v_L(t) = L\frac{\mathrm{d}i_L(t)}{\mathrm{d}t}, i_C(t) = C\frac{\mathrm{d}v_C(t)}{\mathrm{d}t} \tag{4-55}$$

根据傅里叶变换时域微分特性，在零状态下有

$$V_R(\omega) = RI_R(\omega), V_L(\omega) = \mathrm{j}\omega LI_L(\omega), I_C(\omega) = \mathrm{j}\omega CV_C(\omega) \tag{4-56}$$

故电路基本元件电阻、电感、电容的零状态响应频域等效模型为

$$Z_R = \frac{V_R(\omega)}{I_R(\omega)} = R, Z_L = \frac{V_L(\omega)}{I_L(\omega)} = \mathrm{j}\omega L, Z_C = \frac{V_C(\omega)}{I_C(\omega)} = \frac{1}{\mathrm{j}\omega C} \tag{4-57}$$

其中 Z_R, Z_L, Z_C 分别表示电阻、电感、电容的广义阻抗。

【例 4-18】 求出下列系统的频率响应 $H(\omega)$。

$$\frac{\mathrm{d}^2 y(t)}{\mathrm{d}t^2} + 3\frac{\mathrm{d}y(t)}{\mathrm{d}t} + 2y(t) = x(t)$$

解 对微分方程两边取傅里叶变换得

$$\frac{Y(\omega)}{X(\omega)} = H(\omega) = \frac{1}{(\mathrm{j}\omega)^2 + 3(\mathrm{j}\omega) + 2}$$

在数字信号处理课程中将会学习到，三阶归一化巴特沃斯滤波器频率响应为

$$H(\omega) = \frac{1}{(\mathrm{j}\omega)^3 + 2(\mathrm{j}\omega)^2 + 2(\mathrm{j}\omega) + 1}$$

用 MATLAB 绘制其频响特性的程序为 ep4_12. m，频谱如图 4-49 所示。

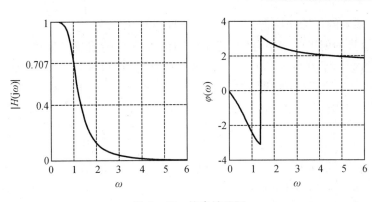

图 4 - 49　仿真结果图

ep4_12. m 程序清单

```
clear all;close all;clc;clf;
w = linspace(0,6,200);
b = [1];a = [1,2,2,1];
H = freqs(b,a,w);%求频率响应
subplot(1,2,1);plot(w,abs(H));grid on;axis square;
set(gca,'xtick',[0,1,2,3,4,5,6]);set(gca,'ytick',[0,0.4,0.707,1]);
xlabel('\omega');ylabel('|H(j\omega)|');
subplot(1,2,2);plot(w,angle(H));grid on;axis square;
set(gca,'xtick',[0,1,2,3,4,5,6]);xlabel('\omega');ylabel('\phi(\omega)');
```

【例 4 - 19】　如图 4 - 50(a)所示的 RC 电路系统中,若激励电压源为 $f(t)$,输出电压 $y(t)$ 为电容两端的电压 $v_C(t)$,电路的初始状态为零。求系统的频响特性 $H(\omega)$。

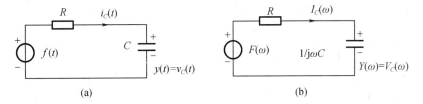

图 4 - 50　例 4 - 19 电路图

解　系统的频域等效模型如图 4 - 50(b)所示,根据基尔霍夫电压定律有

$$H(\omega) = \frac{Y(\omega)}{F(\omega)} = \frac{\dfrac{1}{j\omega C}}{R + \left(\dfrac{1}{j\omega C}\right)} = \frac{\dfrac{1}{RC}}{j\omega + \left(\dfrac{1}{RC}\right)}$$

4.6.2　信号通过 LTI 系统响应的频域分析

本小节从基本的连续非周期信号和基本的连续周期信号出发,在频域分析信号经过 LTI 系统的零状态响应,得出任意连续非周期信号和连续周期信号经过 LTI 系统零状态响应的一般求解方法。

4.6.2.1　基本的连续非周期信号作用于 LTI 系统的响应

由非周期信号的傅里叶变换可知,若非周期信号 $f(t)$ 的傅里叶变换存在,则非周期信号 $f(t)$ 可由虚指数信号 $f(t) = e^{j\omega t}(-\infty < t < \infty)$ 的线性组合表示。因此,基本的连续非周期信号是角频率为 ω 的虚指数信号 $f(t) = e^{j\omega t}(-\infty < t < \infty)$。当虚指数信号 $f(t)$ 作用于系统时,系统的零状态响应 $y(t)$ 为

$$y(t) = e^{j\omega t} * h(t) = \int_{-\infty}^{\infty} e^{j\omega(t-\tau)} h(\tau)\mathrm{d}\tau = e^{j\omega t}\int_{-\infty}^{\infty} e^{-j\omega\tau} h(\tau)\mathrm{d}\tau = e^{j\omega t} H(\omega) \qquad (4-58)$$

可见,虚指数信号 $f(t) = e^{j\omega t}(-\infty < t < \infty)$ 作用于 LTI 系统时,系统的零状态响应仍为同频率的虚指数信号,不同的是响应比激励多乘一个与时间 t 无关的系统函数 $H(\omega)$,系统对输入信号的影响仅仅体现在信号的幅度与相位上。$H(\omega)$ 反映了 LTI 系统对不同频率信号的响应特性。

4.6.2.2　任意的连续非周期信号 $f(t)$ 作用于 LTI 系统的响应

由傅里叶变换的定义可知,在满足绝对可积的条件下,任意的连续非周期信号 $f(t)$ 的虚指数线性组合形式为

$$f(t) = \frac{1}{2\pi}\int_{-\infty}^{\infty} F(\omega) e^{j\omega t}\mathrm{d}\omega \qquad (4-59)$$

$f(t)$ 作用于 LTI 系统的零状态响应为

$$y(t) = \frac{1}{2\pi}\int_{-\infty}^{\infty} F(\omega) e^{j\omega t}\mathrm{d}\omega H(\omega) = \frac{1}{2\pi}\int_{-\infty}^{\infty} F(\omega) H(\omega) e^{j\omega t}\mathrm{d}\omega \qquad (4-60)$$

式(4-60)是任意的连续非周期信号 $f(t)$ 作用于 LTI 系统零状态响应的通式。直接利用该式求解零状态响应 $y(t)$ 非常麻烦。根据系统的频率响应定义,系统零状态响应的频域解为

$$Y(\omega) = H(\omega) F(\omega) \qquad (4-61)$$

利用式(4-61)在频域求出 $Y(\omega)$ 后,通过傅里叶逆变换即可得到系统零状态响应的时域解 $y(t)$。

由上面的学习可见,系统的频域分析法与时域分析法存在相似之处。在时域分析法中是把信号分解为无穷多个冲激信号之和,即把冲激信号作为单元信号,然后求取各单元信号作用于系统的响应,再进行叠加;而在频域分析法中则是把信号分解为无穷多个无时限虚指数信号之和。即把虚指数信号作为单元信号,然后求取各个单元信号作用于系统的响应,再进行叠加。因此,这两种分析法只不过是采用单元信号不同。卷积分析法是直接在时域中求解系统的零状态响应,而傅里叶变换分析法则是在频域中求解系统的零状态响应的傅里叶变换后,再反变换到时域中去。这两种分析方法通过傅里叶变换时域卷积定理完美地联系起来。

【例4-20】　已知线性系统的微分方程为

$$y''(t) + 3y'(t) + 2y(t) = 3f'(t) + 4f(t)$$

系统的激励信号 $f(t) = e^{-3t}u(t)$,求系统的零状态响应 $y(t)$。

解　系统微分方程的频域表示形式为

$$[(j\omega)^2 + 3(j\omega) + 2]Y(\omega) = [3(j\omega) + 4]X(\omega)$$

系统的频率响应为

$$H(\omega) = \frac{Y(\omega)}{X(\omega)} = \frac{3(j\omega) + 4}{(j\omega)^2 + 3(j\omega) + 2} = \frac{3(j\omega) + 4}{(j\omega + 1)(j\omega + 2)}$$

激励信号 $f(t)$ 的频谱为

$$F(\omega) = \frac{1}{j\omega + 3}$$

因此,系统零状态响应 $y(t)$ 的频谱 $Y(\omega)$ 为

$$Y(\omega) = H(\omega)F(\omega) = \frac{3(j\omega) + 4}{(j\omega + 1)(j\omega + 2)(j\omega + 3)} = \frac{1/2}{(j\omega + 1)} + \frac{2}{(j\omega + 2)} - \frac{5/2}{(j\omega + 3)}$$

经傅里叶逆变换后,得到系统零状态响应 $y(t)$ 为

$$y(t) = \left[\frac{1}{2}e^{-t} + 2e^{-2t} - \frac{5}{2}e^{-3t}\right]u(t)$$

4.6.2.3 基本的连续周期信号作用于 LTI 系统的响应

由周期信号的傅里叶级数可知,若周期信号 $f(t)$ 的傅里叶级数存在,则周期信号 $f(t)$ 可由基波及各次谐波的正弦、余弦分量线性组合表示。因此,基本的连续周期信号是角频率为 ω_0 的正弦信号 $f(t) = \sin(\omega_0 t + \theta)$ $(-\infty < t < \infty)$ 或余弦信号 $f(t) = \cos(\omega_0 t + \theta)$ $(-\infty < t < \infty)$。

设 LTL 系统的激励信号为

$$f(t) = \sin(\omega_0 t + \theta) \quad (-\infty < t < \infty)$$

由欧拉公式可以得到

$$f(t) = \frac{1}{2j}\left[e^{j(\omega_0 t + \theta)} - e^{-j(\omega_0 t + \theta)}\right]$$

由式(4-57)可得到系统的零状态响应 $y(t)$ 为

$$y(t) = \frac{1}{2j}\left[H(\omega_0)e^{j(\omega_0 t + \theta)} - H(-\omega_0)e^{-j(\omega_0 t + \theta)}\right] \qquad (4-62)$$

当 $h(t)$ 是实函数时,根据傅里叶变换的共轭对称性有 $H(\omega) = H^*(-\omega)$, $|H(\omega_0)| = |H(-\omega_0)|$, $\varphi(\omega_0) = -\varphi(-\omega_0)$,所以式(4-62)可简化为

$$y(t) = \frac{1}{2j}\left[|H(\omega_0)|e^{j\varphi(\omega_0)}e^{j(\omega_0 t + \theta)} - |H(\omega_0)|e^{-j\varphi(\omega_0)}e^{-j(\omega_0 t + \theta)}\right] \qquad (4-63)$$

$$y(t) = \text{Im}\left[H(\omega_0)e^{j(\omega_0 t + \theta)}\right] = |H(\omega_0)|\sin(\omega_0 t + \varphi(\omega_0) + \theta) \qquad (4-64)$$

其中 $|H(\omega_0)|$ 和 $\varphi(\omega)$ 分别表示系统的幅度响应和相位响应。

同理,可求出余弦激励信号 $f(t) = \cos(\omega_0 t + \theta)$ 作用于 LTI 系统的零状态响应

$$y(t) = \text{Re}\left[H(\omega_0)e^{j(\omega_0 t + \theta)}\right] = |H(\omega_0)|\cos(\omega_0 t + \varphi(\omega_0) + \theta) \qquad (4-65)$$

由式(4-64)、式(4-65)可见,正、余弦信号作用于 LTI 系统时,输出的零状态响应仍为同频率的信号,且为稳态响应。输出信号的幅度由系统的幅度函数 $|H(\omega_0)|$ 确定,输出信号的相位相对于输入信号偏移了 $\varphi(\omega_0)$,因此输出信号相对于输入信号延迟了 $-\dfrac{\varphi(\omega_0)}{\omega_0}$。

【例4-21】 在例4-19的电路系统中,若激励信号

$$f(t) = \cos(5t) + \cos(100t)$$

用 MATLAB 观察激励信号波形及响应波形。

解 仿真程序为 ep4_13.m,仿真波形如图4-51所示。

由图4-51可见,该系统是低通滤波系统,对于正弦激励信号,系统响应为正弦稳态响应。

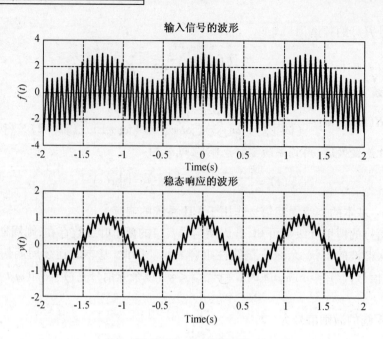

图 4 - 51　仿真结果图

ep4_13. m 程序清单

clear all;close all;clc;clf;

%求正弦稳态响应

RC = 0. 04;t = linspace(- 2,2,2024);w1 = 5;w2 = 100;

H1 = (1/RC)/(j * w1 + 1/RC);H2 = (1/RC)/(j * w2 + 1/RC);

ft = cos(5 * t) + 2 * cos(100 * t);

yt = abs(H1) * cos(w1 * t + angle(H1)) + abs(H2) * cos(w2 * t + angle(H2));%算法

subplot(2,1,1);plot(t,ft);grid on;xlabel('Time(s)');ylabel('f(t)');title('输入信号的波形');

subplot(2,1,2);plot(t,yt);grid on;xlabel('Time(s)');ylabel('y(t)');title('稳态响应的波形');

4.6.2.4　任意的连续周期信号作用于 LTI 系统的响应

设 $f(t)$ 是周期为 T_0 的周期信号,其傅里叶级数展开为 $f(t) = \sum_{n=-\infty}^{\infty} F_n \mathrm{e}^{jn\omega_0 t}$。对其中的每个分量 $\mathrm{e}^{jn\omega_0 t}(-\infty < t < \infty)$ 求通过系统的零状态响应,然后叠加,即可得到 $f(t)$ 系统的零状态响应。由式(4 - 58)及系统的线性特性可得到周期信号 $f(t)$ 的系统零状态响应为

$$f(t) = \sum_{n=-\infty}^{\infty} F_n H(n\omega_0) \mathrm{e}^{jn\omega_0 t} \quad (-\infty < t < \infty) \tag{4 - 66}$$

若 $f(t),h(t)$ 为实函数,则有

$$F_n = F_{-n}^{*}, H(\omega) = H^{*}(-\omega) \tag{4 - 67}$$

由式(4 - 66)、式(4 - 67)得到

$$f(t) = F_0 H(0) + \sum_{n=-\infty}^{-1} F_n H(n\omega_0) \mathrm{e}^{jn\omega_0 t} + \sum_{n=1}^{\infty} F_n H(n\omega_0) \mathrm{e}^{jn\omega_0 t}$$

$$= F_0 H(0) + \sum_{n=1}^{\infty} \left[F_{-n} H(-n\omega_0) \mathrm{e}^{-\mathrm{j}n\omega_0 t} + F_n H(n\omega_0) \mathrm{e}^{\mathrm{j}n\omega_0 t} \right]$$

$$= F_0 H(0) + 2 \sum_{n=1}^{\infty} \mathrm{Re} \left[F_n H(n\omega_0) \mathrm{e}^{\mathrm{j}n\omega_0 t} \right] \quad (-\infty < t < \infty) \tag{4-68}$$

【例 4 - 22】 求如图 4 - 52 所示周期方波信号通过例 4 - 19 电路系统的响应 $y(t)$ ，并进行 MATLAB 仿真。

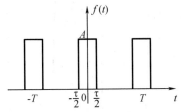

图 4 - 52 例 4 - 22 图

解 如图 4 - 47 所示周期方波信号的傅里叶系数为

$$F_n = \frac{A\tau}{T_0} \mathrm{Sa}\left(\frac{n\omega_0 \tau}{2} \right)$$

电路系统的系统函数为

$$H(\omega) = \frac{\dfrac{1}{RC}}{\mathrm{j}\omega + \left(\dfrac{1}{RC} \right)} = \frac{1}{1 + \mathrm{j}\omega RC}$$

由式(4 - 68)可得到周期信号经过系统的零状态响应为

$$y(t) = F_0 H(0) + 2 \sum_{n=1}^{\infty} \mathrm{Re} \left[F_n H(n\omega_0) \mathrm{e}^{\mathrm{j}n\omega_0 t} \right]$$

$$= F_0 H(\mathrm{j}0) + 2 \sum_{n=1}^{\infty} \left\{ \frac{A\tau}{T_0} \mathrm{Sa}\left(\frac{n\omega_0 \tau}{2} \right) \mathrm{Re} \left[\frac{\mathrm{e}^{\mathrm{j}n\omega_0 t}}{1 + \mathrm{j}nRC\omega_0} \right] \right\}$$

若假定 $A = 1, \tau = 2, T = 4$ ，则 $\omega_0 = 0.5\pi$ 、 $F_n = 0.5\mathrm{Sa}(0.5\pi n)$ ，系统的零状态响应简化为

$$y(t) = 0.5 + \sum_{n=1}^{\infty} \left\{ \mathrm{Sa}(0.5\pi n) \mathrm{Re} \left[\frac{\mathrm{e}^{\mathrm{j}n\omega_0 t}}{1 + \mathrm{j}nRC\omega_0} \right] \right\}$$

设 $RC = 0.1$ ，对系统进行仿真，仿真程序为 ep4_14. m ，仿真结果如图 4 - 53 所示。

ep4_14. m 程序清单

```
clear all;close all;clc;clf;
T = 4;w0 = 2 * pi/T;RC = 0.1;t = -6:0.01:6;
N = 51;% 设置傅里叶系数最大值
F0 = 0.5;xN = F0 * ones(1,length(t));
for n = 1:2:N
    H = abs(1/(1 + j * RC * w0 * n));phi = angle(1/(1 + j * RC * w0 * n));
    xN = xN + H * cos(w0 * n * t + phi) * sinc(n * 0.5);
end
plot(t,xN);title(['RC = ',num2str(RC)]);
xlabel('t(s)');ylabel('y(t)');
```

set(gca,'xtick',[−5, −3, −1,0,1,3,5]);
set(gca,'ytick',[0,0.5,1]);

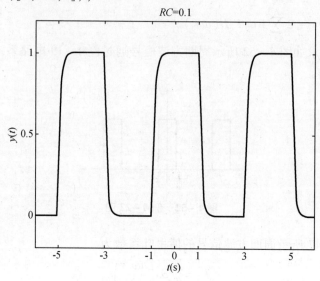

图 4 −53　仿真结果图

4.6.3　无失真传输系统

信号通过系统后,有时不希望产生失真,例如通信系统中对信号的放大或衰减;有时希望产生预定的失真,例如脉冲技术中的整形电路。下面讨论系统对信号无失真传输时,应该具有怎样的时域和频域特性。

4.6.3.1　线性系统引起信号失真的原因

由于通信信道带宽的限制和干扰的作用,信号在传输过程中往往会产生失真,即时域中系统的响应波形与激励波形不一致。在不考虑信道干扰的情况下,信号通过线性系统时产生失真的因素有两个:

(1)幅度失真,系统对信号中各频率分量的幅度产生不同程度的衰减,引起幅度失真。

(2)相位失真,系统对各频率分量产生的相移与频率不成正比,造成各频率分量在时间轴上的相对位置变化,引起相位失真。

需要说明的是,线性系统的幅度失真和相位失真都不会产生新的频率分量,而非线性系统的非线性失真可能产生新的频率分量,这一点与线性系统有着本质的区别。信号通过线性系统时产生的失真取决于系统本身的传输特性,即系统的单位冲激响应 $h(t)$ 或频率特性 $H(\omega)$。

在不同的应用场合,对幅度失真和相位失真的要求不尽相同。由于人耳对相位失真敏感度较差,因而在语言传输的场合,人们主要关注的是幅度失真。它会明显影响语音传输的音质、音调和保真度,而相位失真在很大程度上不会影响语音的可懂性。

在实际应用中信号的失真有正反两方面:(1)如果有意识地利用系统进行波形变换,则要求信号通过系统后必须产生失真。(2)如果要进行原信号的传输,则要求传输过程中信号失真最小,此时需要研究系统无失真传输信号的条件。

4.6.3.2　无失真传输的条件

系统对于信号的作用大体可分为两类:一类是信号的传输,一类是滤波。传输要求信号尽量不失真,而滤波则滤去或削弱不需要有的成分,必然伴随着失真。

信号无失真传输是指系统的输出信号与输入信号相比,输出信号只在信号幅度上和时间上与输入信号有变化,而两者在波形上无任何变化。需要注意的是波形在幅度上的放大和缩小以及在时间轴上的平移并不改变波形形状。

若输入信号为 $f(t)$,根据无失真传输的定义,无失真传输系统的输出信号 $y(t)$ 应为

$$y(t) = Kf(t - t_0) \qquad (4-69)$$

式中:K 为常数;t_0 为系统输出响应 $y(t)$ 相对于激励 $f(t)$ 的延迟时间,通常 $t_0 > 0$。系统无失真传输的输入/输出信号波形如图 4 - 54 所示。

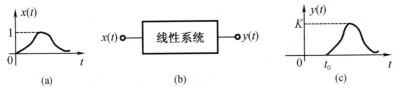

图 4 - 54 无失真传输的时域波形

对式(4 - 69)两边取傅氏变换,得

$$Y(\omega) = Ke^{-j\omega t_0}F(\omega) = H(\omega)F(\omega)$$

因此无失真传输系统的频率响应为

$$H(\omega) = Ke^{-j\omega t_0}$$

对应的幅频特性和相频特性为

$$|H(\omega)| = K, \varphi(\omega) = -\omega t_0$$

幅频特性和相频特性的频谱图如图 4 - 55 所示。

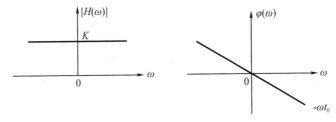

图 4 - 55 无失真传输系统的频谱特性

由图 4 - 55 可知,要实现信号的无失真传输,无失真传输系统应满足两个条件:

(1)系统的幅频特性 $|H(\omega)|$ 为全通特性,即在整个频率范围内为常数 K;

(2)系统的相频特性 $\varphi(\omega)$ 在整个频率范围内与 ω 成正比,且是一条斜率为 $-t_0$ 的通过坐标原点的直线。

例如:当输入信号为

$$e(t) = E_1\sin\omega_1 t + E_2\sin(2\omega_1 t)$$

通过系统后输出为

$$r(t) = kE_1\sin(\omega_1 t - \varphi_1) + kE_2\sin(2\omega_1 t - \varphi_2)$$
$$= kE_1\sin\left[\omega_1\left(t - \frac{\varphi_1}{\omega_1}\right)\right] + kE_2\sin\left[2\omega_1\left(t - \frac{\varphi_2}{2\omega_1}\right)\right]$$

为了使基波与二次谐波得到相同的延迟时间,以保证不产生相位失真,应有

$$\frac{\varphi_1}{\omega_1} = \frac{\varphi_2}{2\omega_1} = t_0$$

上式中 t_0 为常数。无失真传输系统只是理论上的定义,在实际应用中是无法实现的。系统实现无失真传输的条件只能作为理想的标准,实际的传输系统可以与它进行对比,指标与之越近,实际的传输系统就越接近理想。在实际应用中,如果系统在信号带宽范围内具有较平坦的幅频特性和正比于 ω 的相频特性,就可以将系统近似地认为是无失真传输系统。

4.6.4 理想滤波器

一般情况下,信号经过系统后其频率分量都会有所改变,任何一个系统都有意或无意地起到了滤波的作用。专门的滤波器可以使信号中的一部分频率分量通过系统,而使另一部分频率分量很少通过系统。在实际应用中,按照系统允许通过的信号频率范围划分,滤波器可分为低通、高通、带通和带阻等多种类型。完全符合无失真传输条件的滤波器称为理想滤波器。图 4–56 给出了 4 种常见的理想滤波器幅频特性。

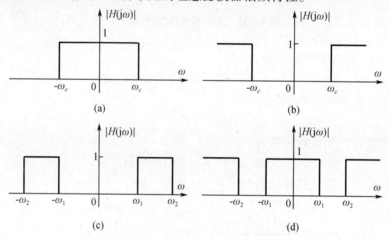

图 4–56 理想滤波器的幅频特性
(a)低通;(b)高通;(c)带通;(d)带阻

在图 4–56 中, ω_c 是低通滤波器和高通滤波器的截频(截止频率), ω_1 和 ω_2 是带通滤波器和带阻滤波器的截频, ω_1 称为下截止频率, ω_2 称为上截止频率。

在信号与系统分析中,理想低通滤波器是最常使用的滤波器类型。下面以理想低通滤波器为例,讨论其频率响应特性及响应特点,其他类型滤波器的分析方法与之类似,不做介绍。

4.6.4.1 理想低通滤波器

理想低通滤波器是指通带范围在 $0 \sim \omega_c$ 的滤波器。其幅度特性 $|H(\omega)|$ 的值在通带范围内恒为 1,在通带范围外为 0;其相频特性 $\varphi(\omega)$ 在通带范围内与 ω 成线性关系。理想低通滤波器的频率响应为

$$H(\omega) = |H(j\omega)| e^{j\varphi(\omega)} = \begin{cases} e^{-j\omega t_0} & |\omega| < \omega_c \\ 0 & |\omega| > \omega_c \end{cases}$$

其中

$$|H(j\omega)| = \begin{cases} 1 & |\omega| < \omega_c \\ 0 & |\omega| > \omega_c \end{cases}, \varphi(\omega) = -\omega t_0$$

频响特性如图 4 - 57 所示。

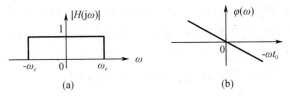

(a)   (b)

图 4 - 57 理想低通滤波器的频率特性

(a)幅频特性;(b)相频特性

理想低通滤波器无失真传输频率低于 ω_c 的信号分量,阻止频率高于 ω_c 的信号分量信号通过系统。从 0 到 ω_c 的频带称为滤波器的通带,从 ω_c 到无穷的频带称为滤波器的阻带。由于理想低通滤波器的通频带不为无穷大,而是有限值,故称为带限系统。信号通过带限系统时,会产生失真,失真程度取决于带限系统的频带宽度和信号的频带宽度之间的关系,即信号与系统的频率匹配关系。作为理想低通滤波器,其通带的宽窄是相对于输入信号频带宽度而言的,当系统的通带宽度大于传输信号的带宽时,就可以认为系统的频带足够宽,信号通过时就可以近似认为是无失真传输。

4.6.4.2 理想低通滤波器的冲激响应

由于系统函数 $H(\omega)$ 为系统冲激响应 $h(t)$ 的傅里叶变换,因而,理想低通滤波器的冲激响应为:

$$h(t) = \text{IFT}[H(\omega)] = \frac{1}{2\pi}\int_{-\infty}^{\infty} e^{-j\omega(t-t_0)}d\omega = \frac{\omega_c}{\pi}\text{Sa}[\omega_c(t-t_0)]$$

波形如图 4 - 58 所示。

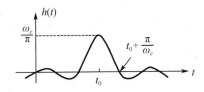

图 4 - 58 理想低通滤波器的冲激响应

由图 4 - 58 可以看出:(1)响应出现了失真。理想低通滤波器的单位冲激响应 $h(t)$ 是一个抽样函数,其波形与输入信号 $\delta(t)$ 的波形存在很大差异,产生了很大失真。这是因为理想低通滤波器是一个带限系统,而单位冲激信号 $\delta(t)$ 的频谱函数为 1,其带宽为无穷大,它们的带宽显然很不匹配,所以必然产生失真。(2)截频 ω_c 趋近于 ∞ 时,可实现信号的无失真传输。截频 ω_c 越小,即理想低通滤波器的带宽越窄,则其单位冲激响应 $h(t)$ 的主瓣宽度 $(t_0 + \pi/\omega_c) - (t_0 - \pi/\omega_c) = 2\pi/\omega_c$ 就越大,失真也越大。反之,截频 ω_c 越大,即理想低通滤波器的带宽越宽,则其单位冲激响应 $h(t)$ 的主瓣宽度就越小,失真也越小。当 $\omega_c \to \infty$ 时,冲激响应 $h(t) = \delta(t - t_0)$,理想低通滤波器成为无失真传输系统,抽样信号变为冲激信号。(3)响应出现了延迟。冲激响应 $h(t)$ 的最大峰值出现在 t_0 时刻,比激励信号 $\delta(t)$ 的作用时刻 $t = 0$ 延迟了时间 t_0,t_0 正好是理想低通滤波器相频特性的斜率。可见,响应的延迟时间是由系统的相频特性决定的。(4)$t < 0$ 时,$h(t)$ 也存在输出,因此理想低通滤波器是一个非因果系统,在物理上是不可实现的。事实上,所有的理想滤波器都是物理上不可实现的。

通过上面的分析,可以得到信号经过理想低通滤波器后产生的响应具有以下特点:

(1)输出响应的延迟时间取决于理想低通滤波器相频特性的斜率。

(2)激励信号中如果存在不连续点,则响应会在输入信号不连续点处产生逐渐上升或下降的波形,上升或下降的时间与理想低通滤波器的通带宽度成反比。

(3)理想低通滤波器的通带宽度与输入信号的带宽不相匹配时,输出就会失真。系统的通带宽度大于信号的带宽,则失真越小,反之,则失真越大。

思考题

4-1　什么是连续谱?什么是离散谱?信号的幅度频谱和相位频谱的物理意义是什么?

4-2　周期信号的频谱有何特点?它与信号的时间波形有何联系?

4-3　系统对周期信号的响应,既可用傅里叶级数方法分析,也可以用傅里叶变换方法分析。试比较二者的异同,说明二者的关系。

4-4　信号的频谱特性与时域特性之间有哪些对应关系?

4-5　信号的频域运算与时域运算之间有哪些对应关系?

4-6　频域分析方法的基本思路是什么?该思路与时域分析方法有何异同之处?

4-7　何谓频率响应?不同类型信号经过系统后的频率响应各有什么特点?

4-8　滤波网络有哪些类型,各有什么特点?

4-9　理想滤波器与实际滤波器有何不同?

4-10　抽样定理有什么实际意义,包含哪些内容?

习题

4-1　图 4-59 给出冲激序列 $\delta_{T_0}(t) = \sum_{k=-\infty}^{\infty} \delta(t - kT_0)$。求 $\delta_{T_0}(t)$ 的指数傅里叶级数和三角傅里叶级数。

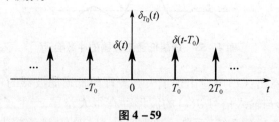

图 4-59

4-2　周期信号 $f(t)$ 的双边频谱如图 4-60 所示,求其三角函数表示式。

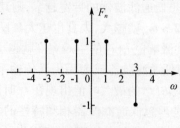

图 4-60

4-3　周期矩形信号如图 4-61 所示。若重复频率 $f = 5$ kHz,脉宽 $\tau = 20$ μs,幅度

$E = 10$ V。求直流分量大小以及基波、二次和三次谐波的有效值。

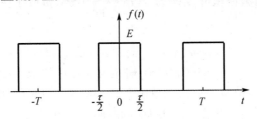

图 4 − 61

4 − 4　若周期矩形信号 $f_1(t)$ 和 $f_2(t)$ 波形如图 4 − 62 所示，$f_1(t)$ 的参数为 $\tau = 1.5$ μs，$T = 1$ μs，$E = 1$ V；$f_2(t)$ 的参数为 $\tau = 1.5$ μs，$T = 3$ μs，$E = 3$ V，分别求：

(1) $f_1(t)$ 的谱线间隔和带宽（第一零点位置），频率单位以 kHz 表示；

(2) $f_2(t)$ 的谱线间隔和带宽；

(3) $f_1(t)$ 与 $f_2(t)$ 的基波幅度之比；

(4) $f_1(t)$ 基波与 $f_2(t)$ 三次谐波幅度之比。

4 − 5　求下列函数的频谱：

$$(1) f(t) = \begin{cases} e^{-\alpha t} & (t \geqslant 0) \\ 0 & (t < 0) \end{cases}$$

$$(2) f(t) = e^{-\alpha|t|} \quad (-\infty < t < +\infty)$$

$$(3) f(t) = \sin(\omega_0 t)$$

4 − 6　计算下列信号的傅里叶变换。

(1) $e^{jt} \mathrm{sgn}(3 - 2t)$

(2) $\dfrac{\mathrm{d}}{\mathrm{d}t}[e^{-2(t-1)} u(t)]$

(3) $e^{2t} u(-t + 1)$

$$(4) \begin{cases} \cos\left(\dfrac{\pi t}{2}\right) & |t| < 1 \\ 0 & |t| > 1 \end{cases}$$

(5) $\dfrac{2}{t^2 + 4}$

(6) $\dfrac{\sin t}{t}$

4 − 7　若已知 $f(t)$ 的傅里叶变换为 $F(\omega)$，确定下列信号的傅里叶变换。

(1) $tf(2t)$

(2) $(t - 2)f(t)$

(3) $(t - 2)f(-2t)$

(4) $t\dfrac{\mathrm{d}f(t)}{\mathrm{d}t}$

4 − 8　信号波形如图 4 − 62 所示，若已知 $F[f_1(t)] = F_1(\omega)$，求 $f_1(t)$ 以 $\dfrac{t_0}{2}$ 为轴反褶后所得 $f_2(t)$ 的频谱。

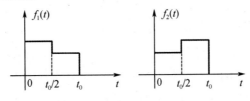

图 4 − 62

4-9 已知阶跃函数傅里叶变换为 $u(t) \leftrightarrow \dfrac{1}{\mathrm{j}\omega} + \pi\delta(\omega)$;正弦、余弦函数的傅里叶变换为

$$\cos(\omega_0 t) \leftrightarrow \pi[\delta(\omega + \omega_0) + \delta(\omega - \omega_0)]$$
$$\sin(\omega_0 t) \leftrightarrow \mathrm{j}\pi[\delta(\omega + \omega_0) - \delta(\omega - \omega_0)]$$

求单边正弦 $\sin(\omega_0 t)u(t)$ 和单边余弦 $\cos(\omega_0 t)u(t)$ 的傅里叶变换。

4-10 求图 4-63 所示频谱 $F(\omega)$ 对应的时间信号 $f(t)$。

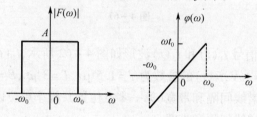

图 4-63

4-11 求图 4-64 所示频谱 $F(\omega)$ 对应的时间信号 $f(t)$。

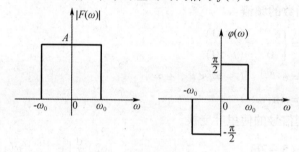

图 4-64

4-12 用傅里叶变换的性质求图 4-65 所示锯齿脉冲的频谱。

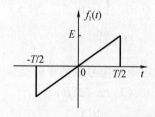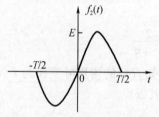

图 4-65

4-13 图 4-66 所示信号 $f(t)$,已知其傅里叶变换式 $\mathrm{FT}[f(t)] = F(\omega) = |F(\omega)|\mathrm{e}^{\mathrm{j}\varphi(\omega)}$,利用傅里叶变换的性质(不作积分运算),求:

(1) $\varphi(\omega)$

(2) $F(0)$

(3) $\displaystyle\int_{-\infty}^{\infty} F(\omega)\,\mathrm{d}\omega$

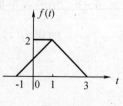

图 4-66

4-14 $F(\omega)$ 如图 4-67 所示。若 $FT[f(t)] = F(\omega)$，$p(t)$ 是周期信号，基波频率为 ω_0，令 $f_p(t) = f(t)p(t)$，当 $p(t)$ 为下列信号时，求 $f_p(t)$ 的频谱 $F_p(\omega)$。

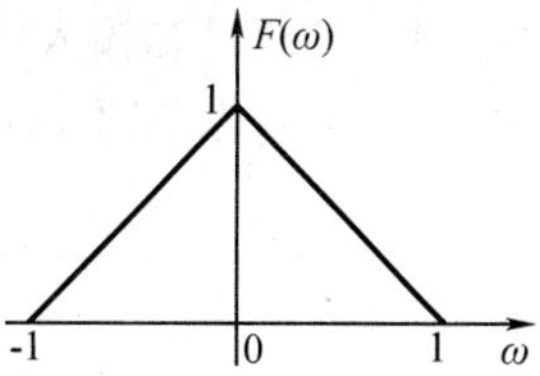

(1) $p(t) = \cos t$

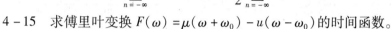

(2) $p(t) = \sum\limits_{n=-\infty}^{\infty} \delta(t - \pi n)$

(3) $p(t) = \cos(2t)$

(4) $p(t) = \sum\limits_{n=-\infty}^{\infty} \delta(t - 2\pi n) - \frac{1}{2} \sum\limits_{n=-\infty}^{\infty} \delta(t - \pi n)$

图 4-67

4-15 求傅里叶变换 $F(\omega) = \mu(\omega + \omega_0) - u(\omega - \omega_0)$ 的时间函数。

4-16 求信号 $\mathrm{Sa}(100t)$ 和 $\mathrm{Sa}^2(100t)$ 的最低抽样率与奈奎斯特间隔。

4-17 信号 $f(t) = \mathrm{Sa}(100\pi t)[1 + Sa(100\pi t)]$，若对其进行冲激取样，求使频谱不发生混叠的最低取样频率 f_s。

4-18 试求图 4-68 中电路的输出电压 $v_2(t)$ 对于输入信号 $i_s(t)$ 的系统函数 $H(\omega)$，为了能无失真地传输，试确定电阻 R_1 和 R_2 的数值。

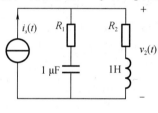

图 4-68

4-19 利用傅里叶变换性质，求图 4-69 中信号的傅里叶变换。

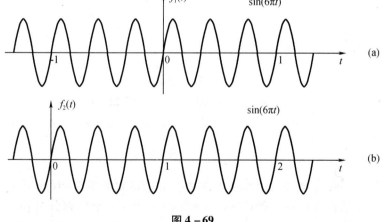

图 4-69

4-20 假如一个 LTI 系统对于输入信号 $x(t) = [e^{-t} + e^{-3t}]u(t)$ 的响应为 $x(t) = [2e^{-t} - 2e^{-4t}]u(t)$。

(1) 求该系统的频率响应 $H(\omega) = \dfrac{Y(\omega)}{X(\omega)}$；

(2) 试确定该系统的冲激响应。

4-21 已知输入信号 $x(t)$ 的频谱函数 $X(\omega)$ 如图 4-70 所示,试求图中所示系统的输出信号 $y(t)$ 的频谱函数。

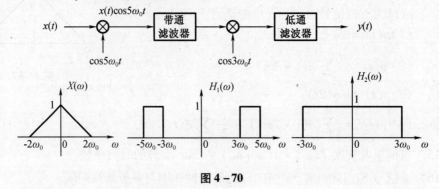

图 4-70

4-22 已知理想高通滤波器的频率特性为

$$H(j\omega) = \begin{cases} e^{-j2\omega}, & |\omega| > 4\pi \\ 0, & |\omega| < 4\pi \end{cases}$$

(1)试求该滤波器的单位冲激响应 $h(t)$;

(2)输入 $f(t) = \mathrm{Sa}(6\pi t)$,$-\infty < t < \infty$,求输出 $y(t)$。

4-23 理想 $90°$ 相移器的频率响应定义为

$$H(j\omega) = \begin{cases} e^{-j\frac{\pi}{2}} & |\omega| > 0 \\ e^{j\frac{\pi}{2}} & |\omega| < 0 \end{cases}$$

(1)试求系统的单位冲激响应 $h(t)$;

(2)输入为 $f(t) = \sin\omega_0 t$,$-\infty < t < \infty$,求系统的输出 $y(t)$;

(3)试求系统对任意输入 $f(t)$ 的输出 $y(t)$。

上机题

4-1 电路如图 4-71 所示。

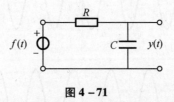

图 4-71

(1)对不同的 RC 值,用 freqs 函数画出系统的幅频曲线 $|H(j\omega)|$。

(2)信号 $f(t) = \cos(100t) + \cos(3000t)$ 包含了一个低频分量和一个高频分量。试确定适当的 RC 值,滤除信号 $f(t)$ 中的高频分量并画出信号 $f(t)$ 和滤波后的信号 $y(t)$ 在 $t = 0 \sim 0.2$ s 范围内的波形。

4-2 $f_1(t)$ 和 $f_2(t)$ 如图 4-72 所示。

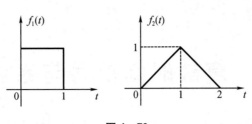

图 4 – 72

(1) 取 $t = 0:0.005:2.5$，计算信号 $f(t) = f_1(t) + f_2(t)\cos(50t)$ 的值并画出波形。

(2) 可实现的实际系统的 $|H(\mathrm{j}\omega)|$ 为

$$H(\mathrm{j}\omega) = \frac{10^4}{(\mathrm{j}\omega)^4 + 26.131(\mathrm{j}\omega)^3 + 3.4142 \times 10^2 (\mathrm{j}\omega)^2 + 2.6131 \times 10^3 (\mathrm{j}\omega) + 10^4}$$

用 freqs 函数画出 $|H(\mathrm{j}\omega)|$ 的幅度和相位曲线。

(3) 用 lsim 函数求出信号 $f(t)$ 和 $f(t)\cos(50t)$ 通过系统 $H(\omega)$ 的响应 $y_1(t)$ 和 $y_2(t)$，并根据理论知识解释所得的结果。

第5章 离散时间信号与系统的频域分析

在第4章中,我们学习了连续时间(CT)信号的频域分析方法(傅里叶分析方法):周期性信号的傅里叶级数(CTFS)分析和非周期性、周期性信号的傅里叶变换(CTFT)分析,给出了时域信号波形与频谱的对应关系,信号通过系统后产生的零状态响应特性等。本章我们利用类似的分析方法学习离散时间(DT)信号的频域分析方法,如周期性信号的傅里叶级数(DTFS)分析和非周期性、周期性信号的傅里叶变换(DTFT)分析等。

5.1 周期序列的傅里叶级数

周期序列也可以展成傅里叶级数形式。设 $\tilde{x}(n)$ 是周期为 N 的周期序列,将其展成指数形式的傅里叶级数,则 $\tilde{x}(n)$ 的基波分量为 $e_1(n) = a_1 \mathrm{e}^{\mathrm{j}(2\pi/N)n}$,$k$ 次谐波分量为 $e_k(n) = a_k \mathrm{e}^{\mathrm{j}(2\pi/N)kn}$。由于 $\mathrm{e}^{\mathrm{j}(2\pi/N)(k+N)n} = \mathrm{e}^{\mathrm{j}(2\pi/N)kn}$,周期序列 $\tilde{x}(n)$ 的离散时间傅里叶级数中只能有 N 个独立的谐波分量,即 $k = 0 \sim N-1$ 的 N 个独立的谐波分量,$k = 0$ 表示周期序列的直流成分。因此,$\tilde{x}(n)$ 的离散时间傅里叶级数(DTFS)展开式如下:

$$\tilde{x}(n) = \sum_{k=0}^{N-1} a_k \mathrm{e}^{\mathrm{j}\frac{2\pi}{N}kn} \tag{5-1}$$

为求系数 a_k,将上式两边同乘以 $\mathrm{e}^{-\mathrm{j}\frac{2\pi}{N}mn}$,并对 n 在一个周期 N 中求和,即

$$\sum_{n=0}^{N-1} \tilde{x}(n) \mathrm{e}^{-\mathrm{j}\frac{2\pi}{N}mn} = \sum_{n=0}^{N-1} \left[\sum_{k=0}^{N-1} a_k \mathrm{e}^{\mathrm{j}\frac{2\pi}{N}kn} \right] \mathrm{e}^{-\mathrm{j}\frac{2\pi}{N}mn} = \sum_{k=0}^{N-1} a_k \sum_{n=0}^{N-1} \mathrm{e}^{\mathrm{j}\frac{2\pi}{N}(k-m)n} \tag{5-2}$$

利用求和公式 $\sum_{n=0}^{N-1} a^n = \begin{cases} \dfrac{1-a^N}{1-a} & a \neq 1 \\ N & a = 1 \end{cases}$,可以求出上式中的

$$\sum_{n=0}^{N-1} \mathrm{e}^{\mathrm{j}\frac{2\pi}{N}(k-m)n} = \begin{cases} N & k = m \\ 0 & k \neq m \end{cases} \tag{5-3}$$

因此,由式(5-2)可得到

$$a_k = \frac{1}{N} \sum_{n=0}^{N-1} \tilde{x}(n) \mathrm{e}^{-\mathrm{j}\frac{2\pi}{N}kn} \quad 0 \leqslant k \leqslant N-1 \tag{5-4}$$

由于 $\mathrm{e}^{-\mathrm{j}\frac{2\pi}{N}kn}$ 是周期为 N 的周期函数,所以系数 a_k 也是周期函数。通常我们把式(5-1)和式(5-3)称为是一对 DTFS。为了将离散时间傅里叶级数(DTFS)与后续课程介绍中的离散傅里叶变换(DFT)相比较,令 $\tilde{X}(k) = Na_k$,则 $\tilde{X}(k)$ 也是周期为 N 的周期函数,因此有

$$\tilde{X}(k) = \sum_{k=0}^{N-1} \tilde{x}(n) \mathrm{e}^{-\mathrm{j}\frac{2\pi}{N}kn} \quad -\infty < k < \infty \tag{5-5}$$

式中 $\tilde{X}(k)$ 称为 $\tilde{x}(n)$ 的离散傅里叶级数系数,用 DFS(Discrete Fourier Series)表示。

用 $\frac{1}{N}\tilde{X}(k)$ 替代式(5-1)中的 a_k,得到

$$\tilde{x}(n) = \frac{1}{N}\sum_{k=0}^{N-1}\tilde{X}(k)e^{j\frac{2\pi}{N}kn} \qquad -\infty < n < \infty \qquad (5-6)$$

可见,DTFS 和 DFS 只是傅里叶级数系数相差 N 倍关系,二者无本质区别。式(5-4)和式(5-5)是一对 DFS,式(5-4)是 DFS 正变换公式,式(5-5)是 DFS 逆变换公式,可记为

$$\tilde{X}(k) = \mathrm{FS}[\tilde{x}(n)] = \mathrm{DFS}[\tilde{x}(n)] = \sum_{k=0}^{N-1}\tilde{x}(n)e^{-j\frac{2\pi}{N}kn} \qquad (5-7)$$

$$\tilde{x}(n) = \mathrm{IFS}[\tilde{X}(k)] = \mathrm{IDFS}[\tilde{X}(k)] = \frac{1}{N}\sum_{k=0}^{N-1}\tilde{X}(k)e^{j\frac{2\pi}{N}kn} \qquad (5-8)$$

其中 $\tilde{x}(n)$,$\tilde{X}(k)$ 都是以 N 为周期的周期性序列。逆变换公式表示将周期序列分解成 N 次谐波,第 k 个谐波频率为 $\omega_k = (2\pi/N)k$,$k = 0,1,2,\cdots,N-1$,幅度为 $\frac{1}{N}\tilde{X}(k)$;基波分量的频率是 $\frac{2\pi}{N}$,幅度是 $(1/N)\tilde{X}(1)$。正变换公式表示一个周期序列可以用其 DFS 表示它的频谱分布规律,其频谱是周期性离散频谱。

通常令 $W_N = e^{-j2\pi/N}$,W_N 称为旋转因子,则式(5-6)和式(5-7)又可以表示为

$$\tilde{X}(k) = \mathrm{FS}[\tilde{x}(n)] = \mathrm{DFS}[\tilde{x}(n)] = \sum_{k=0}^{N-1}\tilde{x}(n)W_N^{kn} \qquad (5-9)$$

$$\tilde{x}(n) = \mathrm{IFS}[\tilde{X}(k)] = \mathrm{IDFS}[\tilde{X}(k)] = \frac{1}{N}\sum_{k=0}^{N-1}\tilde{X}(k)W_N^{-kn} \qquad (5-10)$$

由于 $\tilde{X}(k)$ 与 $\tilde{x}(n)$ 都是以 N 为周期的,只要求出在任意一个周期之内的 N 个值,通过周期延拓即可得到其他值。在实际计算 DFS 时,通常将 $0,1,\cdots,N-1$ 这 N 个作为周期序列的主值区间。

【例 5-1】 求周期序列 $\tilde{x}(n) = \cos\left(\dfrac{n\pi}{6}\right)$ 的 DFS 系数。

解 由 $\omega_0 = \dfrac{\pi}{6}$ 可求出周期序列 $\tilde{x}(n)$ 的基波周期 $N = \dfrac{2\pi}{\omega_0} = 12$。利用欧拉公式,$\tilde{x}(n)$ 傅里叶级数可表示为

$$\tilde{x}(n) = \frac{1}{2}e^{j2\pi n/12} + \frac{1}{2}e^{-j2\pi n/12} = \frac{1}{12}(6W_{12}^n + 6W_{12}^{-n})$$

由于

$$\tilde{x}(n) = \frac{1}{N}\sum_{k=0}^{N-1}\tilde{X}(k)W_N^{-kn}$$

通过上面两式的比较,周期信号 $\tilde{x}(n)$ 的傅里叶级数在一个周期内只有两个谐波分量不为零,即 $\tilde{X}(-1) = \tilde{X}(1) = 6$,因此傅里叶系数可描述为

$$\tilde{X}(k) = \begin{cases} 6 & m = \pm 1 \\ 0 & -5 \leqslant m \leqslant 6, m \neq \pm 1 \end{cases}$$

由于 $\tilde{X}(k)$ 的周期 $N = 12$,在区间 $0 \leqslant m \leqslant 11$ 可将傅里叶系数表示为

$$\tilde{X}(k) = \begin{cases} 6 & m = 1,11 \\ 0 & m = 0, 2 \leqslant m \leqslant 10 \end{cases}$$

【例 5-2】 设 $x(n) = R_4(n)$,将 $x(n)$ 以 $N = 8$ 为周期进行周期延拓,得到周期序列 $\tilde{x}(n)$,周期为8,求 $\tilde{x}(n)$ 的 DFS。

解 $\tilde{x}(n)$ 的傅里叶系数为

$$\tilde{X}(k) = \sum_{n=0}^{N-1} \tilde{x}(n) e^{-j\frac{2\pi}{N}kn} = \sum_{n=0}^{7} \tilde{x}(n) e^{-j\frac{2\pi}{8}kn} = \sum_{n=0}^{3} e^{-j\frac{\pi}{4}n} = \frac{1 - e^{-j\frac{\pi}{4}k \cdot 4}}{1 - e^{-j\frac{\pi}{4}}} = \frac{1 - e^{-j\pi k}}{1 - e^{-j\frac{\pi}{4}k}}$$

$$= \frac{e^{-j\frac{\pi}{2}k}(e^{j\frac{\pi}{2}k} - e^{-j\frac{\pi}{2}k})}{e^{-j\frac{\pi}{8}k}(e^{j\frac{\pi}{8}k} - e^{-j\frac{\pi}{8}k})} = e^{-j\frac{3}{8}\pi k} \frac{\sin(\frac{\pi}{2}k)}{\sin(\frac{\pi}{8}k)}$$

其幅度为

$$|\tilde{x}(k)| = \left| \frac{\sin\frac{\pi}{2}k}{\sin\frac{\pi}{8}k} \right|$$

周期序列 $\tilde{x}(n)$ 及幅度特性 $|\tilde{x}(k)|$ 的波形如图 5 - 1 所示,仿真程序为 ep5_1. m,其中的 DFS 算法为自定义函数 dfs. m。

dfs. m 程序清单

```
function [Xk] = dfs(xn,N)
n = [0:1:N-1];
k = [0:1:N-1];
WN = exp(-j*2*pi/N);
nk = n'*k;
WNnk = WN.^nk;% DFS matrix
Xk = xn*WNnk;
```

ep5_1. m 程序清单

```
clear all;close all;clc;clf;
L = 4;N = 8;% 设置矩形序列长度及周期序列的周期
k = [-1.5*N:1.5*N]';
xn = [ones(1,L),zeros(1,N-L)];
xn1 = linspace(-1.5*N,1.5*N-1,3*N+1)';
xn1 = 0*xn1;
for m = -1:1
    xn1(k >= m*N&k <= m*N+L-1) = 1;
end
subplot(2,1,1);stem(k,xn1,'.');
xlabel('n');ylabel('x(n)');
title('周期信号(3 个周期)');
Xk = dfs(xn,N);% 求傅里叶级数
magXk = [Xk,Xk,Xk];
magXkd = abs([magXk(3*N/2+1:3*N),magXk(1:3*N/2+1)]);
subplot(2,1,2);stem(k,magXkd,'.');
xlabel('k');ylabel('X(k)');title('傅里叶级数(L=4,N=8)');
```

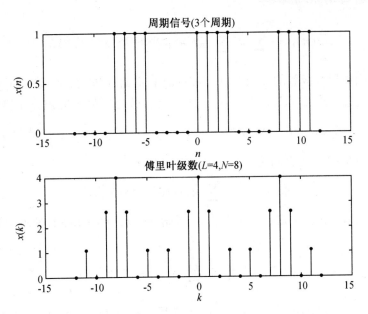

图 5 - 1 例 5 - 2 周期信号时域波形及傅里叶级数幅度谱

5.2 非周期序列的傅里叶变换

5.2.1 非周期序列的傅里叶变换

从离散时间傅里叶级数(DTFS)到离散时间傅里叶变换(DTFT)的转换和从连续时间傅里叶级数(CTFS)到连续时间傅里叶变换(CTFT)的转换相类似。

当周期为 N 的离散时间信号的周期趋于 ∞ 时,可展开为非周期离散时间信号。令 $F_0 = \Delta F = \dfrac{1}{N}$,则周期信号 $\tilde{x}(n)$ 的离散傅里叶级数表达式可写成

$$\tilde{x}(n) = \frac{1}{N} \sum_{k=0}^{N-1} \tilde{X}(k) e^{j2\pi(k\Delta F)n}$$

将傅里叶系数 $\tilde{X}(k)$ 的表达式代入上式,并在一个周期 N 内得到

$$\tilde{x}(n) = \frac{1}{N} \sum_{k=0}^{N-1} \left(\sum_{m=0}^{N-1} \tilde{x}(m) e^{-j2\pi(k\Delta F)m} \right) e^{j2\pi(k\Delta F)n} = \sum_{k=0}^{N-1} \left(\sum_{m=0}^{N-1} \tilde{x}(m) e^{-j2\pi(k\Delta F)m} \right) e^{j2\pi(k\Delta F)n} \Delta F$$

$$(5-11)$$

由于 k、m 可以取周期 N 内的任意范围,所以,令 $k_0 \leqslant k \leqslant k_0 + N - 1$、$N$ 为偶数时 $-\left(\dfrac{N}{2}\right) \leqslant m \leqslant \left(\dfrac{N}{2}\right) - 1$,$N$ 为奇数时 $-\dfrac{(N-1)}{2} \leqslant m \leqslant \dfrac{(N-1)}{2}$。式(5-11)可写成

$$\tilde{x}(n) = \sum_{k=k_0}^{k_0+N-1} \left(\sum_{m=-\frac{N}{2}}^{\frac{N}{2}-1} \tilde{x}(m) e^{-j2\pi(k\Delta F)m} \right) e^{j2\pi(k\Delta F)n} \Delta F \qquad (5-12)$$

或者

$$\tilde{x}(n) = \sum_{k=k_0}^{k_0+N-1} \left(\sum_{m=-\frac{N-1}{2}}^{\frac{N-1}{2}} \tilde{x}(m) e^{-j2\pi(k\Delta F)m} \right) e^{j2\pi(k\Delta F)n} \Delta F \qquad (5-13)$$

当离散时间傅里叶级数的周期 N（即基波周期）趋近于零时：ΔF 趋近于微分离散时间频率 dF；$k\Delta F$ 趋近于连续时间频率 F；对于 k 的求和演变为对 F 的积分，因为 $k_0 \leqslant k < k_0 + N, F = k\Delta F = kF_0 = \dfrac{k}{N}$，积分区间就成为 $F_0 < 1 < F_0 + 1$；对于 m 的求和范围演变为无穷大。式（5-11）和式（5-12）可合写为

$$x(n) = \int_1 \left(\sum_{m=-\infty}^{\infty} x(m) e^{-j2\pi Fm} \right) e^{j2\pi Fn} dF \qquad (5-14)$$

由于时间频率和角频率之间的关系为 $\omega = 2\pi f$，所以式（5-13）的等效角频率形式可以描述为

$$x(n) = \frac{1}{2\pi} \int_{2\pi} \left(\sum_{m=-\infty}^{\infty} x(m) e^{-j\omega m} \right) e^{j\omega n} d\omega \qquad (5-15)$$

令 $X(\omega) = \displaystyle\sum_{n=-\infty}^{\infty} x(n) e^{-j\omega n}$，由于 $X(\omega)$、$e^{\pm j\omega}$ 都是 ω 以 2π 为周期的周期函数，所以非周期离散时间信号的傅里叶变换（DTFT）可定义为：

正变换

$$\mathrm{DTFT}[X(n)] = \mathrm{FT}[x(n)] = X(\omega) = X(e^{j\omega}) = \sum_{n=-\infty}^{\infty} x(n) e^{-j\omega n} \qquad (5-16)$$

逆变换

$$\mathrm{IDTFT}[X(e^{j\omega})] = \mathrm{IFT}[X(e^{j\omega})] = x(n) = \frac{1}{2\pi} \int_{-\pi}^{\pi} X(e^{j\omega}) e^{j\omega n} d\omega \qquad (5-17)$$

在第 7 章我们学习离散时间信号的复频域分析（z 变换），会看到 z 平面单位圆上的 z 变换就是 DTFT，即 DTFT 就是 $z = e^{j\omega}$ 时的 z 变换。利用 z 变换的定义也可以得到 DTFT 的定义。

一般情况下，$X(e^{j\omega})$ 是 ω 的复函数，可用实部和虚部将其表示为

$$X(e^{j\omega}) = X_R(e^{j\omega}) + jX_I(e^{j\omega}) = \mathrm{Re}[X(e^{j\omega})] + j\mathrm{Im}[X(e^{j\omega})] \qquad (5-18)$$

也可以用幅度和相位将其表示为

$$X(e^{j\omega}) = |X(e^{j\omega})| e^{j\varphi(\omega)} \qquad (5-19)$$

其中 $|X(e^{j\omega})|$ 和 $\varphi(\omega)$ 分别为序列 $x(n)$ 的幅度谱和相位谱。

根据傅里叶变换中离散性与周期性的对应关系（周期性$\longleftrightarrow$离散性、非周期性$\longleftrightarrow$连续性）可以推断出：非周期离散时间信号的频谱是连续的周期性频谱。由于 $e^{j\omega}$ 是变量 ω 以 2π 为周期的周期函数，因此非周期序列 $x(n)$ 的傅里叶变换 $X(e^{j\omega})$ 是以 2π 为周期的连续性周期函数。

非周期序列的傅里叶变换也应当满足绝对可积条件，即 $\displaystyle\sum_{n=-\infty}^{\infty} |x(n)| < \infty$。

需要说明的是，离散时间傅里叶变换（DTFT）与数字信号处理课程中将要学习的离散傅里叶变换（DFT）是完全不同的两个概念。离散时间傅里叶变换（DTFT）又称为序列的傅里叶变换（FT），对非周期序列和周期序列均可求 FT，且非周期序列的频谱是周期性的连续谱。离散傅里叶变换（DFT）是针对连续谱的离散化专门提出的一种算法，只能对有限长序

列求离散傅里叶变换,用离散傅里叶变换描述的频谱是离散的频谱,DFT 算法的出现使数字信号处理可以在频域采用数字运算的方法得以实现。

【**例 5 - 3**】 设 $x(n) = R_N(n)$,求 $x(n)$ 的 FT。

解 $X(\mathrm{e}^{\mathrm{j}\omega}) = \sum_{n=-\infty}^{\infty} R_N(n)\mathrm{e}^{-\mathrm{j}\omega n} = \sum_{n=0}^{N-1} \mathrm{e}^{-\mathrm{j}\omega n} = \frac{1 - \mathrm{e}^{-\mathrm{j}\omega N}}{1 - \mathrm{e}^{-\mathrm{j}\omega}} = \frac{\mathrm{e}^{-\mathrm{j}\omega N/2}(\mathrm{e}^{\mathrm{j}\omega N/2} - \mathrm{e}^{-\mathrm{j}\omega N/2})}{\mathrm{e}^{-\mathrm{j}\omega/2}(\mathrm{e}^{\mathrm{j}\omega/2} - \mathrm{e}^{-\mathrm{j}\omega/2})}$

$= \mathrm{e}^{-\mathrm{j}(N-1)\omega/2} \frac{\sin(\omega N/2)}{\sin(\omega/2)}$

分别取 $N = 4$ 和 $N = 8$,利用 MATLAB 对 $x(n) = R_N(n)$ 的傅里叶变换进行仿真,仿真程序为 ep5_2. m,仿真结果如图 5 - 2 所示。

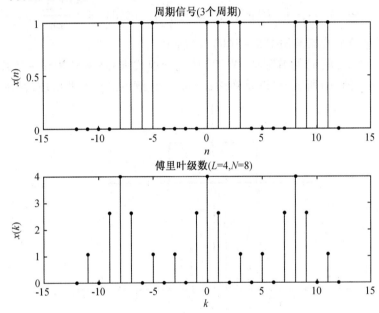

图 5 - 2 $N = 4$ 和 $N = 8$ 时例 5 - 3 信号波形与幅度谱

由图 5 - 2 可见,矩形序列频谱的零频点幅度值越大,尾巴衰减越快。

ep5_2. m 程序清单

```
clear all;close all;clc;clf;
n = -1:10;N = 4;
x = uDT(n) - uDT(n - N);
k = -100:100;w = (pi/100) * k;%设置信号频谱在一个周期内的采样点
X = x * (exp(-j * pi/100)).^(n' * k);%DTFT 算法
subplot(2,2,1);stem(n,x,'.');grid on;axis([-1,10,0,1.2]);
xlabel('n');ylabel('x(n)');title('N = 4 时信号时域波形');
subplot(2,2,2);plot(w/pi,abs(X));grid on;axis([-1,1,0,4]);
xlabel('units:w/pi');ylabel('|X|');title('N = 4 时信号幅度谱');
N = 8;
x = uDT(n) - uDT(n - N);
k = -100:100;w = (pi/100) * k;%设置信号频谱在一个周期内的采样点
```

$X = x * (exp(-j * pi/100)).^(n' * k);\% DTFT 算法$

$subplot(2,2,3); stem(n,x,'.'); grid\ on; axis([-1,10,0,1.2]);$

$xlabel('n'); ylabel('x(n)'); title('N = 8 时信号时域波形');$

$subplot(2,2,4); plot(w/pi,abs(X)); grid\ on; axis([-1,1,0,8]);$

$xlabel('n'); ylabel('|X|'); title('N = 8 时信号幅度谱');$

【例5-4】 若离散时间系统的理想低通滤波器频率特性 $H(e^{j\omega})$ 如图5-3(a)所示,求它的单位冲激响应 $h(n)$ 。

解 单位冲激响应即傅里叶逆变换,由傅里叶逆变换基本公式有

$$h(n) = \frac{1}{2\pi}\int_{-\pi}^{\pi}H(e^{j\omega})e^{j\omega n}d\omega = \frac{1}{2\pi}\int_{-\omega_c}^{\omega_c}e^{j\omega n}d\omega = \frac{\sin(\frac{\pi n}{4})}{\pi n}$$

$h(n)$ 的时域波形及频谱如图5-3(b)(c)所示。

在图5-3中,取 $h(n)$ 的有限项($N=7$)按正变换式求和(从 $-N$ 到 $+N$ 共15个样值)的结果 $H_N(e^{j\omega})$ 如图(c)所示,可以看到在 $\omega = \omega_c$ 不连续点处有上冲出现,存在吉布斯现象。

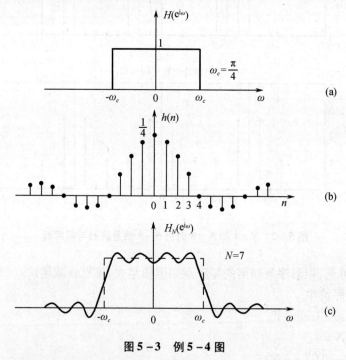

图5-3 例5-4图

5.2.2 非周期序列傅里叶变换的性质

(1)线性性质

设 $FT[x_1(n)] = X_1(e^{j\omega})$, $FT[x_2(n)] = X_2(e^{j\omega})$,则

$$FT[ax_1(n) + bx_2(n)] = aX_1(e^{j\omega}) + bX_2(e^{j\omega})$$

其中 a,b 为常数。

(2)周期性质

若 $FT[x(n)] = X(e^{j\omega})$,则 $X(e^{j\omega}) = \sum_{n=-\infty}^{\infty}x(n)e^{-j(\omega+2\pi M)n}$ 。

序列的傅里叶变换是以 2π 为周期的函数,一般只分析 $\pm\pi$ 之间或 $0\sim2\pi$ 之间的 FT。在 $\omega=0$ 和 $\omega=2\pi$ 附近的频谱分布应是相同的,在 $\omega=0,\pm2\pi,\pm4\pi,\cdots$ 点上表示 $x(n)$ 信号的直流分量,离这些点愈远,其频率应愈高,由于以 2π 为周期,则最高的频率应是 $x=\pi$。例如:$x(n)=\cos\omega n$,在 $\omega=2\pi M$ 和 $\omega=(2M+1)\pi$ 时 $\cos\omega n$ 的波形如图 5-4 所示。可见:$\omega=2M\pi$ 时,$x(n)=\cos\omega n$ 的波形代表信号 $x(n)$ 的直流分量;$\omega=(2\pi+1)$ 时,$x(n)=\cos\omega n$ 的波形代表最高频率信号,是一种变化最快的信号。

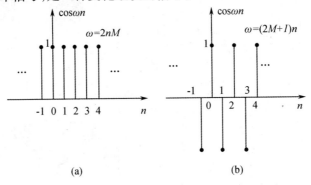

图 5-4　$\cos\omega n$ 的波形

(3)时域移位性质

若 $\mathrm{FT}[x(n)]=X(\mathrm{e}^{\mathrm{j}\omega})$,则 $\mathrm{FT}[x(n-n_0)]=\mathrm{e}^{-\mathrm{j}\omega n_0}X(\mathrm{e}^{\mathrm{j}\omega})$。即信号在时域的时移,对应频谱函数在频域的相移。

(4)频域移位性质

若 $\mathrm{FT}[x(n)]=X(\mathrm{e}^{\mathrm{j}\omega})$,则 $\mathrm{FT}[\mathrm{e}^{\mathrm{j}\omega_0 n}x(n)]=X[\mathrm{e}^{\mathrm{j}(\omega-\omega_0)}]$,即信号在时域的相移(调制)对应频谱函数在频域的频移。

【例 5-5】　已知 $x(n)=\cos(\dfrac{\pi n}{2})$,$y(n)=\mathrm{e}^{\frac{\mathrm{j}\pi n}{4}}x(n)$,$0\leqslant n\leqslant100$,利用 MATLAB 验证频移性质。

解　实现程序为 ep5_3. m,波形如图 5-5 所示。

ep5_3. m 程序清单

```
clear all;close all;clc;clf;
n = 0:100;
x = cos(pi * n/2);%时域信号
k = -100:100;w = (pi/100) * k;%设置信号频谱在一个周期内的采样点
X = x * (exp( -j * pi/100)).^(n' * k);%DTFT算法
y = exp(j * pi * n/4). * x;%信号调制即时域信号相移
Y = y * (exp( -j * pi/100)).^(n' * k);
subplot(2,2,1);plot(w/pi,abs(X));grid on;axis([ -1,1,0,60]);
xlabel('units:w/pi');ylabel('|X|');title('原信号幅度谱');
subplot(2,2,2);plot(w/pi,angle(X)/pi);grid on;axis([ -1,1, -1,1]);
xlabel('units:w/pi');ylabel('rad/pi');title('原信号相位谱');
subplot(2,2,3);plot(w/pi,abs(Y));grid on;axis([ -1,1,0,60]);
xlabel('units:w/pi');ylabel('|Y|');title('相移后信号频谱');
```

subplot(2,2,4);plot(w/pi,angle(Y)/pi);grid on;axis([-1,1,-1,1]);
xlabel('units:w/pi');ylabel('rad/pi');title('相移后信号相位谱');

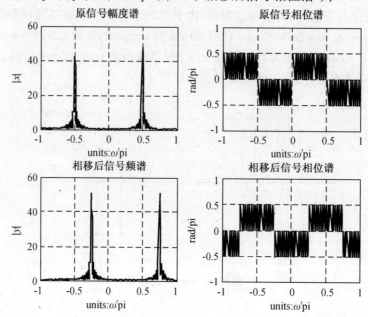

图5-5   例5-5仿真图

由图5-5可见,时域信号相移后在幅度和相位上都产生了$\frac{\pi}{4}$的频移。

(5)序列的线性加权性质

若FT$[x(n)]=X(e^{j\omega})$,则FT$[nx(n)]=j\cdot\dfrac{d}{d\omega}X(e^{j\omega})$。即信号在时域的线性加权,对应频谱函数在频域的微分。

(6)序列的共轭性质

若FT$[x(n)]=X(e^{j\omega})$,则FT$[x^*(n)]=X^*(e^{-j\omega})$。即信号在时域的共轭,对应频谱函数在频域的反褶和共轭。

可以利用MATLAB验证序列的共轭性质。假设$x(n)$是在$-10\leqslant n\leqslant15$内的一个复值随机序列,其实部和虚部在$[0,1]$之间均匀分布,验证程序为ep5_4.m。

ep5.m程序清单

```
clear all;close all;clc;
n=-10:15;
x=rand(1,length(n))+j*rand(1,length(n));%构造一个在0,1之间均匀分布的随
机复序列
k=-100:100;w=(pi/100)*k;%设置信号频谱在一个周期(-pi到pi)内的采样点
X=x*(exp(-j*pi/100)).^(n'*k);%求x(n)的DTFT
y=conj(x);%求x(n)的共轭
Y=y*(exp(-j*pi/100)).^(n'*k);%求y(n)的DTFT
Y_check=conj(fliplr(X));%对x(n)的DTFT求反褶
```

$$error = \max(abs(Y - Y\_check))$$

程序 ep5_4.m 的运行结果为 $error = 1.7535e-013$。可见误差基本为零,说明序列的共轭性质存在。

(7)序列的反褶性质

若 $FT[x(n)] = X(e^{j\omega})$,则 $FT[x(-n)] = X(e^{-j\omega})$,即信号在时域的反褶对应频谱函数在频域的反褶。

可以利用 MATLAB 验证序列的反褶性质。假设 $x(n)$ 是在 $-10 \leq n \leq 15$ 内的一个实值随机序列,且在 $[0,1]$ 之间均匀分布,验证程序为 ep5_5.m。

ep5_5.m 程序清单

```
clear all;close all;clc;
n = -10:15;
x = rand(1,length(n));%构造一个在0,1之间均匀分布的随机实序列
k = -100:100;w = (pi/100)*k;%设置信号频谱在一个周期(-pi到pi)内的采样点
X = x*(exp(-j*pi/100)).^(n'*k);%求x(n)的DTFT
y = fliplr(x);%求x(n)的反褶序列
m = -fliplr(n);%得到y(n)的序列号
Y = y*(exp(-j*pi/100)).^(m'*k);%求y(n)的DTFT
Y_check = fliplr(X);%对x(n)的DTFT求反褶
error = max(abs(Y - Y_check))
```

程序 ep5_5.m 的运行结果为 $error = 3.5804e-015$。可见误差基本为零,说明序列的反褶性质存在。

(8)对称性质

在学习 FT 的对称性质之前,先介绍一下共轭对称、共轭反对称的概念及性质。

对于任意一个复序列 $x(n)$,如果满足 $x(n) = x^*(-n)$,则称 $x(n)$ 为共轭对称序列;如果满足 $x(n) = -x^*(-n)$,则称 $x(n)$ 为共轭反对称序列。共轭对称序列的实部是偶函数,虚部是奇函数;共轭反对称序列的实部是奇函数,虚部是偶函数。通常用 $x_e(n)$ 表示共轭对称序列,$x_0(n)$ 表示共轭反对称序列。

【例5-6】 试分析 $x(n) = e^{j\omega n}$ 的对称性。

解
$$x(n) = \cos \omega n + j\sin \omega n$$
$$x(-n) = \cos(-\omega n) + j\sin(-\omega n)$$
$$x^*(-n) = \cos(-\omega n) - j\sin(-\omega n) = \cos \omega n + j\sin \omega n = x(n)$$

可见,$x(n) = e^{j\omega n}$ 是共轭对称序列,它的实部是偶函数,虚部是奇函数。

任何一个复信号都可分解为共轭对称分量和共轭反对称分量之和的形式。当复信号表示时域信号时,有
$$x(n) = x_e(n) + x_o(n)$$
$$x_e(n) = \frac{1}{2}[x(n) + x^*(-n)]$$
$$x_o(n) = \frac{1}{2}[x(n) - x^*(-n)]$$

当复信号表示频域信号时,有

$$X(\mathrm{e}^{\mathrm{j}\omega}) = X_e(\mathrm{e}^{\mathrm{j}\omega}) + X_o(\mathrm{e}^{\mathrm{j}\omega})$$

$$X_e(\mathrm{e}^{\mathrm{j}\omega}) = \frac{1}{2}\left[X(\mathrm{e}^{\mathrm{j}\omega}) + X^*(\mathrm{e}^{-\mathrm{j}\omega})\right]$$

$$X_o(\mathrm{e}^{\mathrm{j}\omega}) = \frac{1}{2}\left[X(\mathrm{e}^{\mathrm{j}\omega}) - X^*(\mathrm{e}^{-\mathrm{j}\omega})\right]$$

FT 的对称性质主要体现在以下几个方面。

性质 1：复函数 $X(\mathrm{e}^{\mathrm{j}\omega})$ 的实部为偶函数，虚部是奇函数；模为偶函数，相位是奇函数，$X(\mathrm{e}^{\mathrm{j}\omega})$ 与 $X(\mathrm{e}^{-\mathrm{j}\omega})$ 共轭。

性质 2：序列分成实部和虚部两部分，实部对应的 FT 具有共轭对称性，虚部和 j 一起对应的 FT 具有共轭反对称性。即，若

$$x(n) = x_r(n) + \mathrm{j}x_i(n), X(\mathrm{e}^{\mathrm{j}\omega}) = \mathrm{FT}[x(n)], X(\mathrm{e}^{\mathrm{j}\omega}) = X_e(\mathrm{e}^{\mathrm{j}\omega}) + X_o(\mathrm{e}^{\mathrm{j}\omega})$$

则

$$X_e(\mathrm{e}^{\mathrm{j}\omega}) = \mathrm{FT}[x_r(n)] = \sum_{n=-\infty}^{\infty} x_r(n)\mathrm{e}^{-\mathrm{j}\omega n}$$

$$X_o(\mathrm{e}^{\mathrm{j}\omega}) = \mathrm{FT}[\mathrm{j}x_i(n)] = \mathrm{j}\sum_{n=-\infty}^{\infty} x_i(n)\mathrm{e}^{-\mathrm{j}\omega n}$$

性质 3：序列分成共轭对称部分 $x_e(n)$ 和共轭反对称部分 $x_o(n)$，则 $x_e(n)$ 的 FT 对应着 $\mathrm{FT}[x(n)]$ 的实部，$x_o(n)$ 的 FT 对应 $\mathrm{FT}[x(n)]$ 的虚部乘以 j。即，若

$$x(n) = x_e(n) + x_o(n), \mathrm{FT}[x(n)] = X(\mathrm{e}^{\mathrm{j}\omega}), X(\mathrm{e}^{\mathrm{j}\omega}) = X_e(\mathrm{e}^{\mathrm{j}\omega}) + \mathrm{j}X_I(\mathrm{e}^{\mathrm{j}\omega})$$

则

$$\mathrm{FT}[x_e(n)] = \mathrm{Re}[X(\mathrm{e}^{\mathrm{j}\omega})] = X_R(\mathrm{e}^{\mathrm{j}\omega})$$

$$\mathrm{FT}[x_o(n)] = \mathrm{jIm}[X(\mathrm{e}^{\mathrm{j}\omega})] = \mathrm{j}X_I(\mathrm{e}^{\mathrm{j}\omega})$$

序列 $x(n)$ 为实数时是特例，此时信号的分解转化为奇、偶分解，但仍满足上述性质。

【例 5-7】 假设 $x(n) = \sin(\frac{\pi n}{2})$，$-5 \le n \le 10$，将 $x(n)$ 进行奇、偶分解，利用 MATLAB 验证实信号的对称性质。

解 采用数值验证和图解验证两种方法，实现程序为 ep5_6.m，频谱如图 5-6 所示。

ep5_6.m 程序清单

```
clear all;close all;clc;
n = -10:15;
x = sin(pi*n/2);
k = -100:100;w = (pi/100)*k;%设置信号频谱在一个周期(-pi到pi)内的采样点
X = x*(exp(-j*pi/100)).^(n'*k);%求x(n)的DTFT
[xe,xo,m] = evenodd(x,n);%求x(n)的偶分量和奇分量
XE = xe*(exp(-j*pi/100)).^(m'*k);%求x(n)偶分量的DTFT
XO = xo*(exp(-j*pi/100)).^(m'*k);%求x(n)奇分量的DTFT
XR = real(X);%求x(n)的DTFT的实部
XI = imag(X);%求x(n)的DTFT的虚部
error1 = max(abs(XE-XR))
error1 = max(abs(XO-j*XI))
subplot(2,2,1);plot(w/pi,XR);grid on;axis([-1,1,-4,4]);
```

xlabel('w/pi');ylabel('Re(X)');title('x(n)傅里叶变换的实部');

subplot(2,2,2);plot(w/pi,XI);grid on;axis([-1,1,-15,15]);

xlabel('w/pi');ylabel('Im(X)');title('x(n)傅里叶变换的虚部');

subplot(2,2,3);plot(w/pi,real(XE));grid on;axis([-1,1,-4,4]);

xlabel('w/pi');ylabel('Xe');title('x(n)偶分量的傅里叶变换');

subplot(2,2,4);plot(w/pi,imag(XO));grid on;axis([-1,1,-15,15]);

xlabel('w/pi');ylabel('Xo');title('x(n)奇分量的傅里叶变换');

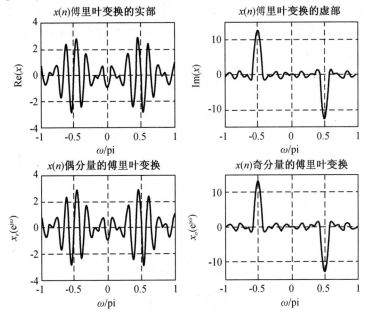

图 5-6 例 5-7 仿真图

由图 5-6 可见:实信号时,$X(e^{j\omega})$ 的实部等于 $X_e(n)$ 的离散时间傅里叶变换,$X(e^{j\omega})$ 的虚部等于 $X_o(n)$ 的离散时间傅里叶变换。

(9)时域卷积定理

若 $\qquad\qquad\qquad$ FT$[x(n)] = X(e^{j\omega})$,FT$[h(n)] = H(e^{j\omega})$

则

$$FT[x(n) * h(n)] = X(e^{j\omega})H(e^{j\omega})$$

即两信号在时域的卷积,对应两信号的频谱在频域的乘积。

(10)频域卷积定理

若 FT$[x(n)] = X(e^{j\omega})$,FT$[h(n)] = H(e^{j\omega})$,则

$$FT[x(n)h(n)] = \frac{1}{2\pi}[X(e^{j\omega}) * H(e^{j\omega})] = \frac{1}{2\pi}\int_{-\pi}^{\pi} X(e^{j\theta})H(e^{j(\omega-\theta)})d\theta$$

即两信号在时域的乘积,对应的频谱在频域的卷积。

(11)帕塞瓦尔定理(Parseval)

若 FT$[x(n)] = X(e^{j\omega})$,则 $\sum_{n=-\infty}^{\infty} |x(n)|^2 = \frac{1}{2\pi}\int_{-\pi}^{\pi} |X(e^{j\omega})|^2 d\omega$。

可见,序列的总能量等于其傅里叶变换模平方在一个周期内积分取平均,即时域总能

量等于频域一个周期内总能量。帕塞互尔定理也成为能量定理。

5.3 周期序列的傅里叶变换

周期序列不满足绝对可积条件,但引入冲激信号之后,可以用傅里叶变换描述周期信号的频谱。

离散周期信号傅里叶变换公式的导出方法与连续周期信号傅里叶变换公式的导出方法类似,对周期序列的傅里叶级数求傅里叶变换即可得到周期序列的傅里叶变换公式。周期序列的傅里叶级数为

$$\tilde{x}(n) = \frac{1}{N}\sum_{k=0}^{N-1}\tilde{X}(k)\mathrm{e}^{\mathrm{j}\frac{2\pi}{N}kn} \qquad (5-20)$$

对 $\tilde{x}(n)$ 求傅里叶变换,有

$$\mathrm{FT}[\tilde{x}(n)] = \mathrm{FT}\Big[\frac{1}{N}\sum_{k=0}^{N-1}\tilde{X}(k)\mathrm{e}^{\mathrm{j}\frac{2\pi}{N}kn}\Big] = \frac{1}{N}\sum_{k=0}^{N-1}\tilde{X}(k)\mathrm{FT}[\mathrm{e}^{\mathrm{j}\frac{2\pi}{N}kn}] \qquad (5-21)$$

由于

$$\mathrm{FT}[\mathrm{e}^{\mathrm{j}\frac{2\pi}{N}kn}] = 2\pi\sum_{r=-\infty}^{\infty}\delta\Big(\omega - \frac{2\pi}{N}k - 2\pi r\Big) \qquad (5-22)$$

所以

$$\mathrm{FT}[\tilde{x}(n)] = \frac{2\pi}{N}\sum_{k=0}^{N-1}\tilde{X}(k)\sum_{r=-\infty}^{\infty}\delta\Big(\omega - \frac{2\pi}{N}k - 2\pi r\Big) \qquad (5-23)$$

当 k 的取值不限定在一个周期的范围内,让 k 在 $\pm\infty$ 之间变换,上式可简化为

$$\mathrm{FT}[\tilde{x}(n)] = \frac{2\pi}{N}\sum_{k=-\infty}^{\infty}\tilde{X}(k)\delta(\omega - \frac{2\pi}{N}k) \qquad (5-24)$$

式(5-24)描述的就是周期序列的傅里叶变换。因此,将周期序列的傅里叶变换定义如下

$$X(\mathrm{e}^{\mathrm{j}\omega}) = \mathrm{DTFT}[\tilde{x}(n)] = \frac{2\pi}{N}\sum_{k=-\infty}^{\infty}\tilde{X}(k)\delta(\omega - \frac{2\pi}{N}k) \qquad (5-25)$$

其中傅里叶系数 $\tilde{X}(k)$ 为

$$\tilde{X}(k) = \sum_{n=0}^{N-1}\tilde{x}(n)\mathrm{e}^{-\mathrm{j}\frac{2\pi}{N}kn} \qquad (5-26)$$

由式(5-25)、(5-26)可见:对于一个周期信号,其 DFS 和 DTFT 的幅度谱的形状是一样的,不同之处为 DTFT 在各频点的值是用单位冲激函数描述的。因此,周期序列的频谱分布用其 DFS 和 DTFT 表示都可以。常见的基本序列的傅里叶变换见表 5-1。

表 5-1 基本序列的傅里叶变换

序列	傅里叶变换
$\delta(n)$	1
$a^n u(n), \|a\|<1$	$(1-a\mathrm{e}^{-\mathrm{j}\omega})^{-1}$
$R_N(n)$	$\mathrm{e}^{-\mathrm{j}(N-1)\omega/2}\sin(\omega N/2)/\sin(\omega/2)$

表 5 – 1（续）

序列	傅里叶变换
$* u(n)$	$(1 - \mathrm{e}^{-\mathrm{j}\omega})^{-1} + \sum\limits_{k=-\infty}^{\infty} \pi\delta(\omega - 2\pi k)$
$x(n) = 1$	$\pi \sum\limits_{k=-\infty}^{\infty} \delta(\omega - 2\pi k)$
当 $x(n) = \mathrm{e}^{\mathrm{j}\omega_0 n}$, $2\pi/\omega_0$ 为有理数时	$2\pi \sum\limits_{l=-\infty}^{\infty} \delta(\omega - \omega_0 - 2\pi l)$
当 $x(n) = \cos\omega_0 n$, $2\pi/\omega_0$ 为有理数时	$\pi \sum\limits_{l=-\infty}^{\infty} [\delta(\omega - \omega_0 - 2\pi l) + \delta(\omega + \omega_0 - 2\pi l)]$
当 $x(n) = \sin\omega_0 n$, π/ω_0 为有理数时	$-\mathrm{j}\pi \sum\limits_{l=-\infty}^{\infty} [\delta(\omega - \omega_0 - 2\pi l) - \delta(\omega + \omega_0 - 2\pi l)]$

【例 5 – 8】 设 $x(n) = R_4(n)$，将 $x(n)$ 以 $N = 8$ 为周期进行周期延拓，求 $\tilde{x}(n)$ 的 FT。

解

$$X(\mathrm{e}^{\mathrm{j}\omega}) = \frac{2\pi}{N} \sum_{k=-\infty}^{\infty} \tilde{X}(k)\delta\left(\omega - \frac{2\pi}{N}k\right)$$

由

$$\tilde{X}(k) = \mathrm{e}^{-\mathrm{j}\frac{3}{8}\pi k}\frac{\sin(\pi k/2)}{\sin(\pi k/8)}$$

得到

$$X(\mathrm{e}^{\mathrm{j}\omega}) = \frac{\pi}{4} \sum_{k=-\infty}^{\infty} \mathrm{e}^{-\mathrm{j}\frac{3}{8}\pi k}\frac{\sin(\pi k/2)}{\sin(\pi k/8)}\delta\left(w - \frac{\pi}{4}k\right)$$

$$|X(\mathrm{e}^{\mathrm{j}\omega})| = \frac{\pi}{4} \cdot \frac{\sin(\pi k/2)}{\sin(\pi k/8)}$$

幅频特性如图 5 – 7 所示。

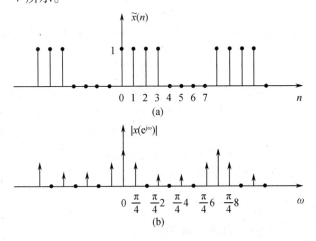

图 5 – 7 幅频特性

【例 5 – 9】 已知 $x(n) = \cos\omega_0 n$, $2\pi/\omega_0$ 为有理数，求其 FT。

解 $x(n) = \cos\omega_0 n = \frac{1}{2}[\mathrm{e}^{\mathrm{j}\omega_0 n} + \mathrm{e}^{-\mathrm{j}\omega_0 n}]$

由于

$$FT[e^{j\omega_0 n}] = 2\pi \sum_{r=-\infty}^{\infty} \delta(\omega - \omega_0 - 2\pi r)$$

所以

$$X(e^{j\omega}) = FT[\cos \omega_0 n] = \frac{1}{2} \cdot 2\pi \sum_{r=-\infty}^{\infty} [\delta(\omega - \omega_0 - 2\pi r) + \delta(\omega + \omega_0 - 2\pi r)]$$

$$= \pi \sum_{r=-\infty}^{\infty} [\delta(\omega - \omega_0 - 2\pi r) + \delta(\omega + \omega_0 - 2\pi r)]$$

可见，$\cos \omega_0 n$ 的 FT 是在 $\omega = \pm\omega_0$ 处的单位冲激函数，强度为 π，且以 2π 为周期进行延拓。频谱如图 5-8 所示。

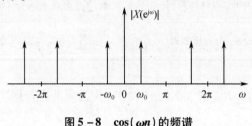

图 5-8 $\cos(\omega n)$ 的频谱

5.4 离散系统的频域分析

在连续时间信号与系统的变换域分析中，已经研究了用傅里叶变换方法分析连续系统的频域特性，在离散时间信号与系统的变换域分析中，也有类似的变换域分析方法。

5.4.1 离散系统的频率响应

在频域描述离散系统自身特性的函数（系统函数）是离散系统的频率响应。离散系统的频率响应是用 $H(e^{j\omega})$ 表示，$H(e^{j\omega})$ 是离散系统单位冲激响应 $h(n)$ 的傅里叶变换，即

$$H(e^{j\omega}) = \sum_{n=-\infty}^{\infty} h(n)e^{-j\omega n}$$

频率响应 $H(e^{j\omega})$ 表示输出序列的幅度和相位相对于输入序列的变换，通常是复数，一般写成 $H(e^{j\omega}) = |H(e^{j\omega})|e^{j\varphi(\omega)}$ 形式。其中，$H(e^{j\omega})$ 是离散系统的幅度响应，$e^{j\varphi(\omega)}$ 是离散系统的相位响应。由于 $e^{j\omega}$ 是变量 ω 以 2π 为周期的周期函数，离散系统的频率响应 $H(e^{j\omega})$ 必然是以 2π 为周期的周期函数，这是离散系统不同于连续系统的一个突出特点。

【例 5-10】 已知描述离散系统的差分方程为

$$y(n) + \frac{5}{6}y(n-1) + \frac{1}{6}y(n-2) = \frac{1}{2}x(n) + \frac{2}{3}x(n-1)$$

试求该系统的频率响应 $H(e^{j\omega})$ 和单位冲激响应 $h(n)$。

解 对系统差分方程的两边做 DTFT，得到

$$(e^{-j2\omega} + 5e^{-j\omega} + 6)Y(e^{j\omega}) = (4e^{-j\omega} + 3)X(e^{j\omega})$$

所以系统函数 $H(e^{j\omega})$ 为

$$H(e^{j\omega}) = \frac{Y(e^{j\omega})}{X(e^{j\omega})} = \frac{4e^{-j\omega} + 3}{e^{-j2\omega} + 5e^{-j\omega} + 6} = \frac{-2.5}{1 + (\frac{1}{2})e^{-j\omega}} + \frac{3}{1 + \frac{1}{3}e^{-j\omega}}$$

单位冲激响应 $h(n)$ 为

$$h(n) = \mathrm{IFT}[H(e^{j\omega})] = -2.5\left(\frac{1}{2}\right)^n u(n) + 3\left(\frac{1}{3}\right)^n u(n)$$

5.4.2 信号通过 LTI 离散系统响应的频域分析

5.4.2.1 虚指数信号 $e^{j\omega n}$ 作用于 LTI 系统的响应

当角频率为 ω 的虚指数信号 $x(n) = e^{j\omega n}(-\infty < n < \infty)$ 时,系统的零状态响应为

$$y(n) = e^{j\omega n} * h(n) = \sum_{k=-\infty}^{\infty} e^{j\omega(n-k)} h(n) = e^{j\omega n} H(e^{j\omega}) \qquad (5-27)$$

可见,虚指数信号通过 LTI 离散系统后信号的频率不变,信号的幅度由系统的频率响应 $H(e^{j\omega})$ 在 ω 点的幅度值确定,$H(e^{j\omega})$ 表示了系统对不同频率信号的衰减量。

5.4.2.2 正弦型信号作用于 LTI 系统的响应

当角频率为 ω 的余弦信号 $x(n) = \cos(\omega n + \theta)(-\infty < n < \infty)$ 时,利用欧拉公式可以将余弦信号写成如下形式

$$\cos(\omega n + \theta) = \frac{1}{2}(e^{j(\omega n + \theta)} + e^{-j(\omega n + \theta)})$$

根据式(5-20),系统的零状态响应为

$$y(n) = x(n) * h(n) = \frac{1}{2}[H(e^{j\omega}) e^{j(\omega n + \theta)} + H(e^{-j\omega}) e^{-j(\omega n + \theta)}]$$

当 $h(n)$ 是实序列时,根据 DTFT 的共轭对称性有 $H(e^{j\omega}) = H^*(e^{-j\omega})$,所以

$$y(n) = \mathrm{Re}[H(e^{j\omega}) e^{j(\omega n + \theta)}] = |H(e^{j\omega})|\cos(\omega n + \varphi(\omega) + \theta) \qquad (5-28)$$

由式(5-28)可见,余弦信号作用于 LTI 离散系统时,输出的零状态响应仍为同频率的信号,且为稳态响应。输出信号的幅度由系统的幅度函数 $|H(e^{j\omega})|$ 确定,输出信号的相位相对于输入信号偏移了 $\varphi(\omega)$。

【例 5-11】 已知一 LTI 离散系统的 $h(n) = (0.8)^n u(n)$,激励信号 $x(n) = \cos(0.05\pi n)$,求系统的稳态响应。

解 由 $h(n) = (0.8)^n u(n)$ 可以得到

$$H(e^{j\omega}) = \frac{1}{1 - 0.8e^{-j\omega}}$$

描述该系统的差分方程为

$$y(n) - 0.8y(n-1) = x(n)$$

当 $\omega = 0.05\pi$ 时系统的频率响应为

$$H(e^{j0.05\pi}) = \frac{1}{1 - 0.8e^{-j0.05\pi}} = 4.0928e^{-j0.5377}$$

系统的稳态响应为

$$y_{ss}(n) = \mathrm{Re}[H(e^{j0.05\pi}) e^{j0.05\pi n}] = 4.0928\cos(0.05\pi n - 0.5377)$$
$$= 4.0928\cos[0.05\pi(n - 3.42)]$$

由上式可见,该正弦信号被放大了 4.0928 倍,移位了 3.42 个样本。用 MATLAB 验证例 5-11 的程序为 ep5_7.m,仿真波形如图 5-9 所示。

ep5_7.m 程序清单

```
clear all;close all;clc;clf;
```

```
b = 1;% 系统差分方程的右端系数或频率响应的分子系数
a = [1, -0.8];% 系统差分方程的左端系数或频率响应的分母系数
n = 0:100;
x = cos(0.05 * pi * n);
y = filter(b,a,x);% 求系统的频响特性
subplot(2,1,1);stem(n,x,'.');
xlabel('n');ylabel('x(n)');title('激励信号');
subplot(2,1,2);stem(n,y,'.');
xlabel('n');ylabel('y(n)');title('系统响应');
```

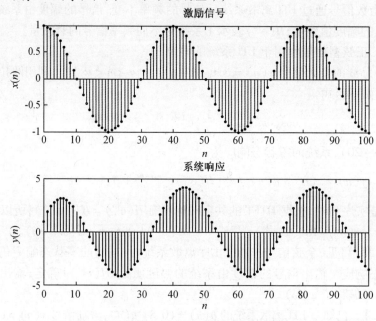

图 5 - 9　例 5 - 11 描述系统的激励和响应波形

5.4.3　LTI 离散系统的数字滤波

与模拟滤波器相对应,在离散系统中广泛应用数字滤波器。它的作用是利用离散时间系统的特性对输入信号波形或频率进行加工处理。或者说,把输入信号变成一定的输出信号,从而达到改变信号频谱的目的。数字滤波器一般可以用两种方法来实现:一种方法是用数字硬件装配成一台专门的设备,这种设备称为数字信号处理机;另一种方法就是直接利用通用计算机,将所需要的运算编成程序让通用计算机来完成,即利用计算机软件来实现。

数字滤波器的分类方法很多。若按照频率响应的幅度特性,可分为低通滤波器、高通滤波器、带通滤波器、带阻滤波器等;若按照对确定信号和随机信号的数字处理来说,可分为卷积滤波和相关滤波;若根据数字滤波器的构成方式,可分为递归型数字滤波器,非递归数字滤波器以及用快速傅里叶变换(FFT)实现的数字滤波器;若根据其单位函数响应的时间特性,又可分为无限长单位函数响应(IIR)数字滤波器和有限长单位函数响应(FIR)滤波器。各种类型的滤波器都有其特定的设计方法,在后续的课程中会逐步介绍。与模拟滤波

器相比,数字滤波器具有更高的精确度和可靠性,使用灵活、方便,已经成为数字信号处理技术中的重要手段。

在离散系统的频响特性分析中,由于系统的频率响应 $H(e^{j\omega})$ 是以 2π 为周期的周期函数,所以离散系统的滤波特性完全可以在 $-\pi < \omega < \pi$ 范围内得到区分。各种类型理想滤波器的幅度特性如图 5 – 10 所示。

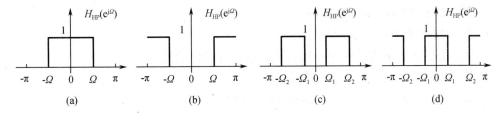

图 5 – 10 理想数字滤波器的幅度特性

【例 5 – 12】 分析如图 5 – 11 所示的一阶离散系统的频响特性。

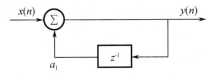

图 5 – 11 一阶离散系统的系统模型

解 由图 5 – 11 可得到离散系统的差分方程为

$$y(n) = a_1 y(n-1) + x(n) \quad (0 < a_1 < 1)$$

对系统差分方程的两边做 DTFT 得到

$$(1 - a_1 e^{-j\omega}) Y(e^{j\omega}) = X(e^{j\omega})$$

所以系统的频响特性 $H(e^{j\omega})$ 为

$$H(e^{j\omega}) = \frac{Y(e^{j\omega})}{X(e^{j\omega})} = \frac{1}{1 - a_1 e^{-j\omega}} = \frac{1}{(1 - a_1 \cos \omega) + j a_1 \sin \omega}$$

单位冲激响应 $h(t)$ 为

$$h(n) = \text{IFT}[H(e^{j\omega})] = a_1^n u(n)$$

一阶系统的频响特性如图 5 – 12 所示,其中幅度响应和相位响应分别为

$$|H(e^{j\omega})| = \frac{1}{\sqrt{1 + a_1^2 - 2a_1 \cos \omega}}, \varphi(\omega) = -\arctan\left(\frac{a_1 \sin \omega}{1 - a_1 \cos \omega}\right)$$

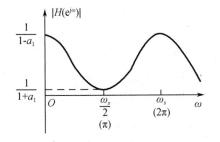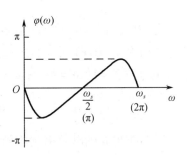

图 5 – 12 一阶系统的频响特性

分析:为保证系统稳定,要求 $|a_1|<1$;当 $0<a_1<1$ 时,系统呈"低通"特性;当 $-1<a_1<0$ 时,系统呈"高通"特性;当 $a_1=0$ 时,系统呈"全通"特性。

思考题

5-1 DFS 和 DTFT 是如何定义的? DTFT 和 FT 有区别吗?

5-2 周期序列的 DFS 和 DTFT 有什么区别?

5-3 DTFT 和 DFT 有什么区别?

5-4 为什么数字角频率为 π 时表示正弦信号变化最快?

5-5 周期信号的频谱一定是离散的吗?

5-6 模拟滤波器和数字滤波器有什么不同?

习题

5-1 设 $x(n)=R_N(n)$,求 $x(n)$ 的 FT。

5-2 设 $x(n)=R_4(n)$,将 $x(n)$ 以 $N=8$ 为周期进行周期延拓,得到周期序列 $\tilde{x}(n)$,周期为 8,求 $\tilde{x}(n)$ 的 DFS。

5-3 求下列序列的 DTFT。

$(1)x_1[k]=\alpha^k u[k]$ $|\alpha|<1$ $(2)x_2[k]=\alpha^k u[-k]$ $|\alpha|>1$

$(3)x_3[k]=\begin{cases}\alpha^{|k|} & |k|\leq M \\ 0 & |k|>M\end{cases}$ $(4)x_4[k]=\alpha^k u[k+3]$ $|\alpha|<1$

5-4 令 $\tilde{x}(n)=\cos\omega_0 t$,$\frac{2\pi}{\omega_0}$ 为有理数,求其 FT。

5-5 设 $x_a(t)=\cos(2\pi f_0 t)$,$f_0=50$ Hz,以采样频率 $f_s=200$ Hz 对 $x_a(t)$ 进行采样,得到采样信号 $\tilde{x}_a(t)$ 和时域离散信号 $x(n)$,求 $x_a(t)$ 和 $\tilde{x}_a(t)$ 的傅里叶变换以及 $x(n)$ 的 FT。

5-6 已知网络的单位取样响应 $h(n)=a^n u(n)$,$|a|<1$,网络输入序列 $x(n)=u(n)$,求网络的输出序列 $y(n)$。

上机题

5-1 一个理想低通滤波器在频域描述为

$$H_d(e^{j\omega})=\begin{cases}e^{-j\alpha\omega}, & |\omega|\leq\omega_c \\ 0,\omega_c<|\omega|\leq\pi\end{cases}$$

式中:ω_c 称为截止频率,α 称为相位延迟。

(1)利用 IDTFT 关系式求理想脉冲响应 $h_d(n)$。

(2)对 $N=41$,$\alpha=20$ 和 $\omega_c=0.5\pi$,确定并画出截断脉冲响应

$$h(n)=\begin{cases}h_d(n) & 0\leq n\leq N-1 \\ 0 & \text{else } n\end{cases}$$

(3)求出并画出频率响应函数 $H(e^{j\omega})$,并将它与理想低通滤波器响应 $H_d(e^{j\omega})$ 比较。

5-2 一个理想高通滤波器在频域描述为

$$H_d(e^{j\omega}) = \begin{cases} e^{-j\alpha\omega} & \omega_c < |\omega| \leqslant \pi \\ 0 & |\omega| \leqslant \omega_c \end{cases}$$

式中:ω_c 称为截止频率,α 称为相位延迟。

(1)利用 IDTFT 关系式求理想脉冲响应 $h_d(n)$。

(2)对 $N = 31$,$\alpha = 15$ 和 $\omega_c = 0.5\pi$,确定并画出截断脉冲响应。

$$h(n) = \begin{cases} h_d(n) & 0 \leqslant n \leqslant N-1 \\ 0 & \text{else } n \end{cases}$$

(3)求出并画出频率响应函数 $H(e^{j\omega})$,并将它与理想高通滤波器响应 $H_d(e^{j\omega})$
比较。

5-3 考虑一模拟信号 $x_a(t) = \sin(20\pi t)$,$0 \leqslant t \leqslant 1$,在 $T_s = 0.01, 0.05$ 和 0.1 s 间隔对
它采样得到 $x(n)$。

(1)对每一 T_s 画出 $x(n)$。

(2)采用 $\sin c$ 内插(用 $\Delta t = 0.001$)从样本 $x(n)$ 重建模拟信号 $y_a(t)$,并求出在
$y_a(t)$ 中的频率(不管末端效应)。

(3)采用三次样条内插从样本 $x(n)$ 重建模拟信号 $y_a(t)$,求出在 $y_a(t)$ 中的频率
(不管末端效应)。

第6章　连续时间信号与系统的复频域分析

傅里叶变换分析法在信号分析和处理等方面(如分析谐波成分、系统的频率响应、波形失真、抽样、滤波等)是十分有效的。傅里叶变换也有不足:(1)要求信号满足狄利克雷条件(满足绝对可积条件)。使一般周期信号、阶跃函数等只能虽借助于广义函数求得傅氏变换,由于频域中出现冲激函数,给计算带来困难;(2)求傅氏反变换有时比较麻烦;(3)只能求解零状态响应。因此,傅里叶变换的运用受到一定的限制,因此有必要寻求更有效而简便的方法,人们将傅里叶变换推广为拉普拉斯变换(Laplace Transform)。

本章首先从傅里叶变换导出拉普拉斯变换,引入复频率 $s = \sigma + j\omega$,以复指数函数 e^{st} 为基本信号,任意信号可分解为不同复频率的复指数分量之和。这里用于系统分析的独立变量是复频率 s,故称为复频域分析。

6.1　连续时间信号的复频域分析

6.1.1　拉普拉斯变换

6.1.1.1　从傅里叶变换到拉普拉斯变换

有些函数不满足绝对可积条件,求解傅里叶变换困难。为此,可用衰减因子 $e^{-\sigma t}$(σ 为实常数)乘信号 $f(t)$,适当选取 σ 的值,使乘积信号 $f(t)e^{-\sigma t}$ 当 $t \to \infty$ 时信号幅度趋近于 0,从而使 $f(t)e^{-\sigma t}$ 的傅里叶变换存在,可表示为

$$FT[f(t)e^{-\sigma t}] = \int_{-\infty}^{\infty} f(t)e^{-\sigma t}e^{-j\omega t}dt = \int_{0}^{\infty} e^{\sigma t}e^{-(\sigma + j\omega)t}dt$$

相应的傅里叶逆变换为

$$f(t)e^{-\sigma t} = \frac{1}{2\pi}\int_{-\infty}^{\infty} F(\sigma + j\omega)e^{j\omega t}d\omega$$

整理得

$$f(t) = \frac{1}{2\pi}\int_{-\infty}^{\infty} F(\sigma + j\omega)e^{(\sigma + j\omega)t}d\omega$$

若令 $s = \sigma + j\omega$,则 $d\omega = \dfrac{ds}{j}$,则上式可写为

$$F(s) = \int_{-\infty}^{\infty} f(t)e^{-st}dt \qquad (6-1)$$

对应的逆变换为

$$f(t) = \frac{1}{2\pi j}\int_{\sigma - j\omega}^{\sigma + j\omega} F_b(s)e^{st}ds \qquad (6-2)$$

我们把 $F(s)$ 称为 $f(t)$ 的双边拉氏变换(或像函数),而 $f(t)$ 称为 $F(s)$ 的双边拉氏逆变换(或原函数)。式(6-1)和(6-2)称为双边拉普拉斯变换对,$f(t)$ 与 $F(s)$ 之间这种变换

与反变换的关系可以用公式 $LT[f(t)] = F(s)$ 和 $ILT[F(s)] = f(t)$ 表示。

实际应用中所遇到的激励信号与系统响应为有始信号,即 $t < 0$ 时 $,f(t) = 0$,或者只需考虑 $t \geqslant 0$ 的部分。在这两种情况下,式(6-1)可写成

$$F(\omega) = \int_0^\infty f(t) e^{-j\omega t} dt \qquad (6-3)$$

式(6-3)中应该指出的是积分下限应当用 0_- 时,目的是把 0_- 时出现的冲激包含进去,这样,利用拉氏变换求解微分方程时,可以直接引用已知的初始状态 $f(0_-)$,当然如果函数在时间零点处连续,即 $f(0_-) = f(0_+)$ 则不必再区分 0_+ 和 0_- 了。为书写方便,今后一般仍写为 0,但其意义表示 $f(0_-)$,其反变换如式(6-4)所示,可以看出反变换积分限并不改变。

$$f(t) = \frac{1}{2\pi j} \int_{\sigma-j\omega}^{\sigma+j\omega} F(s) e^{st} ds \qquad (6-4)$$

式(6-3)和式(6-4)也是一组变换对,把式(6-3)称为单边拉普拉斯变换。

在此要说明一下,以后求信号的拉普拉斯变换时,如果没有特殊指明均指单边拉普拉斯变换。后面重点讨论单边拉氏变换。

单边拉氏变换的优点:(1)不仅可以求解零状态响应,而且可以求解零输入响应或全响应;(2)单边拉氏变换自动将初始条件包含在其中,而且只需要了解 $t = 0_-$ 时的情况就可以了;(3)时间 t 的取值范围为 $0 \sim \infty$,复频域变量 s 的取值范围为复平面(s 平面)的一部分;(4)任何可以拉普拉斯变换的信号,其拉氏变换 $F(s)$ 中一定没有冲激函数。

由以上分析可以看出,无论双边或单边拉普拉斯变换都可看成是傅里叶变换在复变数域中的推广,并且在傅氏变换中,ω 只能描述振荡的重复频率;拉氏变换中,s 不仅能给出振荡的重复频率,还可以表示振荡幅度的增长速率或衰减速率。可见变量表示的物理含义有了进一步的延伸。

【例6-1】 求 $u(t)$ 的拉氏变换。

解 $$LT[u(t)] = \int_0^\infty u(t) e^{-st} dt = \int_0^\infty e^{-st} dt = \frac{1}{s}$$

6.1.1.2 单边拉氏变换的收敛域

函数 $f(t)$ 乘以因子 $e^{-\sigma t}$ 以后,取时间 $t \to \infty$ 的极限,若当 $\sigma > \sigma_0$ 时该极限等于零,则函数 $e^{-\sigma t} f(t)$ 在 $\sigma > \sigma_0$ 的全部范围内是收敛的,其积分存在,可以进行拉氏变换。即

$$\lim_{t\to\infty} e^{\sigma t} f(t) = 0 \quad (\sigma > \sigma_0)$$

满足上式的函数称为指数阶函数。指数阶函数若具有发散特性,可借助于指数函数的衰减压下去。通常把使 $e^{-\sigma t} f(t)$ 满足绝对可积条件的 σ 值的范围称为拉氏变换的收敛域。在收敛域内,函数的拉普拉斯变换存在,在收敛域外,函数的拉普拉斯变换不存在。

(1)收敛坐标、收敛轴与收敛区

σ_0 与函数 $f(t)$ 的性质有关,根据 σ_0 的数值,可将 s 平面划分为两个区域。通过 σ_0 的垂直线是收敛区的边界,称为收敛轴,σ_0 在 s 平面内称为收敛坐标。如图6-1所示。

(2)几种信号的收敛域

① 对于右边信号,其收敛域在收敛轴的右边,如图6-2(a);

② 对于左边信号,其收敛域在收敛轴的左边,如图6-2(b);

③ 对于双边信号,其收敛域在某个区间内,如图6-2(c);

④ 对于有始有终的能量有限的信号,其收敛域为整个 s 平面,如图6-2(d)。

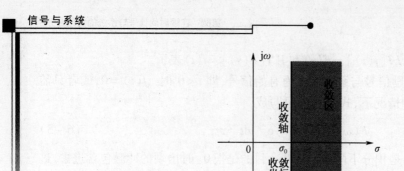

图6-1 收敛坐标、收敛轴与收敛区

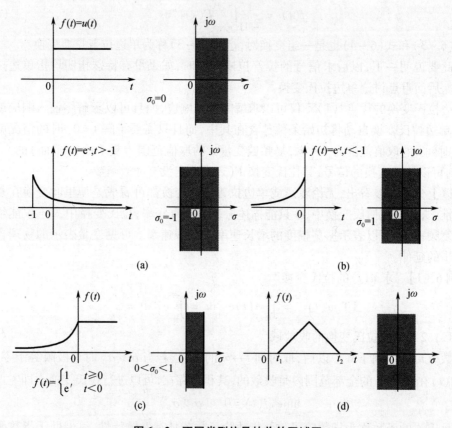

图6-2 不同类型信号的收敛区域区

（a）右边信号；（b）左边信号；（c）双边信号；（d）能量信号

从上面的讨论中可知，单边拉氏变换的收敛域是复平面 s 内，即

$$\text{Re}(s) = \sigma > \sigma_0$$

上式中 $\text{Re}(s)$ 表示复平面的收敛域。

单边拉氏变换的函数一般均满足指数阶的条件，且总存在收敛域，一般非特别说明，不再标注收敛域。双边拉普拉斯变换对并不一一对应，即便是同一个双边拉普拉斯变换表达式，由于收敛域不同，可能会对应两个完全不同的时间函数。因此，双边拉普拉斯变换必须标明收敛域。

（3）拉普拉斯变换与傅里叶变换的关系

由于拉氏变换是由傅氏变换推广而来的，当 $\sigma = 0$ 时，拉氏变换就是傅氏变换。对于有始信号，即 $t < 0$ 时，$f(t) = 0$，则 $f(t)$ 的拉氏变换即为单边拉氏变换。因而，单边拉氏变换与傅氏变换之间必有联系。本节讨论有始信号的傅氏变换与拉氏变换的关系，及由拉氏变换求取傅氏变换的方法。根据收敛坐标值，可分为三种情况：

① $\sigma_0 > 0$，傅氏变换不存在，不能由拉氏变换求得其傅氏变换；

② $\sigma_0 < 0$，在拉氏变换式中令 $s = j\omega$，就可得到傅氏变换；

③ $\sigma_0 = 0$，这时傅氏变换中必然包含有冲激函数或它们的导数。

6.1.1.3 常用函数的拉氏变换

下面给出一些典型信号的拉氏变换。因为 $f(t)$ 与 $f(t)u(t)$ 的单边拉氏变换相同，因此假定这些信号都是有始信号。

（1）阶跃函数

$$\mathrm{LT}[u(t)] = \frac{1}{s}$$

证明：

$$\mathrm{LT}[u(t)] = \int_0^\infty \mathrm{e}^{-st}\mathrm{d}t = \frac{1}{s}$$

（2）指数函数

$$\mathrm{LT}[\mathrm{e}^{-\alpha t}] = \frac{1}{s + \alpha} \quad (\sigma > -\alpha)$$

证明：

$$\mathrm{LT}[\mathrm{e}^{-\alpha t}] = \int_0^\infty \mathrm{e}^{-\alpha t}\mathrm{e}^{st}\mathrm{d}t = -\frac{1}{\alpha + s}\mathrm{e}^{-(\alpha + s)t}\Big|_0^\infty = \frac{1}{s + \alpha}$$

（3）t^n（n 是正整数）

$$\mathrm{LT}[t^n] = \frac{n!}{s^{n+1}}$$

（4）冲激函数

$$\mathrm{LT}[\delta(T)] = 1; \mathrm{LT}[\delta(t - t_0)] = \mathrm{e}^{-st_0}; \mathrm{LT}[\delta'(t)] = s$$

现在将常用信号的拉普拉斯变换列于表 6-1 中。

表 6-1 常用拉普拉斯变换

$f(t) \quad t > 0$	$F(s) = \mathrm{LT}[f(t)]$
$\delta(t)$	1
$u(t)$	$\dfrac{1}{s}$
e^{-at}	$\dfrac{1}{s + a}$
$t^n \quad n$ 是正整数	$\dfrac{n!}{s^{n+1}}$
$f(t) \quad t > 0$	$F(s) = \mathrm{LT}[f(t)]$
$\sin \omega t$	$\dfrac{\omega}{s^2 + \omega^2}$

表 **6-1**(续)

$\cos \omega t$	$\dfrac{s}{s^2 + \omega^2}$
$e^{-at}\sin(\omega t)$	$\dfrac{\omega}{(s+a)^2 + \omega^2}$
$e^{-at}\cos(\omega t)$	$\dfrac{s+a}{(s+a)^2 + \omega^2}$

6.1.1.4 拉氏变换的 MATLAB 实现方法

利用 MATLAB 的符号数学工具箱中的 Laplace 及 ilaplace 函数可实现单边拉普拉斯变换和拉普拉斯反变换,语句调用基本格式为:

(1)L = Laplace(f) f 是时域符号表达式,需通过 sym 函数定义;L 返回的是默认符号为自变量 s 的符号表达式。

(2)f = ilaplace(L) L 是 s 域符号表达式,需通过 sym 函数定义;f 返回的是默认符号为自变量 t 的符号表达式。

【**例6-2**】 利用 MATLAB 求:

(1)$f(t) = e^{-t}\sin(at)u(t)$ 的拉普拉斯变换;

(2)$F(s) = \dfrac{s^2}{s^2+1}$ 的拉普拉斯反变换。

解 (1)求拉普拉斯变换的 MATLAB 程序为 ep6_1.m;

(2)求拉普拉斯变换的 MATLAB 程序为 ep6_2.m。

ep6_1.m 程序清单

```
clear all;clc;
f = sym('exp( -t) * sin(a * t)');
L = laplace(f)
% 或
syms a t;
L = laplace(exp( -t) * sin(a * t))
```

运行结果:L = a/((s+1)^2 + a^2)

表示 $F(s) = \dfrac{a}{(s+1)^2 + a^2}$,与表 6-1 中结论相同。

ep6_2.m 程序清单

```
clear all;clc;
F = sym('s^2/(s^2+1)');
ft = ilaplace(F)
% 或
syms s
ft = ilaplace(s^2/(s^2+1))
```

运行结果:ft = dirac(t) - sin(t)

表示 $f(t) = \delta(t) - \sin(t)$。

6.1.2 拉普拉斯变换的性质

在实际应用中,通常不是利用定义式计算拉氏变换,而是巧妙地利用拉氏变换的一些基本性质来求取。拉氏变换的有些性质与傅氏变换性质极为相似,只要把傅氏变换中的 $j\omega$ 用 s 替代即可。但是傅氏变换是双边的,而我们这里讨论的拉氏变换是单边的,所以某些性质又有差别。下面我们介绍拉普拉斯变换的基本性质。

6.1.2.1 线性

若 $\mathrm{LT}[f_1(t)] = F_1(s)$,$\mathrm{LT}[f_2(t)] = F_2(s)$,则

$$\mathrm{LT}[K_1 f_1(t) + K_2 f_2(t)] = K_1 F_1(s) + K_2 F_2(s)$$

式中 K_1, K_2 为任意常数。

【例 6-3】 求 $f(t) = \sin(\omega t)$ 的拉氏变换。

解 根据欧拉公式

$$\sin \omega t = \frac{1}{2j}(e^{j\omega t} - e^{-j\omega t})$$

而

$$\mathrm{FT}[e^{j\omega t}] = \frac{1}{s - j\omega},\ \mathrm{FT}[e^{-j\omega t}] = \frac{1}{s + j\omega}$$

所以 $\mathrm{LT}[\sin(\omega t)] = \frac{1}{2j}\left[\frac{1}{s - j\omega} - \frac{1}{s + j\omega}\right] = \frac{\omega}{s^2 + \omega^2}$

6.1.2.2 时域微分

若 $\mathrm{LT}[f(t)] = F(s)$,则 $\mathrm{LT}\left[\dfrac{\mathrm{d}f(t)}{\mathrm{d}t}\right] = sF(s) - f(0)$。

但是当 $f(t)$ 在 $t = 0$ 处不连续时,$\dfrac{\mathrm{d}f(t)}{\mathrm{d}t}$ 在 $t = 0$ 处有冲激 $\delta(t)$ 存在,此时积分下限要从 0_- 开始,即 $\mathrm{LT}\left[\dfrac{\mathrm{d}f(t)}{\mathrm{d}t}\right] = sF(s) - f(0_-)$。

证明:根据拉普拉斯变换的定义

$$\mathrm{LT}\left[\frac{\mathrm{d}f(t)}{\mathrm{d}t}\right] = \int_{0_-}^{\infty} \frac{\mathrm{d}f(t)}{\mathrm{d}t} e^{-st} \mathrm{d}t$$

应用分部积分法,则有

$$\mathrm{LT}\left[\frac{\mathrm{d}f(t)}{\mathrm{d}t}\right] = \left[e^{-st}f(t)\right]\Big|_0^{\infty} - \int_0^{\infty}(-s)e^{-st}f(t)\mathrm{d}t = sF(s) - f(0_-)$$

公式进一步推广为

$$\mathrm{LT}\left[\frac{\mathrm{d}^2 f(t)}{\mathrm{d}t^2}\right] = s^2 F(s) - sf(s) - f'(0)$$

$$\mathrm{LT}\left[\frac{\mathrm{d}^n f(t)}{\mathrm{d}t^n}\right] = s^n F(s) - \sum_{r=0}^{n-1} s^{n-r-1} f(s) - f^{(r)}(0)$$

【例 6-4】 已知流经电感的电流 $i_L(t)$ 的拉氏变换为 $\mathrm{LT}[i_L(t)] = I_L(s)$,求电感电压 $V_L(t)$ 的拉氏变换。

解 因为

$$V_L(t) = \mathrm{LT}\frac{\mathrm{d}i_L(t)}{\mathrm{d}t}$$

所以 $\qquad V_L(s) = \mathrm{LT}[V_L(t)] = \mathrm{LT}\left[L\dfrac{\mathrm{d}i_L(t)}{\mathrm{d}t}\right] = sLI_L(s) - LI_L(0)$

若 $i_L(0) = 0$，则 $V_L(s) = sLI_L(s)$。

6.1.2.3　时域积分

若 $\mathrm{LT}[f(t)] = F(s)$，则

$$\mathrm{LT}\left[\int_{-\infty}^{t} f(\tau)\mathrm{d}\tau\right] = \frac{F(s)}{s} + \frac{f^{-1}(0)}{s}$$

上式中 $f^{-1}(0) = \displaystyle\int_{-\infty}^{0} f(\tau)\mathrm{d}\tau$，考虑积分式在 $t = 0$ 处可能有跳变，取 0_- 值。

【例 6-5】　已知流经电容的电流 $i_C(t)$ 的拉氏变换为 $\mathrm{LT}[i_C(t)] = I_C(s)$，求电容电压 $V_C(t)$ 的拉氏变换。

解　因为

$$V_C(t) = \frac{1}{C}\int_{-\infty}^{t} i_C(\tau)\mathrm{d}\tau$$

所以

$$V_C(s) = \mathrm{LT}\left[\frac{1}{C}\int_{-\infty}^{t} i_C(\tau)\mathrm{d}\tau\right] = \frac{1}{C}\left[\frac{I_C(s)}{s} + \frac{i_C^{(-1)}(0)}{s}\right] = \frac{I_C(s)}{Cs} + \frac{V_C(0)}{s}$$

$$= \frac{I_C(s)}{Cs} \quad (\text{当 } V_C(0) = 0 \text{ 时})$$

其中

$$V_C(0) = \frac{1}{C}\int_{-\infty}^{0} i_C(\tau)\mathrm{d}\tau$$

6.1.2.4　时域平移

若 $\mathrm{LT}[f(t)] = F(s)$，则

$$\mathrm{LT}[f(t - t_0)u(t - t_0)] = \mathrm{e}^{-st_0}F(s) \quad t_0 > 0$$

上式中 $t_0 > 0$ 的规定对于单边拉氏变换是十分必要的，因为若 $t_0 < 0$，信号的波形有可能左移越过原点，这将导致原点以左部分不能包含在从 0_- 到 ∞ 的积分中去，因而造成错误。

6.1.2.5　s 域平移

若 $\mathrm{LT}[f(t)] = F(s)$，则 $\mathrm{LT}[f(t)\mathrm{e}^{-at}] = F(s + a)$。

【例 6-6】　求 $\mathrm{e}^{-at}\sin(\omega t)$ 的拉氏变换。

解　由于

$$\mathrm{LT}[\sin(\omega t)] = \frac{\omega}{s^2 + \omega^2}$$

所以

$$\mathrm{LT}[\mathrm{e}^{-at}\sin(\omega t)] = \frac{\omega}{(s + a)^2 + \omega^2}$$

6.1.2.6　尺度变换

若 $\mathrm{LT}[f(t)] = F(s)$，则 $\mathrm{LT}[f(at)] = \dfrac{1}{a}F\left(\dfrac{s}{a}\right) \quad (a > 0)$。

【例 6-7】　已知 $\mathrm{LT}[f(t)] = F(s)$，若 $a > 0, b > 0$，求 $\mathrm{LT}[f(at - b)u(at - b)]$。

解　根据延时定理有

$$\text{LT}[f(t-b)u(t-b)] = F(s)\mathrm{e}^{-bs}$$

所以

$$\text{LT}[f(at-b)u(at-b)] = \frac{1}{a}F\left(\frac{s}{a}\right)\mathrm{e}^{-\frac{b}{a}s}$$

在求解时,也可先用尺度变换特性,再用延时定理。

6.1.2.7 初值与终值定理

(1)初值定理

定理:若函数 $f(t)$ 及其导数 $\dfrac{\mathrm{d}f(t)}{\mathrm{d}t}$ 可以进行拉氏变换,$f(t)$ 的变换式为 $F(s)$,则 $\lim\limits_{t\to 0_+}f(t) = f(0_+) = \lim\limits_{s\to\infty}sF(s)$。

在初值定理中,只有在 $F(s)$ 为真分式时才能使用,否则需对 $F(s)$ 进行化简。若 $f(t)$ 包含冲激函数 $k\delta(t)$,则 $\text{LT}[f(t)] = F(s) = k + F_1(s)$($F_1(s)$ 为真分式),此时 $f(0_+) = \lim\limits_{s\to\infty}[sF(s)-ks] = \lim\limits_{s\to\infty}sF_1(s)$。

【例 6-8】 已知 $F(s) = \text{LT}[f(t)] = \dfrac{-s}{s+1}$,求初值 $f(0^+)$。

解

$$F(s) = \frac{-s}{s+1} = -1 + \frac{1}{s+1}$$

$$f(0_+) = \lim_{s\to\infty}s\left[\frac{1}{s+1}\right]$$

(2)终值定理

定理:若函数 $f(t)$ 及其导数 $\dfrac{\mathrm{d}f(t)}{\mathrm{d}t}$ 可以进行拉氏变换,$f(t)$ 的变换式为 $F(s)$,则 $\lim\limits_{t\to\infty}f(t) = f(\infty) = \lim\limits_{s\to 0}sF(s)$。

上式成立的条件是 $\lim\limits_{t\to\infty}f(t)$ 存在,这相当于 $F(s)$ 的极点都在复频域 s 平面的左半平面,并且如果在虚轴上有极点的话,只能在原点处有单极点,即系统是稳定系统。当电路较为复杂时,初值与终值定理的方便之处尤为突出,它不需要作逆变换即可求出原函数的初值和终值(对某些反馈系统,如锁相环路系统的稳定性分析就是如此)。

【例 6-9】 已知 $F(s) = \dfrac{5}{s(s^2+3s+2)}$,试求 $f(t)$ 的终值。

解 因为 $F(s)$ 的极点为 $s = 0,1,2$,满足终值定理的条件。所以有

$$f(\infty) = \lim_{s\to 0}sF(s) = \lim_{s\to 0}\frac{5}{s^2+3s+2} = \frac{5}{2}$$

6.1.2.8 卷积定理

若 $\text{LT}[f_1(t)] = F_1(s)$,$\text{LT}[f_2(t)] = F_2(s)$,则

$$\text{LT}[f_1(t)*f_2(t)] = F_1(s)F_2(s)$$

$$\text{LT}[f_1(t)f_2(t)] = \frac{1}{2\pi\mathrm{j}}[F_1(s)*F_2(s)]$$

复卷积定理说明时域中的乘法运算相应于复频域中的卷积运算,即两时间函数乘积的拉普拉斯变换等于两时间函数的拉普拉斯变换相卷积并除以常数。

例如,在求 LTI 系统零状态响应时,激励为 $e(t)$ 时响应表达式为 $r(t) = h(t)*e(t)$,根

据卷积定理可得到 $R(s) = E(s) \cdot H(s)$,则系统函数 $H(s) = \dfrac{R(s)}{E(s)}$。

6.1.2.9 s 域微分、s 域积分

若 $\mathrm{LT}[f_1(t)] = F(s)$,则 $\mathrm{LT}[-tf(t)] = \dfrac{\mathrm{d}F(s)}{\mathrm{d}s}$, $\mathrm{LT}\left[\dfrac{f(t)}{t}\right] = \displaystyle\int_s^\infty F(s)\,\mathrm{d}s$。

【例 6-10】 已知 $\mathrm{LT}[u(t)] = \dfrac{1}{s}$,求 $\mathrm{LT}[tu(t)]$ 和 $\mathrm{LT}[t^2 u(t)]$。

解 利用复频域微分性质可得到

$$\mathrm{LT}[tu(t)] = -\frac{\mathrm{d}}{\mathrm{d}s}\left(\frac{1}{s}\right) = \frac{1}{s^2}$$

$$\mathrm{LT}[t^2 u(t)] = -\frac{\mathrm{d}}{\mathrm{d}s}\left(\frac{1}{s^2}\right) = \frac{2}{s^3}$$

现将拉普拉斯变换的常用性质列在表 6-2 中,以便查阅。

表 6-2　拉普拉斯变换的基本性质

性质	时域 $f(t)$,$t \geq 0$	复频域 $F(s)$
线性	$a_1 f_1(t) + a_2 f_2(t)$	$a_1 F_1(s) + a_2 F_2(s)$
尺度变换	$f(at)$	$\dfrac{1}{a}F\left(\dfrac{s}{a}\right)$
时移性	$f(t-t_0)u(t-t_0)$	$F(s)\mathrm{e}^{-st}$
s 域平移	$f(t)\mathrm{e}^{s_0 t}$	$F(s-s_0)$
时域微分	$\dfrac{\mathrm{d}}{\mathrm{d}t}f(t)$	$sF(s) - f(0_-)$
时域积分	$\displaystyle\int_{-\infty}^{t} f(\tau)\,\mathrm{d}\tau$	$\dfrac{F(s)}{s} + \dfrac{\displaystyle\int_{-\infty}^{0} f(\tau)\,\mathrm{d}\tau}{s}$
复频域微分	$tf(t)$	$-\dfrac{\mathrm{d}}{\mathrm{d}s}F(s)$
复频域积分	$\dfrac{f(t)}{t}$	$\displaystyle\int_s^\infty F(s)\,\mathrm{d}s$
时域卷积	$f_1(t) * f_2(t)$	$F_1(s)F_2(s)$
复频域卷积	$f_1(t)f_2(t)$	$\dfrac{1}{2\pi\mathrm{j}}[F_1(s) * F_2(s)]$
初值定理	$f(0_+) = \lim\limits_{t \to 0_+} f(t) = \lim\limits_{s \to \infty} sF(s)$	
终值定理	$f(\infty) = \lim\limits_{t \to \infty} f(t) = \lim\limits_{s \to 0} sF(s)$	

6.1.3　拉普拉斯反变换

我们把从像函数 $F(s)$ 求原函数 $f(t)$ 的过程称为拉普拉斯反变换。简单的拉普拉斯反变换只要应用表 6-2 和拉氏变换的性质便可得到相应的 $f(t)$。求取复杂拉氏变换式的反

变换通常用部分分式法,将复杂变换式分解为许多简单变换式之和,然后分别查表即可求得原信号,它适合于 $F(s)$ 为有理函数的情况。还有一种方法是围线积分法,直接进行拉普拉斯反变换积分。本节主要讲述部分分式分解法,其他解法本节不做介绍。

若像函数 $F(s)$ 是 s 的有理分式,则 $F(s)$ 可表示为

$$F(s) = \frac{A(s)}{B(s)} = \frac{a_m s^m + a_{m-1} s^{m-1} + \cdots + a_1 s + a_0}{b_n s^n + b_{n-1} s^{n-1} + \cdots + b_1 s + b_0} \qquad (6-5)$$

若 $m \geqslant n$(假分式)时,可用多项式除法将像函数 $F(s)$ 分解为有理多项式 $P(s)$ 与有理真分式之和,如下表达式所示。

$$F(s) = P(s) + \frac{A_0(s)}{B(s)} \qquad (6-6)$$

如　　　　　$F(s) = \dfrac{A(s)}{B(s)} = \dfrac{3s^3 - 2s^2 - 7s + 1}{s^2 + s - 1} = 3s - 5 + \dfrac{s-4}{s^2 + s - 1}$

多项式部分的拉氏反变换是冲激函数及其导数,可以直接求得。例如

$$LT[3s - 5] = 3\delta'(t) - 5\delta(t)$$

当 $m < n$ 时,式(6-5)中 $B(s)$ 称为 $F(s)$ 的特征多项式,方程 $B(s) = 0$ 称为特征方程,它的根称为特征根,也称为 $F(s)$ 的极点。若满足表达式 $A(s) = 0$,对应的点被称为零点。

一般情况下拉普拉斯变换多为真分式。下面主要讨论根据极点的不同情况将真分式分解为部分分式的方法。

6.1.3.1　极点为实数、无重根

可将式(6-5)分解为

$$F(s) = \frac{a_m s^m + a_{m-1} s^{m-1} + \cdots + a_0}{b_n(s - p_1)(s - p_2)\cdots(s - p_n)} = \frac{k_1}{s - p_1} + \frac{k_2}{s - p_2} + \cdots + \frac{k_n}{s - p_n} \qquad (6-7)$$

式中 $k_1, k_2, \cdots, k_n$ 为待定系数;p_n 为 $F(s)$ 的极点,下面主要是求 k_1, k_2, k_n 的值。

因为

$$(s - p_1) = F(s) = k_1 + \frac{(s - p_1)k_2}{(s - p_2)} + \cdots + \frac{(s - p_1)k_n}{(s - p_n)} = k_1 \qquad (s = p_1)$$

所以

$$k_1 = (s - p_1)F(s)|_{s = P_1}$$

同理可得到 $k_i = (s - p_i)F(s)|_{s = p_i}(i = 1, 2, \cdots, n)$,将求得的 k_i 代入(6-7),就可得 $F(s)$ 的表达式,那么 $F(s)$ 的拉普拉斯反变换 $f(t)$ 为

$$f(t) = ILT\left[\frac{k_1}{s - p_1}\right] + ILT\left[\frac{k_2}{s - p_2}\right] + \cdots + ILT\left[\frac{k_n}{s - p_n}\right]$$

$$= k_1 e^{p_1 t} + k_2 e^{p_2 t} + \cdots + k_n e^{p_n t} = \sum_{i=1}^{n} e^{p_i t} \qquad (6-8)$$

6.1.3.2　包含共轭复数极点

采用实数极点求分解系数的方法计算起来繁琐,不提倡采用。对于这种情况我们通常采用下面的解法。

设　　　　　$F(s) = \dfrac{A(s)}{D(s)[(s + \alpha)^2 + \beta^2]} = \dfrac{A(s)}{D(s)(s + \alpha - j\beta)(s + \alpha + j\beta)}$

令　　　　　　　　　　　　　$F_1(s) = \dfrac{A(s)}{D(s)}$

所以
$$F(s) = \frac{F_1(s)}{(s+\alpha-\mathrm{j}\beta)(s+\alpha+\mathrm{j}\beta)} = \frac{k_1}{s+\alpha-\mathrm{j}\beta} + \frac{k_2}{s+\alpha+\mathrm{j}\beta} + \cdots \tag{6-9}$$

其中 k_1, k_2 的值为

$$k_1 = (s+\alpha-\mathrm{j}\beta)F_1(s)\big|_{s=-\alpha+\mathrm{j}\beta} = \frac{F_1(-\alpha+\mathrm{j}\beta)}{2\mathrm{j}\beta}$$

$$k_2 = (s+\alpha+\mathrm{j}\beta)F_1(s)\big|_{s=-\alpha-\mathrm{j}\beta} = \frac{F_1(-\alpha-\mathrm{j}\beta)}{-2\mathrm{j}\beta}$$

可以看出 k_1 与 k_2 共轭,即

$$\begin{cases} k_1 = A + \mathrm{j}B \\ k_2 = k_1^* = A - \mathrm{j}B \end{cases}$$

所以,只要求出 k_1, k_2 其中一个待定系数值就可以,另外一个是共轭关系。从而求 $F(s)$ 共轭部分的逆变换 $f_C(t)$,即

$$f_C(t) = \mathrm{ILT}\left[\frac{k_1}{s+\alpha-\mathrm{j}\beta} + \frac{k_2}{s+\alpha+\mathrm{j}\beta}\right] = \mathrm{e}^{-\alpha t}(k_1\mathrm{e}^{\mathrm{j}\beta t} + k_2\mathrm{e}^{-\mathrm{j}\beta t}) = 2\mathrm{e}^{-\alpha t}[A\cos(\beta t) - B\sin(\beta t)]$$

$$\tag{6-10}$$

【例 6 - 11】 求 $F(s) = \dfrac{s^2+3}{(s^2+2s+5)(s+2)}$ 的逆变换。

解

$$F(s) = \frac{s_2+3}{(s+1+\mathrm{j}2)(s+1-\mathrm{j}2)(s+2)} = \frac{k_0}{s+2} + \frac{k_1}{s+1-\mathrm{j}2} + \frac{k_2}{s+1+\mathrm{j}2}$$

$$k_0 = (s+2)F(s)\big|_{s=-2} = \frac{7}{5}$$

$$k_1 = (s+1-\mathrm{j}2)F(s)\big|_{s=-1+\mathrm{j}2} = \frac{-1+\mathrm{j}2}{5}$$

可见 $\alpha=1, \beta=2, A=-\dfrac{1}{5}, B=\dfrac{2}{5}$ (α, β, B 为正,A 可正可负),故

$$f(t) = k_0\mathrm{e}^{-2t} + 2\mathrm{e}^{-\alpha t}[A\cos(\beta t) - B\sin(\beta t)] = \frac{7}{5}\mathrm{e}^{-2t} - 2\mathrm{e}^{-t}\left[\frac{1}{5}\cos(2t) + \frac{2}{5}\sin(2t)\right] \quad (t \geqslant 0)$$

在利用 MATLAB 实现部分分式分解法求拉普拉斯逆变换时,可直接得到部分分式的系数、极点和自由项,根据这些参数写出变换结果。实现程序为 ep6_3.m。

ep6_3.m 程序清单

```
b = [1,0,3];%F(s)分子多项式系数
a1 = [1,2,5];%F(s)分母多项式第一个分式系数
a2 = [1,2];%F(s)分母多项式第二个分式系数
a = conv(a1,a2);%计算F(s)分母多项式系数
[r,p,k] = residue(b,a)%部分分式展开,得到系数r,极点p和自由项k
```

运行结果:

```
r =                          %3 个部分分式系数
    -0.2000 + 0.4000i
    -0.2000 - 0.4000i
     1.4000
```

```
p =                                    %3个极点(特征根)
    -1.0000 + 2.0000i
    -1.0000 - 2.0000i
    -2.0000
k = 1                                  %自由项为空,因为分子阶数小于分母阶数
    [ ]
```

由运行结果可见,与理论计算中得到的部分分式系数、极点和自由项完全相同。

6.1.3.3 多重极点

令

$$F(s) = \frac{A(s)}{B(s)} = \frac{A(s)}{(s-p_1)^k D(s)}$$

$$= \frac{k_{11}}{(s-p_1)^k} + \frac{k_{12}}{(s-p_1)^{k-1}} + \cdots + \frac{k_{1k}}{(s-p_1)} + \frac{E(s)}{D(s)} \qquad (6-11)$$

其中

$$k_{1i} = \frac{1}{(i-1)} \cdot \frac{d^{i-1}}{ds^{i-1}} [(s-p_1)^k F(s)]\big|_{s=p_1}, i = 1,2,\cdots,k \qquad (6-12)$$

例如,有 $k_{11} = (s-p_1)^k F(s)\big|_{s=p_1}$, $k_{12} = \frac{d}{ds}F_1(s)\big|_{s=p_1}$, $k_{13} = \frac{1}{2}\frac{d^2}{ds^2}F_1(s)\big|_{s=p_1}$,一直到 k_{1i}。

【例6-12】 求 $F(s) = \dfrac{s-2}{s(s+3)^3}$ 的逆变换。

解 因为

$$F(s) = \frac{k_{11}}{(s+1)^3} + \frac{k_{12}}{(s+1)^2} + \frac{k_{13}}{(s+1)} + \frac{k_2}{s}$$

所以

$$k_2 = sF(s)\big|_{s=0} = -2$$

$$F_1(s) = (s+1)^3 F(s) = \frac{s-2}{s}$$

$$k_{11} = (s+1)^3 F(s)\big|_{s=-1} = -3$$

$$k_{12} = \frac{d}{ds}F_1(s)\bigg|_{s=-1} = \left(\frac{s-2}{s}\right)'\bigg|_{s=-1} = \frac{2}{s^2}\bigg|_{s=-1} = 2$$

$$k_{13} = \frac{1}{2}\frac{d^2}{ds^2}F_1(s)\bigg|_{s=-1} = \frac{1}{2} \times (-4) \times \frac{1}{s^3}\bigg|_{s=-1} = 2$$

故有

$$F(s) = \frac{3}{(s+1)^3} + \frac{2}{(s+1)^2} + \frac{2}{(s+1)} - \frac{2}{s} = \frac{3}{2}t^2 e^{-t} + 2te^{-t} + 2e^{-t} - 2 \quad (t \geq 0)$$

利用 MATLAB 实现上述计算的程序为 ep6_4.m。

ep6_4.m 程序清单

```
clear all;close all;clc;
b = [1, -2];%F(s)分子多项式系数
a1 = [1,0];%F(s)分母多项式第一个分式系数
a2 = [1,1];%F(s)分母多项式第二个分式系数
```

a = conv(conv(a1,a2),conv(a2,a2));%计算 $F(s)$ 分母多项式系数

[r,p,k] = residue(b,a)%部分分式展开,得到系数 r,极点 p 和自由项 k

运行结果:

r = 1   %4 个部分分式系数

  2.0000

  2.0000

  3.0000

  - 2.0000

p =   %4 个极点(一重极点、三重极点各一个)

  - 1.0000

  - 1.0000

  - 1.0000

  0

k =   % 自由项为空,因为分子阶数小于分母阶数

  [ ]

6.2 系统响应的复频域分析

拉普拉斯变换分析法是分析线性连续系统的有力工具,它将描述系统的时域微积分方程变换为 s 域的代数方程,便于运算和求解;变换自动包含初始状态,既可分别求得零输入响应、零状态响应,也可同时求得系统的全响应。在前面计算结果阶跃函数可写,也可不写。但本节是应用,有了物理意义一般要在表达式结尾添加 $u(t)$ 或 $t>0$。

6.2.1 微分方程的复频域求解

用拉普拉斯变换分析法求取系统的响应,可通过对系统的微分方程两侧进行拉普拉斯变换来得到。下面以二阶常系数线性微分方程为例进行详细说明。

例如

$$a_2 y''(t) + a_1 y'(t) + a_0 y(t) = b_1 x'(t) + b_0 x(t) \qquad (6-13)$$

对微分方程两边取拉氏变换,利用时域微分性质,有

$$a_2 [s^2 Y(s) - sy(0_-) - y'(0_-)] + a_1 [sY(s) - y(0_-)] + a_0 Y(s)$$

$$= b_1 [sX(s) - x(0_-)] + b_0 X(s)$$

并假定为有始信号,即 $t<0,x(t)=0$,因而有

$$x(0_-) = 0, x'(0_-) = x''(0_-) = \cdots = x^{(n-1)}(0_-) = 0$$

将初始条件代入方程后,整理得

$$(a_2 s^2 + a_1 s + a_0) Y(s) = (b_1 s + b_0) X(s) + a_2 sy(0_-) + a_2 y'(0_-) + a_1 y(0_-)$$

由此可见,时域中的微分方程已转换为复频域中的代数方程,并且自动地引入初始状态,这样十分便于直接求出全响应。全响应的复频域表示形式为

$$Y(s) = \frac{b_1 s + b_0}{a_2 s^2 + a_1 s + a_0} X(s) + \frac{a_2 sy(0_-) + a_2 y'(0_-) + a_1 y(0_-)}{a_2 s^2 + a_1 s + a_0} = Y_{zs}(s) + Y_{zi}(s) \quad (6-14)$$

式(6-14)中,$y'(0_-)$表示响应$y(t)$的 1 阶导数的初始状态。由式(6-14)的结果可以发现,系统响应由两部分组成:一部分是由激励产生的零状态响应;另一部分是系统的初始状态产生的零输入响应。

令$Y_{zs}(s) = H(s)X(s)$,有

$$H(s) = \frac{Y_{zs}(s)}{X(s)} = \frac{b_1 s + b_0}{a_2 s^2 + a_1 s + a_0} \tag{6-15}$$

式(6-15)称为系统函数,它是零状态响应的拉氏变换与激励的拉氏变换之比,称为系统函数。

对$Y(s)$进行反变换,可得全响应的时域表达式为

$$y(t) = \text{ILT}[Y_{zs}(s)] + \text{ILT}[Y_{zi}(s)] = y_{zs}(t) + y_{zi}(t) \tag{6-16}$$

所以采用上面的方法就可求得系统的全响应。

【例6-13】 已知系统微分方程为

$$y''(t) + 3y'(t) + 2y(t) = x(t)$$

激励信号$x(t) = 4e^{-2t}u(t)$,起始条件为$y(0_-) = 3, y'(0_-) = 4$,求系统的零输入响应$y_{zi}(t)$、零状态响应$y_{zs}(t)$以及完全响应$y(t)$。

解 对系统微分方程两边进行拉普拉斯变换,并利用起始条件,得

$$s^2 Y(s) - sy(0_-) - y'(0_-) + 3[sY(s) - y(0_-)] + 2Y(s) = X(s)$$

其中,$X(s)$为激励信号$x(t)$的拉氏变换,代入起始条件,整理上式,得

$$Y(s) = \frac{3s + 13}{s^2 + 3s + 2} + \frac{X(s)}{s^2 + 3s + 2}$$

上式中第一项为零输入响应的拉氏变换,第二项为零状态响应的拉氏变换。

借助 MATLAB 求系统时域解的程序为 ep6_5.m。

ep6_5.m 程序清单

```
clear all;clc;
% 拉普拉斯变换法求解微分方程
syms t s;
Yzis = (3*s+13)/(s^2+3*s+2);
yzi = ilaplace(Yzis)
xt = 4*exp(-2*t)*Heaviside(t);
Xs = laplace(xt);
Yzss = Xs/(s^2+3*s+2);
yzs = ilaplace(Yzss)
yt = simplify(yzi+yzs)
```

运行结果:

yzi = -7*exp(-2*t)+10*exp(-t)

yzs = 4*exp(-t)+4*(-1-t)*exp(-2*t)

yt = -11*exp(-2*t)+14*exp(-t)-4*t*exp(-2*t)

由上述程序运行结果可以直接得到系统零输入响应、零状态响应及完全响应的时域解。

系统的零输入响应:$y_{zi}(t) = (10e^{-t} - 7e^{-2t})u(t)$

系统的零状态响应：$y_{zs}(t) = (4e^{-t} - 4te^{-2t} - 4e^{-2t})u(t)$

系统的完全响应：$y(t) = y_{zi}(t) + y_{zs}(t) = (14e^{-t} - 4te^{-2t} - 11e^{-2t})u(t)$

本例可以用讲述的方法直接进行 MATLAB 仿真,观察响应波形。

6.2.2　电路的复频域模型

当已知电路时,可根据复频域电路模型,直接列出求解复频域响应的代数方程,这样列方程就变得简单了。在复频域对电路进行分析,可以简化电路系统的分析过程。下面给出几种具体的复频域电路模型。

由电路的基本知识可知电阻元件的电压与电流的时域关系为

$$V_R(t) = Ri_R(t) \tag{6-17}$$

$$V_C(t) = \frac{1}{C}\int_{0_-}^{t} i_C(\tau)\,d\tau + v_C(0_-) \tag{6-18}$$

$$V_L(t) = L\frac{di_L(t)}{dt} \tag{6-19}$$

将上式两边分别取拉氏变换,得

$$V_R(s) = RI_R(s) \tag{6-20}$$

$$V_C(s) = \frac{1}{sC}I_C(s) + \frac{1}{s}v_C(0) \tag{6-21}$$

$$V_L(s) = sLI_L(s) - Li_L(0) \tag{6-22}$$

经过变换后的方程可直接用来处理 s 域中 $V(s)$ 和 $I(s)$ 之间的关系,对于每个关系可以构建成一个 s 域模型,如图 6-3 所示。

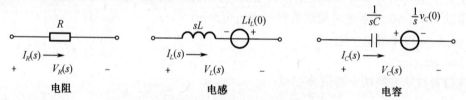

图 6-3　s 域元件模型(回路分析)

在式(6-21)和式(6-22)中起始状态引起的附加项,在图 6-3 中用串联的电压源来表示。这样做,实质是把 KVL 和 KCL 直接用于 s 域,可直接根据模型列出 s 域方程。然而,图 6-3 的模型并非是唯一的 s 域模型,将式(6-20)至式(6-22)对电流求解可以得到

$$i_R(t) = \frac{1}{R}v_R(t) \tag{6-23}$$

$$I_C(s) = sCV_C(s) - Cv_C(0) \tag{6-24}$$

$$I_L(s) = \frac{1}{sL}V_L(s) + \frac{i_L(0)}{s} \tag{6-25}$$

对应的 s 域模型如图 6-4 所示。

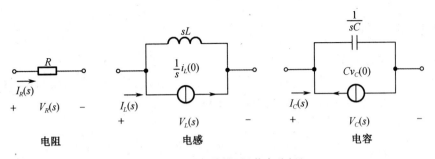

图 6 - 4 s 域元件模型(节点分析)

【例 6 - 14】　电路如图 6 - 5,当 $t < 0$ 时,开关位于"1"端,电路的状态已经稳定,$t = 0$ 时开关从"1"端打到"2"端,分别求系统时域响应 $v_C(t)$ 与 $v_R(t)$。

解　首先画出 s 域模型,如图 6 - 6 所示。

由图 6 - 6 可得

$$\left(R + \frac{1}{sC} \right) I(s) = \frac{E}{s} + \frac{E}{s}$$

化简后得到 $I(s)$ 为

$$I(s) = \frac{2E}{s\left(R + \dfrac{1}{sC} \right)}$$

因此 $V_C(s)$ 为

$$V_C(s) = \frac{I(s)}{sC} - \frac{E}{s} = \frac{2E}{s(sCR+1)} - \frac{E}{s} = \frac{E\left(\dfrac{1}{RC} - s \right)}{s\left(s + \dfrac{1}{RC} \right)} = E\left(\frac{1}{s} - \frac{2}{s + \dfrac{1}{RC}} \right)$$

所以

$$V_C(t) = E - 2E\mathrm{e}^{-\frac{t}{RC}} \quad (t \geqslant 0)$$

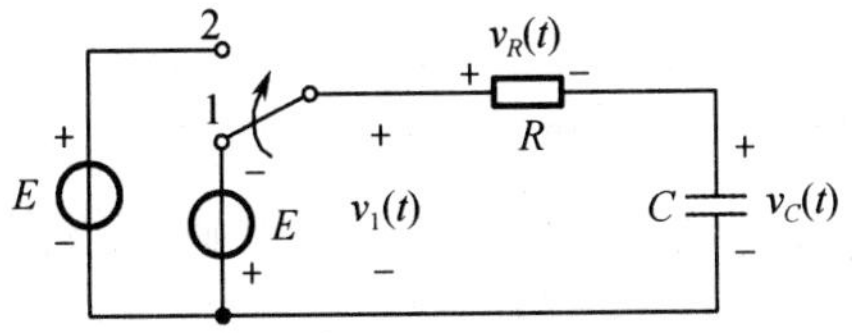

图 6 - 5　例 6 - 14 电路图 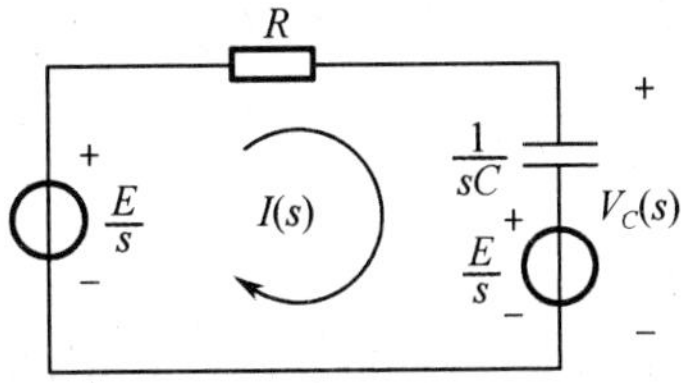　　　　图 6 - 6　例 6 - 14 电路 s 域模型图

6.3　系统函数与系统特性

在系统的起始状态为零的情况下,系统函数是描述连续时间系统特性的重要特征参数。通过分析 $H(s)$ 在 s 平面的零极点分布,可以了解系统的时域特性、频域特性,以及稳定性等特性。

6.3.1 系统函数

6.3.1.1 系统函数

系统函数 $H(s)$ 是在零状态条件下系统的零输入响应的拉普拉斯变换与激励的拉普拉斯变换之比,其系统函数的表达式如式(6-26)所示。

$$H(s) = \frac{R_{zs}(s)}{E(s)} = \frac{\sum_{j=0}^{m} b_j s^j}{\sum_{i=0}^{n} a_i s^i} = \frac{b_m s^m + b_{m-1} s^{m-1} + \cdots + b_1 s + b_0}{a_n s^n + a_{n-1} s^{n-1} + \cdots + a_1 s + a_0} \qquad (6-26)$$

所以,当已知系统时域描述的微分方程时,就很容易直接写出系统复频域描述的系统函数,反之亦然。

关于系统函数 $H(s)$ 有以下几点说明:

(1) $H(s)$ 可以是阻抗、导纳或数值比;

(2)若激励与响应是同一端口,则 $H(s)$ 称为"策动点函数"(或"驱动点函数");

(3)若激励与响应不在同一端口,则 $H(s)$ 称为"转移点函数"(或"传输函数");

(4)驱动点函数只能是阻抗或导纳;转移函数可以是阻抗、导纳或比值。

6.3.1.2 系统函数的零、极点

一般来说,线性系统的系统函数是以多项式之比的形式出现的。将式(6-26)给出的系统函数的分子、分母进行因式分解,进一步可得

$$H(s) = \frac{N(s)}{D(s)} = H_0 \frac{(s-z_1)(s-z_2)\cdots(s-z_m)}{(s-p_1)(s-p_2)\cdots(s-p_n)} = H_0 \frac{\prod_{j=1}^{m}(s-z_j)}{\prod_{i=1}^{n}(s-p_i)} \qquad (6-27)$$

式中:H_0 为一常数;$z_1,z_2,\cdots,z_m$ 是系统函数分子多项式 $N(s)=0$ 的根,称为系统函数的零点,即当复变量 s 位于零点时,系统函数 $H(s)$ 的值等于零。$p_1,p_2,\cdots,p_n$ 是系统函数分母多项式 $D(s)$ 的根,称为系统函数的极点,即当复变量 s 位于极点时,系统函数 $H(s)$ 的值为无穷大。$(s-z_j)$ 称为零点因子,$(s-p_i)$ 称为极点因子。

将系统函数的零极点绘在 s 平面上,零点用"。"表示,极点用"×"表示,这样得到的图形称为系统函数的零极点分布图。系统函数的零极点可能是重阶的,在画零极点分布图时,若遇到 n 重零点或极点,则在相应的零极点旁标注(n)。

6.3.2 系统特性

6.3.2.1 系统的稳定性

系统的稳定性(Stability)是指这样一种特性,即当激励是有限时,系统的响应亦是有限的,而不可能随时间无限增长。对于一个无独立激励源的系统,如果因为外部或内部的原因,其中存在某种随时间变化的电流或电压,则这些电流、电压值终将趋向于零值。无源系统必定是稳定的,否则就不符合能量守恒的原则。所以,判别一个系统是否稳定,或者判别它在何种情况下将是稳定或不稳定,就成为一名设计者必须考虑的问题。

稳定性是系统自身的性质之一,系统是否稳定与激励信号的形式无关。

若线性系统的激励为 $e(t)$,对应的响应为 $r(t)$,如图6-7所示。如果 $|e(t)| \leq M_e, 0 \leq$

$t < \infty$,且$|r(t)| \leq M_r, 0 \leq t < \infty$,则称系统是稳定系统,其中 M_e, M_r 为实数。

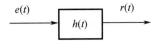

图 6-7 线性系统框图

在控制和通信系统中,广泛地采用着有源的反馈系统(Feedback system),这种系统可能是不稳定的。不稳定的反馈系统不能有效地工作。首先我们先看一下反馈系统的基本定义。

反馈系统指系统的输出或部分输出反过来馈送到输入处,从而引起输出本身变化的闭环系统,如图 6-8 所示。

由反馈系统框图得

$$[R(s) - H(s)Y(s)]G(s) = Y(s)$$

$$T(s) = \frac{Y(s)}{R(s)} = 1 + \frac{G(s)}{1 + G(s)H(s)} \quad (6-28)$$

其中,$T(s)$ 表示整个反馈系统的系统函数;$G(s)H(s)$ 表示系统中的环开路时的开环转移函数;$G(s)$ 表示前向转移函数。

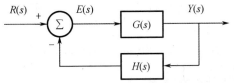

图 6-8 反馈系统框图

判别一个反馈系统是否渐进稳定,要看系统函数 $T(s)$ 的极点是否全在左半平面,或者看系统的特征方程 $1 + G(s)H(s) = 0$ 的根的实部是否全部为负。

【例 6-15】 线性反馈系统如图 6-9 所示,讨论当 k 从 0 增长时,系统稳定性的变化。

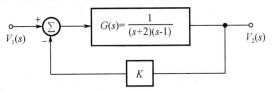

图 6-9 例 6-15 图

解 由图 6-9 可以得到

$$V_2(s) = [V_1(s) - kV_1(s)]G(s)$$

$$\frac{V_2(s)}{V_1(s)} = \frac{G(s)}{1 + kG(s)} = \frac{\dfrac{1}{(s-1)(s+2)}}{1 + \dfrac{k}{(s-1)(s+2)}} = \frac{1}{(s-1)(s+2) + k} = \frac{1}{s^2 + s - 2 + k} = \frac{1}{(s-p_1)(s-p_2)}$$

极点

$$p_{1,2} = -\frac{1}{2} \pm \sqrt{\frac{9}{4} - k}$$

极点变换情况分析:

（1）$k=0$ 时，$p_1=-2$，$p_2=+1$；

（2）$k=2$ 时，$p_1=-1$，$p_2=0$；

（3）$k=\dfrac{9}{4}$ 时，$p_1=p_2=-\dfrac{1}{2}$；

（4）$k>\dfrac{9}{4}$ 时，有共轭复根，在左半平面。

系统稳定性判定：

（1）$k=2$ 时，有一极点在虚轴上且为一阶，此时为临界稳定系统；

（2）$k<2$ 时，有一极点在右半平面，故为不稳定系统；

（3）$k>2$ 时，极点都在左半平面，故为稳定系统。

6.3.2.2　频响特性

所谓"频响特性"是指系统在正弦信号激励下稳态响应随频率的变化情况。

频响特性讨论的前提是系统为稳定的因果系统。在因果稳定系统的条件下，时域满足 $\lim\limits_{t\to\infty}h(t)=0$。

频域则要求 $H(s)$ 的全部极点落在 s 左半平面，虚轴上是单极点。下面我们讨论 $H(s)$ 与频响特性存在的关系。

如果设系统函数为 $H(s)$，激励源 $e(t)=E_m\sin(\omega_0 t)$，则 $H(s)$ 与系统频响特性的关系式为

$$H(s)\,|_{s=j\omega}=H(j\omega)=|H(j\omega)|\mathrm{e}^{j\varphi(\omega)} \tag{6-29}$$

6.3.3　系统函数与系统特性的关系

6.3.3.1　系统函数零、极点分布与时域特性的关系

设线性时不变系统的系统函数为

$$H(s)=\dfrac{K\prod\limits_{j=1}^{m}(s-z_j)}{\prod\limits_{i=1}^{n}(s-p_i)}=\sum_{i=1}^{n}\dfrac{k_i}{s-p_i}=\sum_{i=1}^{n}H_i(s) \tag{6-30}$$

则对应的时域 $h(t)$ 的表达式为

$$h(t)=\mathrm{ILT}[H(s)]=\mathrm{ILT}\Big[\sum_{i=1}^{n}H_i(s)\Big]=\sum_{i=1}^{n}h_i(t)=\sum_{i=1}^{n}k_i\mathrm{e}^{p_i t} \tag{6-31}$$

比较式（6-30）和式（6-31）可以发现，$H(s)$ 每个极点将决定一项对应的时间函数，并且 k_i 决定各项相应的幅值，且与零点分布情况有关。

零极点分析的另一重要应用是借助它来研究线性系统的稳定性。下面我们讨论一下具有一阶极点的系统函数稳定性的情况 。当系统函数 $H(s)$ 的所有极点位于 s 左半平面，则对应的 $h(t)$ 将随时间 t 衰减，满足绝对可积，该系统为稳定系统；若 $H(s)$ 仅有 $s=0$ 的一阶极点，则对应的 $h(t)$ 是一阶跃信号，随着时间 t 的增长，$h(t)$ 恒定，而当 $H(s)$ 仅有虚轴上的一阶共轭极点时，对应的 $h(t)$ 将为等幅振荡，以上这两种情况对应的系统为临界稳定；若 $H(s)$ 有极点位于 s 的右半平面，或者在原点，$h(t)$ 为单调增长或增幅振荡不满足绝对可积，这类系统称为不稳定系统。

6.3.3.2 系统函数零、极点分布与滤波网络的关系

对于系统函数零、极点分布与滤波网络的关系我们只讨论一阶系统极点的情况。一阶系统只含有一个储能元件(或将几个同类型储能元件简化等效为一个储能元件),系统函数只有一个极点,且位于实轴上,若系统函数的一般形式为 $H(s) = K\dfrac{s - z_1}{s - p_1}$,$z_1$,$p_1$ 分别为系统的零点和极点,具体包括以下两部分:

(1)若零点位于原点,则 $H(s) = K\dfrac{s}{s - p_1}$,为高通滤波网络;

(2)若仅含一个零点,且位于无穷远处(即 $s = \infty$,$s \neq 0$),则 $H(s) = \dfrac{K}{s - p_1}$,为低通滤波网络。

【例 6 – 16】 如图 6 – 10 所示一阶系统 RC 高通滤波网络,说明其频响特性

$$H(j\omega) = \frac{V_2(j\omega)}{V_1(j\omega)}$$

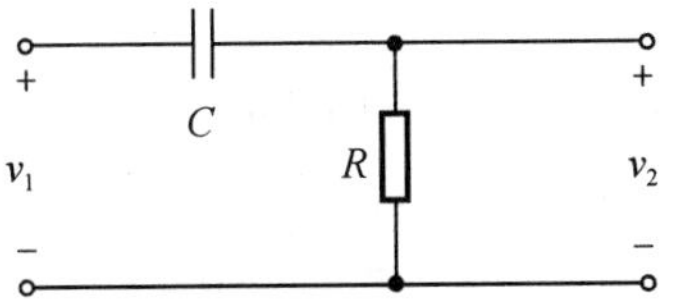

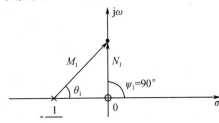

图 6 – 10 例 6 – 16 图

解 该电路是微分电路,把矩形脉冲转换成尖顶脉冲。对电路进行分析得到

$$H(s) = \frac{V_2(s)}{V_1(s)} = \frac{R}{R + \dfrac{1}{sC}} = \frac{s}{s + \dfrac{1}{RC}}$$

由上式得到系统的零、极点为

$$p_1 = -\frac{1}{RC},\ z_1 = 0,\ K = 1$$

零、极点在 s 平面分布图如图 6 – 11 所示。

图 6 – 11 RC 高通滤波网络的 s 平面分析

因为

$$H(j\omega) = |H(j\omega)|\,\mathrm{e}^{\mathrm{j}\varphi(\omega)} = K\frac{N_1\mathrm{e}^{\mathrm{j}\varphi_1}}{M_1\mathrm{e}^{\mathrm{j}\theta_1}} = \frac{N_1\mathrm{e}^{\mathrm{j}\varphi_1}}{M_1\mathrm{e}^{\mathrm{j}\theta_1}} = \frac{V_2}{V_1}\mathrm{e}^{\mathrm{j}\varphi(\omega)}$$

所以

$$\begin{cases} |H(j\omega)| = \dfrac{N_1}{M_1} = \dfrac{V_2}{V_1} \\ \varphi(\omega) = \varphi_1 - \theta_1 \end{cases}$$

系统频响特性分析

（1）当 $\omega = 0$ 时

$$\left. \begin{array}{l} N_1 = 0 \\ M_1 = \dfrac{1}{RC} \end{array} \right\} \Rightarrow |H(j\omega)| = 0$$

$$\left. \begin{array}{l} \theta_1 = 0 \\ \varphi_1 = 90° \end{array} \right\} \Rightarrow \varphi(\omega) = 90°$$

（2）当 $\omega = \dfrac{1}{RC}$ 时

$N_1 = \dfrac{1}{RC}, \theta_1 = 45°, \varphi_1 = 45°$，并且 $M_1 = \dfrac{1}{RC}\sqrt{2}$，则

$$|H(j\omega)| = \dfrac{1}{\sqrt{2}}, \varphi(\omega) = 45°$$

（3）当 $\omega \to \infty$ 时

$$N_1 \approx M_1 \to \infty, \theta_1 \to 90°$$

所以

$$|H(j\omega)| \cong 1, \varphi(\omega) \cong 0°$$

系统幅频特性曲线和相频特性曲线如图 6 - 12 所示。

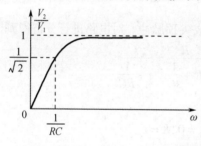 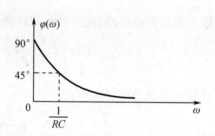

图 6 - 12　RC 高通滤波网络的频响特性

【例 6 - 17】　若 $H(s)$ 零、极点分布如图 6 - 13 所示，利用 MATLAB 分析它们分别是哪种滤波网络。

解　仿真程序为 ep6_6.m，滤波特性如图 6 - 14 所示。

ep6_6.m 程序清单

```
clear all;close all;
clc;clf;
data = struct('title',{'(a)','(b)','(c)','(d)','(e)','(f)','(g)','(h)'},...
    'zeros',{[],[0],[0;0],[-0.5],[0],[1.2j;-1.2j],[0;0],[1.2j;-1.2j]},...
    'poles',{[-2;-1],[-2;-1],[-2;-1],[-2;-1],[-1+j;-1-j],[-1+j;-1-j],[-1+j;-1-j],[j;-j]});
%上一条语句定义 data 为结构数组,且数组中每个元素都是结构
%每个结构有三个域分别是'title','zeros','poles'
omega = [0:0.01:6];
```

```
for id = 1:8
    [b,a] = zp2tf(data(id).zeros,data(id).poles,1);% 由零极点得到传递函数
    H = freqs(b,a,omega);% 计算频响特性 H(w)
    subplot(4,2,id);
    plot(omega,abs(H));
    set(gca,'YScale','log','FontSize',10);% 设置 Y 轴为对数坐标,10 号字体
    title(data(id).title);
    xlabel('\omega');
ylabel('H(\omega)');
end
```

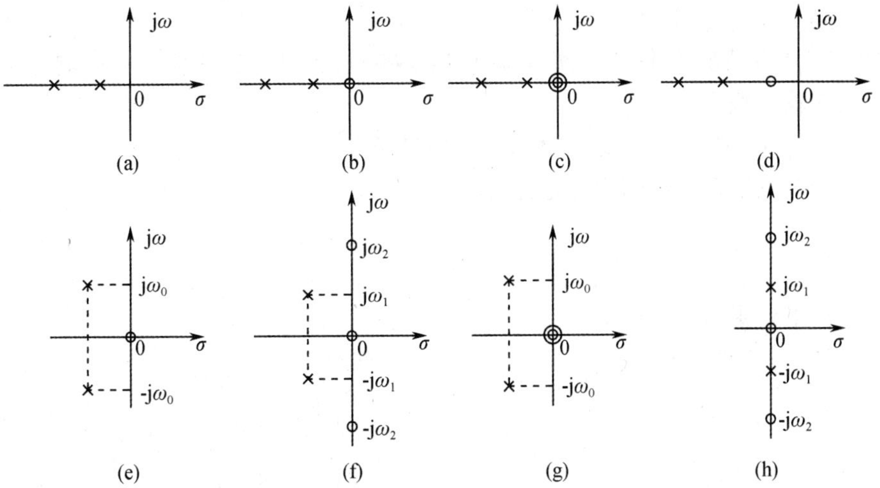

图 6 – 13　例 6 – 17 图

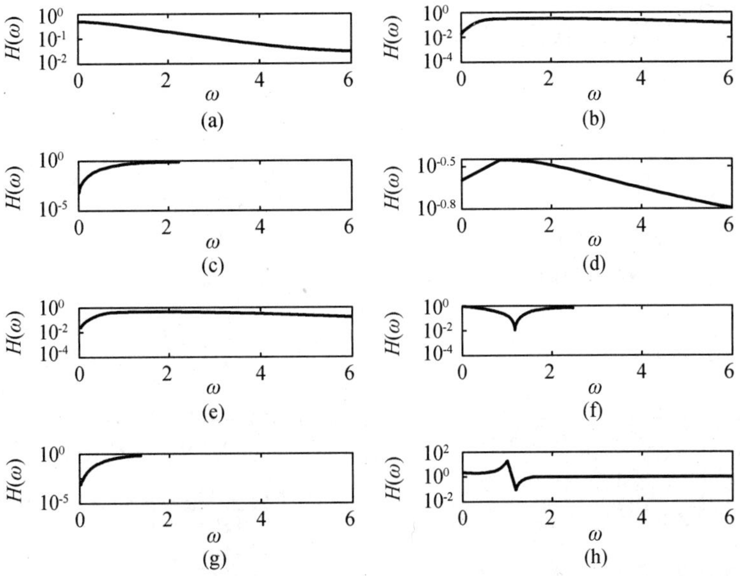

图 6 – 14　例 6 – 17 所示网络滤波特性

由图 6-14 可见,8 个系统分别是低通、带通、高通、带通、带通、带阻、高通、带通 - 带阻滤波器。

求解连续时间系统频响特性的方法及其 MATLAB 实现方法已经在第 4 章进行了详细讲解,本章不再讨论。

思考题

6-1 拉普拉斯变换与傅里叶变换有什么异同点?为什么说拉普拉斯变换是广义的傅里叶变换?

6-2 拉普拉斯变换的收敛域是根据什么确定的?

6-3 为什么说 $H(s)$ 是由系统结构所确定,而与外界激励无关?为什么说 $H(s)$ 可以确定零状态响应?

6-4 在什么情况下,零状态响应就是强迫响应,也是稳态响应?自然响应是否就是零输入响应?

6-5 $H(s)$ 的极零点分布能描述系统的特性吗?

6-6 判断系统稳定性的原理是什么?

习题

6-1 求下列函数的拉氏变换。

(1) $e^{-(t+\alpha)}\cos(\omega t)$
(2) $te^{-(t-2)}u(t-1)$

(3) $t^2\cos(2t)$
(4) $\dfrac{1}{t}(1 - e^{-\alpha t})$

(5) $e^{-t}u(t-2)$
(6) $e^{-(t-2)}u(t)$

6-2 求 $f(t) = \begin{cases} \sin(\omega t) & 0 < t < T/2 \\ 0 & \text{else} \end{cases}$, $T = \dfrac{2\pi}{\omega}$ 的拉氏变换。

6-3 求下列函数的拉氏逆变换。

(1) $\dfrac{3s}{(s+2)(s-1)}$
(2) $\dfrac{2s}{s^2 + 2s + 5}$

(3) $\dfrac{1}{s(s^2+1)}$
(4) $\dfrac{2e^{-s}}{s(s+2)}$

(5) $\dfrac{100(s+50)}{(s^2+201s+200)}$
(6) $\dfrac{A}{s^2+k^2}$

(7) $\dfrac{1}{s(s^2+5)}$
(8) $\dfrac{1}{s^2+1} + 1$

(9) $\dfrac{\omega}{(s^2+\omega^2)} \cdot \dfrac{1}{(RCs+1)}$
(10) $\dfrac{s+\gamma}{(s+\alpha)^2+\beta^2}$

(11) $\dfrac{s+3}{(s+1)^3(s+2)}$
(12) $\dfrac{e^{-s}}{4s(s^2+1)}$

(13) $\ln\left(\dfrac{s}{s+9}\right)$
(14) $\dfrac{s-2}{s(s+3)^3}$

6-4 求图 6-15 所示两个信号的拉氏变换。

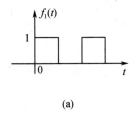
(a)

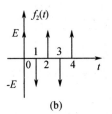
(b)

图 6-15

6-5 分别求下列函数的逆变换的初值与终值。

(1) $F(s) = \dfrac{s+1}{(s+2)(s+3)}$ (2) $F(s) = \dfrac{s(s+1)\mathrm{e}^{-2s}}{(s+2)(s+3)}$

(3) $F(s) = \dfrac{s}{(s-1)(s+2)}$ (4) $F(s) = \dfrac{s^3+s+1}{s(s+3)}$

(5) $F(s) = \dfrac{s+1}{s^2(s+3)}$ (6) $F(s) = \dfrac{s+2}{(s^2+1)(s+1)}$

6-6 试用拉氏变换分析法,求解下列微分方程。

(1) $r''(t) + 3r'(t) + 2r(t) = e'(t), r'(0_-) = r(0_-) = 0, e(t) = u(t)$

(2) $r''(t) + 4r'(t) + 4r(t) = e'(t) + e(t), r'(0_-) = 1, r(0_-) = 2, e(t) = \mathrm{e}^{-t}u(t)$

(3) $r''(t) + 5r'(t) + 6r(t) = 2e'(t) + 8e(t), r'(0_-) = 2, r(0_-) = 3, e(t) = \mathrm{e}^{-t}u(t)$

6-7 某线性时不变系统的起始状态在 $e_1(t), e_2(t), e_3(t)$ 三种输入信号时都相同,当输入激励 $e_1(t) = \delta(t)$ 时,系统的完全响应为 $r_1(t) = \delta(t) + \mathrm{e}^{-t}u(t)$,当 $e_2(t) = u(t)$ 时,全响应 $r_2(t) = 3\mathrm{e}^{-t}u(t)$。求当 $e_3(t) = \begin{cases} 0, & t<0 \\ t, & 0<t<1 \\ 1, & t>1 \end{cases}$ 时,系统的全响应 $r_3(t)$。

6-8 如图 6-16 所示电路,开关闭合已很长时间,当 $t=0$ 时开关打开,试求响应电流 $i(t)$,并画出其波形。

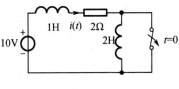

图 6-16

6-9 电路如图 6-17,当 $t<0$ 时,开关位于"1"端,电路的状态已经稳定,$t=0$ 时开关从"1"端打到"2"端,分别求 $v_c(t)$ 与 $v_R(t)$ 波形。

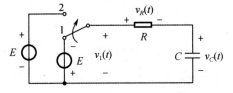

图 6-17

6-10　已知激励信号为 $e(t)=e^{-t}$，零状态响应为 $r(t)=\frac{1}{2}e^{-t}-e^{-2t}+2e^{3t}$，求此系统的冲激响应 $h(t)$。

6-11　已知系统阶跃响应为 $g(t)=1-e^{-2t}$，为使其响应为 $r(t)=1-e^{-2t}-te^{-2t}$，求激励信号 $e(t)$。

6-12　图 6-18 所示电路，若激励信号 $e(t)=(3e^{-2t}+2e^{-3t})u(t)$，求响应 $v_2(t)$ 并指出响应中的强迫分量、自由分量、瞬态分量与稳态分量。

+
1Ω
+
1Ω
e(t)
v2(t)
1/2 μF
−
−

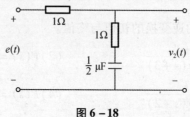

图 6-18

6-13　已知网络函数的零、极点分布如图 6-19 所示，此外 $H(\infty)=5$，写出网络函数表示式 $H(s)$。

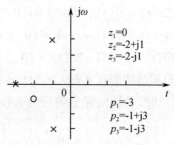

jω
z1=0
z2=-2+j1
z3=-2-j1
0
t
p1=-3
p2=-1+j3
p3=-1-j3

图 6-19

6-14　已知网络函数 $H(s)$ 的极点位于 $s=-3$ 处，零点在 $s=-a$，且 $H(\infty)=1$。此网络的阶跃响应中，包含一项为 K_1e^{-3t}。若 a 从 0 变到 5，讨论相应的 K_1 如何随之改变。

6-15　电路如图 6-20，设放大器的输入阻抗等于无限大，输出信号 $V_0(s)$ 与差分输入信号 $V_1(s)$ 和 $V_2(s)$ 之间满足关系式为 $V_0(s)=A[V_2(s)-V_1(s)]$，试求：

(1) 系统函数 $H(s)=\frac{V_0(s)}{V_1(s)}$；

(2) 由 $H(s)$ 极点分布判定 A 满足怎样的条件时，系统是稳定的。

+
−
A
+
+
v1(t)
R
+
v0(t)
C
v2(t)
−
−
−

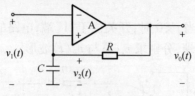

图 6-20

6-16　如图 6-21 所示反馈系统，回答下列各问题：

(1) 写出 $H(s)=\frac{V_2(s)}{V_1(s)}$。

（2）K 满足什么条件时系统稳定？

（3）在临界稳定条件下，求系统冲激响应 $h(t)$。

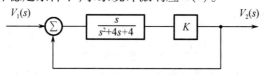

图 6 – 21

6 – 17　如图 6 – 22 所示反馈系统，其中 $K = \dfrac{\beta Z(s)}{R_i}$。$\beta$，$R_i$ 以及 F 都为常数，有

$$Z(s) = \frac{s}{C\left(s^2 + \dfrac{G}{C}s + \dfrac{1}{LC}\right)}$$

写出系统函数 $H(s) = \dfrac{V_2(s)}{V_1(s)}$，求极点的实部等于零的条件（产生自激振荡）。

讨论系统出现稳定、不稳定以及临界稳定的条件，在 s 平面示意绘出这三种情况下极点分布图。

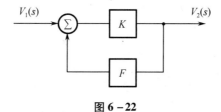

图 6 – 22

6 – 18　某二端网络在 $t = 0$ 时接到 3 V 的直流电源上测得电流

$$i(t) = \left(12 - \frac{15}{2}e^{-t} - \frac{3}{2}e^{-3t}\right)u(t)$$

求此二端网络的结构和参数值。

6 – 19　已知图 6 – 23(a)所示网络的入端阻抗 $Z(s)$ 表示式为

$$Z(s) = \frac{K(s - z_1)}{(s - p_1)(s - p_2)}$$

（1）写出以元件参数 R，L，C 表示的零、极点 z_1，p_1，p_2 的位置。

（2）若 $Z(s)$ 零、极点分布如图 6 – 23(b)，此外 $Z(j0) = 1$，求 R，L，C 的值。

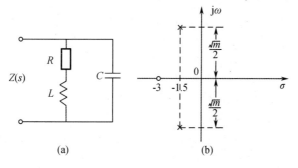

图 6 – 23

上机题

6-1 两个系统函数

$$H_1(s) = \frac{4s+5}{s^2+5s+6}, H_2(s) = \frac{1}{s^2+1} + 1$$

分别用 residue 函数计算冲激响应理论值,再与用 lsim 仿真得到的冲激响应比较是否相同。

6-2 编写函数 $s = $ isstable(sys),判断用传递函数描述的系统模型 sys 的稳定性。返回值 s 为 1 表示系统稳定,为 0 表示不稳定。分别设计一个稳定系统和一个不稳定系统验证该函数的正确性。

第7章　离散时间信号与系统的复频域分析

我们已经知道,连续信号与系统的分析还可以在变换域中进行,即傅里叶变换分析和拉普拉斯变换分析。同样,离散信号与系统也存在类似的变换域分析,即离散时间傅里叶变换和 z 变换分析。z 变换的数学理论很早就形成了,但直到 20 世纪 60 年代随着计算机的应用与发展,才真正得到广泛的实际应用。作为一种重要的数学工具,它把描述离散系统的差分方程变换成代数方程,使其求解过程得到简化。还可以利用系统函数的零、极点分布,定性分析系统的时域特性、频率响应、稳定性等,是离散系统分析的重要方法。

7.1　离散时间信号的复频域分析

7.1.1　z 变换

7.1.1.1　z 变换的定义

z 变换的定义可以借助抽样信号的拉普拉斯变换导出,也可以直接对离散时间信号给出 z 变换的定义。

借助抽样信号的拉普拉斯变换引出 z 变换定义,设连续信号的理想抽样信号为

$$x(t) = x(t) \cdot \delta_T(t) = \sum_{n=-\infty}^{\infty} x(nT)\delta(t-nT) \tag{7-1}$$

其中 T 为抽样间隔。对上式取拉氏变换得

$$X_s(s) = \int_0^{\infty} x_s(t)\mathrm{e}^{-st}\mathrm{d}t = \int_0^{\infty} \Big[\sum_{n=0}^{\infty} x(nT)\delta(t-nT) \Big] \mathrm{e}^{-st}\mathrm{d}t$$

将积分与求和次序对调,利用冲激函数的取样性质,得

$$X_s(s) = \sum_{n=0}^{\infty} x(nT)\int_0^{\infty} \delta(t-nT)\mathrm{e}^{-st}\mathrm{d}t = \sum_{n=0}^{\infty} x(nT)\mathrm{e}^{-snT} \tag{7-2}$$

引入一个新的复变量 z,令 $z = \mathrm{e}^{sT}$ 或 $s = \dfrac{1}{T}\ln z$。所以得到复变量 z 的函数式 $X(z)$ 为

$$X(z) = \sum_{n=0}^{\infty} x(nT)z^{-n} \tag{7-3}$$

如果令常数 $T=1$,则表达式变为

$$X(z) = \mathrm{ZT}[x(n)] = \sum_{n=0}^{\infty} x(n)z^{-n} = x(0) + \frac{x(1)}{z} + \frac{x(2)}{z^2} + \cdots \tag{7-4}$$

式(7-4)为单边 z 变换的定义式。可见序列的 z 变换是复变量 z^{-1} 的幂级数(洛朗级数),其系数是序列 $x(n)$ 的值。可见如果序列 $x(n)$ 各样值与抽样信号 $x(t)\delta_T(t)$ 各冲激函数的强度相对应,就可借助符号 $z = \mathrm{e}^{st}$,将抽样信号的拉氏变换移植来表示离散时间信号的 z 变换(但个别样点不一定成立)。与拉氏变换的定义类似,z 变换也有单边和双边之分。

双边 z 变换定义式为

$$X(z) = \text{ZT}[x(n)] = \sum_{n=-\infty}^{\infty} x(n)z^{-n}$$

$$= \cdots + x(-2)z^2 + x(-1)z + x(0) + x(1)z^{-1} + x(2)z^{-2} + \cdots \quad (7-5)$$

式(7-5)中,n 的取值是从 $-\infty$ 到 ∞,称为双边 z 变换。显然,单边 z 变换是双边 z 变换的特殊情况。

比较序列的 z 变换的定义式与序列的傅里叶变换定义式,就会发现傅里叶变换和 z 变换之间的关系,用下式表示

$$X(e^{j\omega}) = X(z)|_{z=e^{j\omega}} \quad (7-6)$$

其中 $z = e^{j\omega}$ 表示在 z 平面上 $r=1$ 的圆,该圆称为单位圆,则表明单位圆上的 z 变换就是序列的傅里叶变换。

无论是双边 z 变换还是单边 z 变换,$X(z)$ 称为 $x(n)$ 的像函数;$x(n)$ 为 $X(z)$ 的原函数。由于实际使用的离散信号一般均为因果序列,在此,我们主要讨论单边 z 变换。

7.1.1.2 常用序列的 z 变换

(1)单位样值函数

设单位样值函数的 z 变换为 $X(z)$,则

$$X(z) = \sum_{n=0}^{\infty} \delta(n)z^{-n} = 1 \quad (7-7)$$

(2)单位阶跃序列

设单位阶跃序列的 z 变换为 $X(z)$,则

$$X(z) = \sum_{n=0}^{\infty} u(n)z^{-n} = \sum_{n=0}^{\infty} z^{-n} = \frac{z}{z-1} = \frac{1}{1-z^{-1}} \quad (|z|>1) \quad (7-8)$$

(3)斜变序列

设斜变序列的 z 变换为 $X(z)$,则

$$X(z) = \sum_{n=0}^{\infty} nz^{-n} = \frac{z}{(1-z^{-1})^2} \quad (|z|>1) \quad (7-9)$$

该公式由序列的线性加权(z 域微分)性质得到。

$$\text{ZT}[n^2 u(n)] = \frac{z(z+1)}{(1-z^{-1})^3} \quad (|z|>1)$$

$$\text{ZT}[n^3 u(n)] = \frac{z(z^2+4z+1)}{(1-z^{-1})^4} \quad (|z|>1)$$

(4)指数序列

设单边指数序列的 z 变换为 $X(z)$,则

$$X(z) = \sum_{n=0}^{\infty} a^n z^{-n} = \frac{1}{1-az^{-1}} = \frac{z}{z-a} \quad (|z|>|a|) \quad (7-10)$$

该公式由序列的指数加权(z 域尺度变换)性质得到。

将式(7-10)推广可以得到,当令 $a = e^b$, $|z| > |e^b|$ 时,有

$$\text{ZT}[x(n)] = \text{ZT}[a^n u(n)] = \text{ZT}[e^{bn} u(n)] = \frac{z}{z-e^b}$$

(5)正弦与余弦序列

设单边余弦序列的 z 变换为 $X(z)$,则

$$X(z) = \frac{z(z - \cos\omega_0)}{z^2 - 2z\cos\omega_0 + 1} \tag{7-11}$$

7.1.1.3 z 变换的 MATLAB 实现方法

利用 MATLAB 的符号数学工具箱中的 ztrans 及 iztarns 函数可实现单边 z 变换和 z 反变换,语句调用基本格式为:z = ztrans(x) 或 x = iztrans(z)。在该调用格式中,x 和 z 分别为时域表达式和 z 域表达式的符号表示,可通过 sym 函数来定义。

【例 7 - 1】 利用 MATLAB 实现下列表达式的 z 变换或 z 反变换。

$(1) x(n) = a^n \cos(\pi n) u(n)$ $(2) x(n) = [2^{n-1} - (-2)^{n-1}] u(n)$

$(2) X(z) = \dfrac{8z - 19}{z^2 - 5z + 6}$ $(4) X(z) = \dfrac{z(2z^2 - 11z + 12)}{(z-1)(z-2)^3}$

解 实现 z 变换的程序为 ep7_1.m,实现 z 反变换的程序为 ep7_2.m。

ep7_1.m 程序清单

clear all;close all;clc;

x = sym('a^n * cos(pi * n)');

z = ztrans(x);

simplify(z)% 对表达式进行化简

x = sym('2^(n-1) - (-2)^(n-1)');

z = ztrans(x);

simplify(z)

运行结果:

Ans1 = z/(z + a)

        Ans2 = z^2/(z^2 - 4)

ep7_2.m 程序清单

clear all;close all;clc;

z = sym('(8 * z - 19)/(z^2 - 5 * z + 6)');

x = iztrans(z);

simplify(x)

% charfcn[0] 是单位样值函数在 MATLAB 符号工具箱中的表示

z = sym('z * (2 * z^2 - 11 * z + 12)/(z-1)/(z-2)^3');

x = iztrans(z);

simplify(x)

运行结果:

Ans1 = -19/6 * charfcn[0](n) + 5 * 3^(n-1) + 3 * 2^(n-1)

        Ans2 = -3 + 3 * 2^n - 1/4 * 2^n * n - 1/4 * 2^n * n^2

在 ep7_2.m 的运行结果中出现了 charfcn[0](n) 函数,charfcn[0] 是单位样值函数在 MATLAB 符号工具箱中的表示。由该运行结果可见,两个 z 变换表达式描述的时域信号分别为

$$x(n) = -\frac{19}{6}\delta(n) + (5 \times 3^{n-1} + 3 \times 2^{n-1})u(n)$$

$$x(n) = \left(-3 + 3 \times 2^n - \frac{1}{4}n2^n - \frac{1}{4}n^2 2^n\right)u(n)$$

7.1.2 z 变换的收敛域

7.1.2.1 z 变换的收敛域

根据定义,一个序列 $x(n)$ 的 z 变换 $X(z)$ 是一个无穷级数,欲使其以闭合形式出现,则该级数必须绝对收敛,如果不能绝对收敛则认为序列 $x(n)$ 的 z 变换不存在。由于 $X(z)$ 是 z 的函数,z 是一个复变数,因此 $X(z)$ 的收敛域是指 z 平面(复平面)内的某一区域,这个区域内的所有 Z 值都可以使无穷级数 $X(z)$ 收敛(Region of Convergence,简称 ROC),即满足

$$\sum_{n=-\infty}^{\infty} \mid x(n)z^{-n} \mid < \infty \tag{7-12}$$

【例 7-2】 若两序列分别为

$$x_1(n) = a^n u(n), x_2(n) = -a^n u(-n-1)$$

分别求它们的 z 变换 $X_1(z), X_2(z)$。

解 根据定义式可得

$$X_1(z) = \sum_{n=0}^{\infty} [a^n z^{-n}] = \frac{z}{z-a} \quad (\mid z \mid > \mid a \mid)$$

$$X_2(z) = \sum_{n=-\infty}^{-1} [(-a^n)z^{-n}] = -\sum_{n=1}^{\infty} [a^{-n}z^n] \frac{a^{-1}z}{1-a^{-1}z} \quad (\mid z \mid < \mid a \mid)$$

可见,两个不同的序列由于收敛域不同,可能对应相同的 z 变换。

7.1.2.2 z 变换收敛域的判别方法

z 变换收敛域的判别方法主要是根据级数理论判断级数的收敛性。下面给出判断的具体定理。

(1)比值判定法(达朗贝尔准则)

若有一个正项级数 $\sum_{n=-\infty}^{\infty} \mid a_n \mid$,令它的后项与前项比值的极限等于 ρ,即 $\lim_{n \to \infty} \left| \frac{a_{n+1}}{a_n} \right| = \rho$,则当 $\rho < 1$ 时级数收敛,$\rho > 1$ 时级数发散,$\rho = 1$ 时级数可能收敛也可能发散。

(2)根值判定法(柯西准则)

若有一个正项级数 $\sum_{n=-\infty}^{\infty} \mid a_n \mid$,令其一般项 $\mid a_n \mid$ 的 n 次根的极限等于 ρ,即 $\lim_{n \to \infty} \sqrt[n]{\mid a_n \mid} = \rho$,则当 $\rho < 1$ 时级数收敛,$\rho > 1$ 时级数发散,$\rho = 1$ 时级数可能收敛也可能发散。

除了上述判断方法外,还可以借助拉普拉斯变换的 s 平面与 z 平面的映射关系判断收敛域,这种方法应用起来较复杂,用得较少,本节不做介绍。

7.1.2.3 z 变换收敛域的性质

性质1:z 变换像函数的收敛域是 z 平面上以原点为中心的同心圆环区域。一般可表示为 ROC $= (r_1 \leqslant \mid z \mid \leqslant r_2), 0 \leqslant r_1 < r_2 \leqslant \infty$。$z$ 变换收敛域的内边界可向内延伸至原点,变为一个圆盘,或向外延伸至无穷远点。

性质2:收敛域以极点为边界,z 变换收敛域内不应包括像函数的任何极点。

性质3:所有有限长的有界函数或序列的 z 变换的收敛域,至少是有限 z 平面,即 $0 < \mid z \mid < \infty$。

7.1.2.4 几类典型序列的 z 变换收敛域

（1）右边序列

右边序列的 z 变换用 $X(z)$ 表示，则

$$X(z) = \sum_{n=n_1}^{\infty} x(n)z^{-n} \qquad (7-13)$$

因为

$$\lim_{n\to\infty}\sqrt[n]{|x(n)z^{-n}|}<1 \Rightarrow |z|>\lim_{n\to\infty}\sqrt[n]{|x(n)|}=R_{x1}$$

①当 $n_1 \geq 0$ 时，收敛域为 $|z|>R_{x1}$（R_{x1} 是极点，含 $z=\infty$ 点）。显然，当 $n_1=0$ 时，右边序列变成因果序列，也就是说，因果序列是右边序列的一种特殊情况，它的收敛域是 $|z|>R_{x1}$。

②当 $n_1<0$ 时，收敛域为 $R_{x1}<|z|<\infty$（不含 $z=\infty$ 点）。可见，右边序列的收敛域是半径为 R_{x1} 的圆外部分。

（2）左边序列

左边序列的 z 变换用 $X(z)$ 表示，则

$$X(z) = \sum_{n=-\infty}^{n_2} x(n)z^{-n} \qquad (7-14)$$

因为

$$X(z) = \sum_{n=-\infty}^{n_2} x(n)z^{-n} = \sum_{n=-n_2}^{\infty} x(-n)z^{n}$$

所以

$$\lim_{n\to\infty}\sqrt[n]{|x(-n)z^{n}|}<1 \Rightarrow |z|<\frac{1}{\lim_{n\to\infty}\sqrt[n]{|x(-n)|}}=R_{x2}$$

故

①当 $n_2>0$ 时，收敛域为 $0<|z|<R_{x2}$（R_{x2} 是极点，不含 $z=0$）。

②当 $n_2\leq 0$ 时，收敛域为 $|z|<R_{x2}$（含 $z=0$ 点）。可见，左边序列的收敛域是半径为 R_{x2} 的圆内部分。

（3）双边序列

双边序列的 z 变换用 $X(z)$ 表示，则

$$X(z) = \sum_{n=-\infty}^{\infty} x(n)z^{-n} = \sum_{n=0}^{\infty} x(n)z^{-n} + \sum_{n=-\infty}^{-1} x(n)z^{-n} \qquad (7-15)$$

收敛域：$R_1<|z|<R_{x2}$

（4）有限长序列

有限长序列的 z 变换用 $X(z)$ 表示，则

$$X(z) = \sum_{n=n_1}^{n_2} x(n)z^{-n} \qquad (7-16)$$

①当 $n_1<0, n_2>0$ 时，收敛域为 $0<|z|<\infty$（不含 $z=0, z=\infty$ 点）；

②当 $n_1<0, n_2\leq 0$ 时，收敛域为 $|z|<\infty$（不含 $z=\infty$ 点）；

③当 $n_1\geq 0, n_2>0$ 时，收敛域为 $|z|>0$（不含 $z=0$ 点）；

可见，有限长序列的收敛域至少为 $0<|z|<\infty$。

序列的收敛域大致有以下几种情况：

①对于有限长的序列，其双边 z 变换在整个平面；

②对右边序列，其 z 变换的收敛域为某个圆外区域，如图 7-1 所示；

③对左边序列,其 z 变换的收敛域为某个圆内区域,如图 7-2 所示;

④对双边序列,其 z 变换的收敛域为环状区域,如图 7-3 所示。

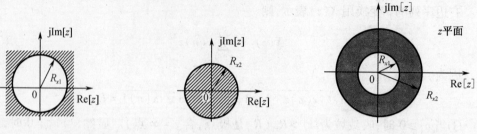

图 7-1　右边序列收敛域　　　图 7-2　左边序列收敛域　　　图 7-3　双边序列收敛域

【例 7-3】　求序列 $x(n) = a^n u(n) - b^n(-n-1)$ 的 z 变换,并确定它的收敛域(其中 $b > a, b > 0, a > 0$)。

解　(1)求单边 z 变换为

$$X(z) = \sum_{n=0}^{\infty} x(n)z^{-n} = \sum_{n=0}^{\infty} \left[a^n u(n) - b^n u(-n-1) \right]z^n$$

$$= \sum_{n=0}^{\infty} a^n z^{-n} = \frac{z}{z-a} \quad (|z| > a)$$

(2)求双边 z 变换为

$$X(z) = \sum_{n=0}^{\infty} x(n)z^{-n} = \sum_{n=-\infty}^{\infty} \left[a^n u(n) - b^n u(-n-1) \right]z^n$$

$$= \sum_{n=0}^{\infty} a^n z^{-n} - \sum_{n=-\infty}^{-1} b^n z^{-n} = \sum_{n=0}^{\infty} a^n z^{-n} - \sum_{n=1}^{\infty} b^{-n} z^n$$

故

$$X(z) = \frac{1}{1-az^{-1}} - \frac{b^{-1}z}{1-b^{-1}z} = \frac{z}{z-a} + \frac{z}{z-b} = \frac{z\left(z - \dfrac{a+b}{2}\right)}{(z-a)(z-b)} \quad (a < |z| < b)$$

对于多个极点情况,右边序列的收敛域是从 $X(z)$ 最外面(最大值)有限极点向外延伸至 z 到无穷(可能包含无穷大);左边序列的收敛域是从 $X(z)$ 最里面(最小值)非零极点向内延伸至 z 到零点(可能包含零)。

7.1.3　z 反变换

7.1.3.1　z 反变换定义

利用 z 变换可以把时域中对于序列 $f(k)$ 的运算变换为 z 域中对于 $F(z)$ 的较为简单的运算。然后将 z 域中的运算结果再变回到时域中去。由已知 $F(z)$ 求 $f(k)$ 的运算称为 z 反变换,或 z 逆变换。记为

$$x(n) = \text{IZT}[X(z)] = \frac{1}{2\pi j}\oint_C X(z)z^{n-1}\mathrm{d}z \tag{7-17}$$

其中 C 是包围 $X(z)z^{n-1}$ 所有极点的逆时针闭合积分路线,通常选择 z 平面收敛域内以原点为中心的圆,如图 7-4 所示。

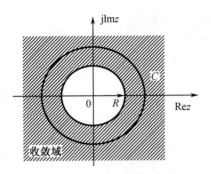

图 7 - 4 逆 z 变换积分围线的选择

下面从 z 变换定义表达式推导逆变换定义式。已知

$$X(z) = \sum_{n=-\infty}^{\infty} x(n) z^{-n}$$

对上式两端分别乘以 z^{m-1}，然后围线 C 积分，得

$$\oint_C z^{m-1} X(z) \,\mathrm{d}z = \oint_C \Big[\sum_{n=0}^{\infty} x(n) z^{-n} \Big] z^{m-1} \,\mathrm{d}z$$

将积分与求和次序对换，得

$$\oint_C X(z) z^{m-1} \,\mathrm{d}z = \sum_{n=0}^{\infty} \Big[x(n) \oint_C z^{m-n-1} \,\mathrm{d}z \Big]$$

再根据复变函数柯西定理得到结果
又因为

$$\oint_C z^{k-1} \,\mathrm{d}z = \begin{cases} 2\pi\mathrm{j} & (k = 0) \\ 0 & (k \neq 0) \end{cases}$$

所以

$$\oint_C X(z) z^{n-1} \,\mathrm{d}z = 2\pi\mathrm{j} x(n)$$

故

$$x(n) = \mathrm{IZT}[X(z)] = \frac{1}{2\pi\mathrm{j}} \oint_C X(z) z^{n-1} \,\mathrm{d}z$$

7.1.3.2 求反变换的方法

z 反变换的方法有三种：围线积分法、部分分式展开法和幂级数展开法。这里仍然只考虑单边 z 变换的情况。下面分别介绍围线积分法和部分分式展开法，而幂级数展开法用到的较少，这里不做介绍。

（1）围线积分（留数定理）法

围线 C：z 复平面 F(z) 收敛域内绕坐标原点逆时针闭合曲线。显然，与拉氏求逆不同，应用复变函数的留数定理，可直接得到

$$x(n) = \frac{1}{2\pi\mathrm{j}} \oint_C X(z) z^{n-1} \,\mathrm{d}z = \sum_m [X(z) z^{n-1} \text{ 在 } C \text{ 内极点的留数}] = \sum_m \mathrm{Res}[X(z) z^{n-1}]_{z=z_m}$$

其中 Res 表示极点的留数，z_m 为 $X(z) z^{n-1}$ 的极点。

$$\mathrm{Res}[X(z) z^{n-1}]_{z=z_m} = \frac{1}{(s-1)!} \left\{ \frac{\mathrm{d}^{s-1}}{\mathrm{d}z^{s-1}} [(z-z_m)^s X(z) z^{n-1}] \right\}_{z=z_m} \tag{7-18}$$

若只含有一阶极点$(s=1)$时,留数为

$$\operatorname{Res}\left[X(z)z^{n-1}\right]_{z=z_m} = \left[(z-z_m)X(z)z^{n-1}\right]_{z=z_m} \tag{7-19}$$

对于不同 n 值,在 $z=0$ 处的极点可能具有不同阶次。

【例7-4】 求 $X(z) = \dfrac{z^2}{(z-1)(z-0.5)}$,$(|z|>1)$的逆变换。

分析:

$$x(n) = \sum_m \operatorname{Res}\left[X(z)z^{n-1}\right]_{z=z_m} = \sum_m \operatorname{Res}\left[\frac{z^{n+1}}{(z-1)(z-0.5)}\right]_{z=z_m}$$

①当 $n \geq -1$ 时,在 $z=0$ 点没有极点,仅在 $z=1$ 和 $z=0.5$ 处有一阶极点。

②当 $n < -1$ 时,在 $z=0$ 点有极点,n 值不同,零极点阶次也不同。

③收敛域为 $|z|>1$ 时,围线中包含两个极点 $z=0.5$ 和 $z=1$。

④收敛域为 $|z|<0.5$ 时,围线中包含一个极点 $z=0$(多重极点)。

⑤收敛域为 $0.5<|z|<1$ 时,围线中包含两个极点 $z=0.5$ 和 $z=0$。

解 收敛域为 $|z|>1$,是因果序列$(n \geq 0)$,由上述分析可得

$$\begin{aligned}
x(n) &= \sum_m \operatorname{Res}\left[X(z)z^{n-1}\right]_{z=z_m} = \sum_m \operatorname{Res}\left[\frac{z^{n+1}}{(z-1)(z-0.5)}\right]_{z=z_m} \\
&= \operatorname{Res}\left[\frac{z^{n+1}}{(z-1)(z-0.5)}\right]_{z=1} + \operatorname{Res}\left[\frac{z^{n+1}}{(z-1)(z-0.5)}\right]_{z=0.5} \\
&= \left[2 - (0.5)^n\right]u(n)
\end{aligned}$$

对于同一个 $X(z)$ 表达式,当给定的收敛域不同时,所选择的积分围线不相同,包含的极点不相同,最后得到的逆变换序列 $x(n)$ 也不相同。

(2)部分分式展开法

先将 $X(z)$ 展成一些简单、常见的部分分式之和,然后分别求出各部分分式的逆变换,再把各部分分式相加即可得到 $x(n)$。

设 $X(z)$ 表达式的一般形式

$$X(z) = \frac{N(z)}{D(z)} = \frac{b_0 + b_1 z + \cdots + b_{r-1}z^{r-1} + b_r z^r}{a_0 + a_1 z + \cdots + a_{k-1}z^{k-1} + a_k z^k} \quad (\text{真分式 } k \geq r)$$

①当 $X(z)$ 只含一阶极点情况时,其一般形式变为

$$\frac{X(z)}{z} = \sum_{m=1}^{k} \frac{A_m}{z - z_m}$$

$$X(z) = \sum_{m=1}^{k} \frac{A_m z}{z - z_m}$$

$$\begin{cases} X(z) = A_0 + \displaystyle\sum_{m=1}^{k} \frac{A_m z}{z - z_m} \\ A_0 = \left[X(z)\right]_{z=0} = \dfrac{b_0}{a_0} \end{cases} \quad (\text{假分式情况})$$

$$A_m = \operatorname{Res}\left[\frac{X(z)}{z}\right]_{z=z_m} = \left[(z-z_m)\frac{X(z)}{z}\right]_{z=z_m}$$

上式中 z_m 是 $\dfrac{X(z)}{z}$ 的极点,A_m 是 z_m 的留数。

【例7-5】 用部分分式展开法求解 $X(z) = \dfrac{z^2}{z^2 - 1.5z + 0.5}$ 的逆变换 $x(n)$。$(|z|>1)$

解 首先将表达式分母因式分解可得

$$X(z) = \frac{z^2}{z^2 - 1.5z + 0.5}$$

上式两边同除以 z 得到

$$\frac{X(z)}{z} = \frac{A_1}{z - 0.5} + \frac{A_2}{z - 1}$$

求系数为

$$A_1 = \left[\frac{X(z)}{z}(z - 0.5)\right]_{z=0.5} = -1, \quad A_2 = \left[\frac{X(z)}{z}(z - 1)\right]_{z=1} = 2$$

所以

$$X(z) = \frac{2z}{z - 1} - \frac{z}{z - 0.5}$$

故反变换为

$$x(n) = [2 - (0.5)^n]u(n)$$

用 MATLAB 实现部分分式展开法求解 z 变换的程序为 ep7_3. m。

ep7_3. m 程序清单

```
% 为准确求出 a 和 b,应先将 H(z)写成标准形式
% H(z) = 1/(1 - 1.5 * z^(-1) + 0.5 * z^(-2))
b = 1;% 分子系数
a = [1, -1.5, 0.5];% 分母系数
[r,p,k] = residuez(b,a)  % 求部分分式系数、极点及多项式系数
```

运行结果:

```
x = -(1/2)^n + 2
r =                      % 部分分式系数向量(2 个系数)
                   2
                  -1
p =                      % 极点向量(2 个极点)
                 1.0000
                 0.5000
k =                      % 多项式的系数(为空)
                  [ ]
```

②$X(z)$ 中含高阶极点情况(M 个一阶极点,一个 s 阶极点)

$$X(z) = \sum_{m=0}^{M} \frac{A_m z}{z - z_m} + \sum_{j=1}^{s} \frac{B_j z}{(z - z_i)^j} = A_0 + \sum_{m=1}^{M} \frac{A_m z}{z - z_m} + \sum_{j=1}^{s} \frac{B_j z}{(z - z_i)^j}$$

$$B_j = \frac{1}{(s-j)!}\left[\frac{\mathrm{d}^{s-j}}{\mathrm{d}z^{s-j}}(z - z_i)^s \frac{X(z)}{z}\right]_{z=z_i}$$

也可以将 $X(z)$ 展开为

$$X(z) = A_0 + \sum_{m=1}^{M} \frac{A_m z}{z - z_m} + \sum_{j=1}^{s} \frac{C_j z^j}{(z - z_i)^j}$$

其中 $j = s$ 为项系数。

$$C_s = \left[\left(\frac{z - z_i}{z}\right)^s X(z)\right]_{z=z_i}$$

而其他 C_j 系数由待定系数法求出。

在利用围线积分法和部分分式展开法求解逆 z 变换时,部分分式的基本形式是 $\dfrac{z}{(z-z_i)^j}$ 或 $\dfrac{z^j}{(z-z_i)^j}$。表 7 - 1 至表 7 - 3 中给出了相应的逆变换。其中,表 7 - 1 是 $|z| > |a|$ 对应右边序列的情况,表 7 - 2 是 $|z| < |a|$ 对应左边序列的情况,表 7 - 3 是表 7 - 1 利用延时定理导出的补充表,也可以由表 7 - 2 导出类似的补充表。在查表时应注意收敛域条件。

表 7 - 1　逆 z 变换表(一)

z 变换($|z| > |a|$)	序列
$\dfrac{z}{z-1}$	$u(n)$
$\dfrac{z}{z-a}$	$a^n u(n)$
$\dfrac{z^2}{(z-a)^2}$	$(n+1)a^n u(n)$
$\dfrac{z^3}{(z-a)^3}$	$\dfrac{(n+1)(n+2)}{2!}a^n u(n)$
$\dfrac{z^4}{(z-a)^4}$	$\dfrac{(n+1)(n+2)(n+3)}{3!}a^n u(n)$
$\dfrac{z^{m+1}}{(z-a)^{m+1}}$	$\dfrac{(n+1)(n+2)\cdots(n+m)}{m!}a^n u(n)$

表 7 - 2　逆 z 变换表(二)

z 变换($|z| < |a|$)	序列
$\dfrac{z}{z-1}$	$-u(-n-1)$
$\dfrac{z}{z-a}$	$-a^n u(-n-1)$
$\dfrac{z^2}{(z-a)^2}$	$-(n+1)a^n u(-n-1)$
$\dfrac{z^3}{(z-a)^3}$	$\dfrac{(n+1)(n+2)}{2!}a^n u(-n-1)$
$\dfrac{z^4}{(z-a)^4}$	$\dfrac{(n+1)(n+2)(n+3)}{3!}a^n u(-n-1)$
$\dfrac{z^{m+1}}{(z-a)^{m+1}}$	$\dfrac{(n+1)(n+2)\cdots(n+m)}{m!}a^n u(-n-1)$

表 7 - 3　逆 z 变换表(三)

z 变换($|z| > |a|$)	序列
$\dfrac{z}{(z-1)^2}$	$nu(n)$

表 7 - 3(续)

z 变换($|z|>|a|$)	序列
$\dfrac{az}{(z-a)^2}$	$na^n u(n)$
$\dfrac{z}{(z-1)^3}$	$\dfrac{n(n-1)}{2!}u(n)$
$\dfrac{z}{(z-1)^4}$	$\dfrac{n(n-1)(n-2)}{3!}u(n)$
$\dfrac{z}{(z-1)^{m+1}}$	$\dfrac{n(n-1)\cdots(n-m+1)}{m!}u(n)$

7.1.4 z 变换的主要性质

7.1.4.1 线性

若 $\mathrm{ZT}[x(n)]=X(z)$ $(R_{x1}<|z|<R_{x2})$，$\mathrm{ZT}[y(n)]=Y(z)$ $(R_{y1}<|z|<R_{y2})$，则

$$\mathrm{ZT}[ax(n)+by(n)]=aX(z)+bY(z) (R_1<|z|<R_2) \tag{7-20}$$

由上式可见，相加后序列的 z 变换收敛域一般为两个收敛域的重叠部分，即

$$R_1=(R_{x1},R_{y1})_{\max},R_2=(R_{x2},R_{y2})_{\min}$$

若在线性组合中某些零点与极点相抵消，则收敛域可能扩大。因为

$$\mathrm{ZT}[e^{j\omega_0 n}u(n)]+\mathrm{ZT}[e^{-j\omega_0 n}u(n)]$$

所以

$$\mathrm{ZT}[\cos(\omega_0 n)u(n)]=\frac{1}{2}\left(\frac{z}{z-e^{j\omega_0}}+\frac{z}{z-e^{-j\omega_0}}\right)=\frac{z(z-\cos\omega_0)}{z^2-2z\cos\omega_0+1}$$

根据上面相同的方法可以得出下面常用的 z 变换表达式为

$$\mathrm{ZT}[\sin(\omega_0 n)u(n)]=\frac{1}{2j}\left(\frac{z}{z-e^{j\omega_0}}-\frac{z}{z-e^{-j\omega_0}}\right)=\frac{z\sin\omega_0}{z^2-2z\cos\omega_0+1}$$

$$\mathrm{ZT}[\beta^n\cos(\omega_0 n)u(n)]=\frac{z(z-\beta\cos\omega_0)}{z^2-2\beta z\cos\omega_0+\beta^2}$$

$$\mathrm{ZT}[\beta^n\sin(\omega_0 n)u(n)]=\frac{\beta z\sin\omega_0}{z^2-2\beta z\cos\omega_0+\beta^2}$$

7.1.4.2 位移性

(1)双边 z 变换

若 $X(z)=\mathrm{ZT}[x(n)]$，则

序列右移　　　　　　　$\mathrm{ZT}[x(n-m)]=z^{-m}X(z)$ $\tag{7-21}$

序列左移　　　　　　　$\mathrm{ZT}[x(n+m)]=z^{m}X(z)$ $\tag{7-22}$

证明:(序列右移)

$$\mathrm{ZT}[x(n-m)]=\sum_{n=-\infty}^{\infty}x(n-m)z^{-n}=z^{-m}\sum_{k=-\infty}^{\infty}x(k)z^{-k}=z^{-m}X(z)$$

对于双边序列移位后，其收敛域不变。

(2)单边 z 变换

① $x(n)$ 是双边序列，其单边 z 变换为 $\mathrm{ZT}[x(n)u(n)]=X(z)$，则序列左移的单边 z 变

换为

$$ZT[x(n+m)u(n)] = z^m [X(z) - \sum_{k=0}^{m-1} x(k)z^{-k}] \qquad (7-23)$$

若序列右移,单边 z 变换为

$$ZT[x(n-m)u(n)] = z^{-m} [X(z) + \sum_{k=-m}^{-1} x(k)z^{-k}] \qquad (7-24)$$

证明:(序列左移)

$$ZT[x(n+m)u(n)] = \sum_{n=0}^{\infty} x(n+m)z^{-n}$$

$$= z^m \sum_{n=0}^{\infty} x(n+m)z^{-(n+m)} = z^m \sum_{k=m}^{\infty} x(k)z^{-k}$$

$$= z^m \sum_{n=0}^{\infty} x(n+m)z^{-(n+m)} = z^m \sum_{k=m}^{\infty} x(k)z^{-k}$$

$$= z^m [\sum_{k=0}^{\infty} x(k)z^{-k} - \sum_{k=0}^{m-1} x(k)z^{-k}]$$

$$= z^m [X(z) - \sum_{k=0}^{m-1} x(k)z^{-k}]$$

下面给出几种特殊情况:

$$ZT[x(n+1)u(n)] = zX(z) - zx(0)$$
$$ZT[x(n+2)u(n)] = z^2 X(z) - z^2 x(0) - zx(1)$$
$$ZT[x(n-1)u(n)] = z^{-1} X(z) + x(-1)$$
$$ZT[x(n-2)u(n)] = z^{-2} X(z) + z^{-1} x(-1) + x(-2)$$

②$x(n)$是因果序列

序列左移的单边 z 变换为

$$ZT[x(n+m)u(n)] = z^m [X(z) - \sum_{k=0}^{m-1} x(k)z^{-k}] \qquad (7-25)$$

序列右移单边 z 变换为

$$ZT[x(n-m)u(n)] = z^{-m} X(z) \qquad (7-26)$$

若序列 $x(n) = u(n) - u(n-4)$,其 z 变换是由于 $u(n)$ 的 z 变换为 $\dfrac{z}{z-1}$,而 $u(n-4)u(n)$ 的 z 变换为 $\dfrac{1}{z^3(z-1)}$,故 $ZT[x(n)] = \dfrac{1}{z-1}(z - \dfrac{1}{z^3})$。

7.1.4.3　序列线性加权(z 域微分)

若 $X(z) = ZT[x(n)]$,则

$$ZT[nx(n)] = -z \frac{\mathrm{d}}{\mathrm{d}z} X(z) \qquad (7-27)$$

证明:因为 $X(z) = \sum_{n=0}^{\infty} x(n)z^{-n}$,由性质得

$$\frac{\mathrm{d}X(z)}{z} = \frac{\mathrm{d}}{\mathrm{d}z} \sum_{n=0}^{\infty} x(n)z^{-n} = \sum_{n=0}^{\infty} x(n) \frac{\mathrm{d}}{\mathrm{d}z}(z^{-n}) = -z^{-1} \sum_{n=0}^{\infty} nx(n)z^{-n} = -z^{-1} ZT[nx(n)]$$

故　　　　　　　　　$$ZT[nx(n)] = -z \frac{\mathrm{d}X(z)}{\mathrm{d}z}$$

公式进一步推广,有:

$$(1) \mathrm{ZT}[n^2 x(n)] = z^2 \frac{\mathrm{d}^2}{\mathrm{d}z^2} X(z) + z \frac{\mathrm{d}}{\mathrm{d}z} X(z) \tag{7-28}$$

$$(2) \mathrm{ZT}[n^m x(n)] = \left[-z \frac{\mathrm{d}}{\mathrm{d}z} \right]^m X(z) \tag{7-29}$$

证明式(7-28):

由于 $\mathrm{ZT}[n^2 x(n)] = \mathrm{ZT}[n \cdot nx(n)]$,根据式(7-27)得到

$$\mathrm{ZT}[n \cdot nx(n)] = -z \frac{\mathrm{d}}{\mathrm{d}z}[nx(n)] = -z \frac{\mathrm{d}}{\mathrm{d}z} \left[-z \frac{\mathrm{d}}{\mathrm{d}z} X(z) \right]$$

所以

$$\mathrm{ZT}[n^2 x(n)] = z^2 \frac{\mathrm{d}^2}{\mathrm{d}z^2} X(z) + z \frac{\mathrm{d}}{\mathrm{d}z} X(z)$$

【例 7-6】 求 $nu(n)$ 的 z 变换。

解

$$\mathrm{ZT}[nu(n)] = -z \frac{\mathrm{d}}{\mathrm{d}z} \mathrm{ZT}[u(n)] = -z \frac{\mathrm{d}}{\mathrm{d}z} \left(\frac{z}{z-1} \right) = \frac{z}{(z-1)^2}$$

7.1.4.4 序列指数加权(z 域尺度变换)

若 $X(z) = \mathrm{ZT}[x(n)] \quad (R_{x1} < |z| < R_{x2})$,则

$$\mathrm{ZT}[a^n x(n)] = X\left(\frac{z}{a} \right) \quad \left(R_{x1} < \left| \frac{z}{a} \right| < R_{x2} \right) \tag{7-30}$$

证明:

$$\mathrm{ZT}[a^n x(n)] = \sum_{n=0}^{\infty} a^n x(n) z^{-n} = \sum_{n=0}^{\infty} x(n) \left(\frac{z}{a} \right)^{-n} = X\left(\frac{z}{a} \right)$$

下面给出几种特殊情况的表达式:

$(1) \mathrm{ZT}[a^{-n} x(n)] = X(az) \quad (R_{x1} < |az| < R_{x2})$

$(2) \mathrm{ZT}[(-1)^{-n} x(n)] = X(-z) \quad (R_{x1} < |z| < R_{x2})$

$(3) \mathrm{ZT}[(-1)^{-n} u(n)] = \frac{z}{z+1} \quad (|z| > 1)$

【例 7-7】 若已知 $\mathrm{ZT}[\cos(n\omega_0) \cdot u(n)]$,求序列 $\beta^n \cos(n\omega_0) \cdot u(n)$ 的 z 变换。

解 因为

$$\mathrm{ZT}[\cos(n\omega_0) \cdot u(n)] = \frac{z(z - \cos \omega_0)}{z^2 - 2z\cos \omega_0 + 1}$$

所以

$$\mathrm{ZT}[\beta^n \cos(n\omega_0) \cdot u(n)] = \frac{\frac{z}{\beta}\left(\frac{z}{\beta} - \cos \omega_0 \right)}{\left(\frac{z}{\beta} \right)^2 - 2 \frac{z}{\beta} \cos \omega_0 + 1} = \frac{1 - \beta z^{-1} \cos \omega_0}{1 - 2\beta z^{-1} \cos \omega_0 + \beta^2 z^{-2}}$$

其收敛域为 $\left| \frac{z}{\beta} \right| > 1$,即 $|z| > \beta$。

7.1.4.5 初值定理

若 $x(n)$ 是因果序列,则

$$x(0) = \lim_{z \to \infty} X(z) \tag{7-31}$$

7.1.4.6 终值定理

若 $x(n)$ 是因果序列,则

$$x(\infty) = \lim_{z \to 1}\left[(z-1)X(z)\right] \qquad (7-32)$$

终值定理说明只有当 $n \to \infty$ 时 $x(n)$ 收敛才可应用,即要求 $X(z)$ 的极点必须处在单位圆内(在单位圆上只能位于 $z = +1$ 点且为一阶极点)。

7.1.4.7 时域卷积定理

若 $X(z) = \mathrm{ZT}[x(n)]$ $(R_{x1} < |z| < R_{x2})$, $H(z) = \mathrm{ZT}[h(n)]$ $(R_{h1} < |z| < R_{h2})$,则

$$\mathrm{ZT}[x(n)*h(n)] = X(z)H(z) \quad [\max(R_{x1}, R_{h1}) < |z| < \min(R_{x2}, R_{h2})] \quad (7-33)$$

证明:

$$\mathrm{ZT}[x(n)*h(n)] = \sum_{n=-\infty}^{\infty}[x(n)*h(n)]z^{-n}$$

由卷积定义得,原式 $= \sum_{n=-\infty}^{\infty}\sum_{m=-\infty}^{\infty}x(m)h(n-m)z^{-n}$,进一步整理得到

$$原式 = \sum_{m=-\infty}^{\infty}x(m)\sum_{n=-\infty}^{\infty}h(n-m)z^{-(n-m)}z^{-m} = \sum_{m=-\infty}^{\infty}x(m)z^{-m}H(z)$$

所以

$$\mathrm{ZT}[x(n)*h(n)] = X(z)H(z)$$

【例 7-8】 求下列两序列的卷积:

$$x(n) = u(n), h(n) = a^n u(n) - a^{n-1} u(n-1)$$

解 因为

$$X(z) = \mathrm{ZT}[u(n)] = \frac{z}{z-1} \quad (|z| > 1)$$

$$H(z) = \mathrm{ZT}[a^n u(n) - a^{n-1}u(n-1)] = \frac{z}{z-a} - \frac{z}{z-a}\cdot z^{-1} \quad (|z| > |a|)$$

由时域卷积定理得

$$Y(z) = X(z)H(z) = \frac{z}{z-1}\cdot\frac{z-1}{z-a} = \frac{z}{z-a} \quad (|z| > |a|)$$

所以

$$y(n) = \mathrm{IZT}[Y(z)] = a^n u(n)$$

利用 z 变换的时域卷积定理容易计算解卷积,但实际中很少采用该方法。此时,处于分母的 z 变换式不能有位于单位圆外的零点(即满足最小相移函数要求),否则结果中将出现单位圆外的极点。对应时域不能保证当 $n \to \infty$ 时函数收敛。

7.1.4.8 序列相乘(z 域卷积定理)

若 $X(z) = \mathrm{ZT}[x(n)]$ $(R_{x1} < |z| < R_{x2})$, $H(z) = \mathrm{ZT}[h(n)]$ $(R_{x1} < |z| < R_{x2})$,则

$$\mathrm{ZT}[x(n)h(n)] = \frac{1}{2\pi\mathrm{j}}\oint_{C_1}X\left(\frac{z}{v}\right)H(v)v^{-1}\mathrm{d}v \qquad (7-34)$$

或

$$\mathrm{ZT}[x(n)h(n)] = \frac{1}{2\pi\mathrm{j}}\oint_{C_2}X(v)H\left(\frac{z}{v}\right)v^{-1}\mathrm{d}v \qquad (7-35)$$

其中 C_1,C_2 分别为 $X\left(\dfrac{z}{v}\right)$ 与 $H(v)$ 或 $X(v)$ 与 $H\left(\dfrac{z}{v}\right)$ 收敛域重叠部分内逆时针旋转的围线;$\mathrm{ZT}[x(n)h(n)]$ 的收敛域一般为 $X\left(\dfrac{z}{v}\right)$ 与 $H(v)$ 或 $X(v)$ 与 $H\left(\dfrac{z}{v}\right)$ 的重叠部分,即

$$R_{x1}R_{h1} < |z| < R_{x2}R_{h2}$$

证明：

$$\begin{aligned}
\mathrm{ZT}[x(n)h(n)] &= \sum_{n=-\infty}^{\infty}[x(n)h(n)]z^{-n} = \sum_{n=-\infty}^{\infty}\left[\frac{1}{2\pi\mathrm{j}}\oint_{C_2}X(z)z^{n-1}\mathrm{d}z\right]h(n)z^{-n}\\
&= \frac{1}{2\pi\mathrm{j}}\sum_{n=-\infty}^{\infty}\left[\oint_{C_2}X(v)v^n\frac{\mathrm{d}v}{v}\right]h(n)z^{-n}\\
&= \frac{1}{2\pi\mathrm{j}}\oint_{C_2}\left[X(v)\sum_{n=-\infty}^{\infty}h(n)\left(\frac{z}{v}\right)^{-n}\right]\frac{\mathrm{d}v}{v}\\
&= \frac{1}{2\pi\mathrm{j}}\oint_{C_2}X(v)H\left(\frac{z}{v}\right)v^{-1}\mathrm{d}v
\end{aligned}$$

【例7-9】 利用 z 域卷积定理求 $na^nu(n)$ 序列的 z 变换 $(0<a<1)$。

解 设 $nu(n)$ 的 z 变换 $X(z)$，$a^nu(n)$ 的 z 变换为 $H(z)$，则

$$X(z) = \mathrm{ZT}[nu(n)] = \frac{z}{(z-1)^2} \quad (|z|>1)$$

$$H(z) = \mathrm{ZT}[a^nu(n)] = \frac{z}{z-a} \quad (|z|>|a|)$$

由 z 域卷积定理得

$$\begin{aligned}
\mathrm{ZT}[na^nu(n)] &= \frac{1}{2\pi\mathrm{j}}\oint_C X(v)H\left(\frac{z}{v}\right)\frac{\mathrm{d}v}{v}\\
&= \frac{1}{2\pi\mathrm{j}}\oint_C \frac{v}{(v-1)^2}\frac{\left(\dfrac{z}{v}\right)}{\left(\dfrac{z}{v}-a\right)}\frac{\mathrm{d}v}{v} = \frac{1}{2\pi\mathrm{j}}\oint_C \frac{z}{(v-1)^2(z-av)}\frac{\mathrm{d}v}{v}
\end{aligned}$$

本题的收敛域应同时满足 $\begin{cases}|v|>1\\|z|>|av|\end{cases}$，即 $1<|v|<\left|\dfrac{z}{a}\right|$。又因为 $|v|>1$，$|a|<1$，所以围线 C 中只包围一个二阶极点 $v=1$。故：

$$\begin{aligned}
\mathrm{ZT}[na^n]u(n) &= \frac{1}{2\pi\mathrm{j}}\oint_C \frac{z}{(v-1)^2(z-av)}\frac{\mathrm{d}v}{v}\\
&= \mathrm{Res}\left[\frac{z}{(v-1)^2(z-av)}\right]_{v=1} = \left[\frac{\mathrm{d}}{\mathrm{d}v}\left(\frac{z}{z-av}\right)\right]_{v=1}\\
&= \frac{az}{(z-a)^2} \quad (|z|>|a|)
\end{aligned}$$

7.1.5　z 变换与拉普拉斯变换的关系

在定义 z 变换时已经知道，离散函数 $f(n)$ 的 z 变换 $F(z)$ 是连续函数 $f(t)$ 经过理想取样所得到的取样函数 $f_s(t)$ 的拉氏变换 $F_s(s)$，并将变量 s 代换为变量 $z=\mathrm{e}^{sT}$ 的结果。而且在前面曾多处提到 z 变换与拉氏变换的相似之处，可见这两种变换并不是孤立的，它们之间有着密切的联系，在一定条件下可以相互转换。

7.1.5.1　s 平面与 z 平面的关系

由 $z=\mathrm{e}^{sT}$，$\omega_s=\dfrac{2\pi}{T}$，$s=\sigma+\mathrm{j}\omega$（直角坐标），$z=r\mathrm{e}^{\mathrm{j}\theta}$（极坐标），得到

$$re^{j\theta} = e^{(\sigma + j\omega)T}$$

故
$$r = e^{\sigma T} = e^{\frac{2\pi\sigma}{\omega_s}}, \theta = \omega T = 2\pi \frac{\omega}{\omega_s} \qquad (7-36)$$

z 平面的横坐标为 Rez，纵坐标为 jImz，s 平面与 z 平面的映射关系如下：

（1）s 平面虚轴（$\sigma = 0$，$s = j\omega$）映射到 z 平面是单位圆（$r = e^{\sigma T} = 1$）；

（2）s 平面右半平面（$\sigma > 0$，$s = j\omega$）映射到 z 平面是单位圆的圆外（$r = e^{\sigma T} > 1$）；

（3）s 平面左半平面（$\sigma < 0$，$s = j\omega$）映射到 z 平面是单位圆的圆内（$r = e^{\sigma T} < 1$）；

（4）s 平面实轴（$\omega = 0$，$s = \sigma$）映射到 z 平面是正实轴（$\theta = \omega T = 0$）；

（5）s 平面平行于实轴的直线（$\omega = $ 定值，$s = \sigma$）映射到 z 平面是始于原点的辐射线（$\theta = \omega T = $ 定值），通过 j$\frac{k\omega_s}{2}$（$k = \pm 1, \pm 3, \cdots$）而平行于实轴的直线映射到 z 平面是负实轴（$\theta = \omega T = 2\pi \frac{\omega}{\omega_s} = 2\pi \cdot \frac{k}{2} = k\pi$）；

（6）s 平面平行于虚轴的直线（$s = j\omega$，$\sigma = $ 定值）映射到 z 平面是单位圆周期性的重复（$\theta = \omega T = 2\pi \frac{\omega}{\omega_s}$），每平移 ω_s，沿单位圆旋转一周。故 $z \sim s$ 平面映射并不是单值的。

利用该映射关系可研究离散时间系统函数 z 平面特性与时域特性、频响特性及稳定性的关系。

7.1.5.2　z 变换与拉氏变换表达式的对应关系

（1）连续时间信号

对于连续时间信号表达式为

$$\hat{x}(t) = \sum_{i=1}^{N} \hat{x}_i(t) = \sum_{i=1}^{N} A_i e^{p_i t} u(t) \qquad (7-37)$$

其拉氏变换为

$$LT[\hat{x}(t)] = \sum_{i=1}^{N} \frac{A_i}{s - p_i} \qquad (7-38)$$

（2）离散抽样序列 $x(nT)$

离散抽样序列 $x(nT)$ 的表达式为

$$x(nT) = \sum_{i=1}^{N} x_i(nT) = \sum_{i=1}^{N} A_i e^{p_i nT} u(nT) \qquad (7-39)$$

其 z 变换为

$$ZT[x(n)] = \sum_{i=1}^{N} \frac{A_i}{1 - e^{p_i T} z^{-1}} \qquad (7-40)$$

从式（7-37）和（7-39）可以看出，$x(nT)$ 的样值等于 $\hat{x}(t)$ 在 $t = nT$ 各点之抽样值。然而，在 $t = 0$ 点违反了这一规律，出现了波形跳变，所以按照抽样规律建立二者联系时必须在 0 点补足 $\frac{A_i}{2}$，即

$$x_i(nT)u(n) = \begin{cases} \hat{x}_i(t)u(t) \big|_{t=nT} & (n \neq 0) \\ \hat{x}_i(t)u(t) \big|_{t=nT} + \dfrac{A_i}{2} & (n = 0) \end{cases} \qquad (7-41)$$

在满足式（7-41）要求的条件下，拉氏变换和 z 变换之间的对应关系才可以建立。当

已知式(7-38)时,引用 A_i、p_i 填入式(7-40),就可以求得 $x(nT)$ 的 z 变换。

【**例 7-10**】 已知中心信号 $\sin(\omega_0 t)u(t)$ 的拉氏变换为 $\dfrac{\omega_0}{s^2+\omega_0^2}$,求抽样序列 $\sin(\omega_0 nT)u(nT)$ 的 z 变换。

解

$$x(t) = \sin(\omega_0 t)u(t)$$

$$X(s) = \frac{\omega_0}{s^2+\omega_0^2} = \frac{-\dfrac{\text{j}}{2}}{s-\text{j}\omega_0} + \frac{\dfrac{\text{j}}{2}}{s+\text{j}\omega_0}$$

由对应关系可以得到

$$X(z) = \frac{-\dfrac{\text{j}}{2}}{1-z^{-1}\text{e}^{\text{j}\omega_0 T}} + \frac{\dfrac{\text{j}}{2}}{1-z^{-1}\text{e}^{-\text{j}\omega_0 T}} = \frac{z^{-1}\sin(\omega_0 T)}{1-2z^{-1}\cos(\omega_0 T)+z^{-2}}$$

z 变换与拉氏变换表达式的对应规律在借助模拟滤波器原理设计数字滤波器时会用到。

7.2 系统响应的复频域分析

与连续时间系统的拉氏变换分析相类似,在分析离散时间系统时,可以通过 z 变换把描述离散时间系统的差分方程转化为代数方程。此外,z 域中导出的离散系统函数的概念同样能更方便、深入地描述离散系统本身的固有特性。

离散时间系统的 z 变换分析法与时域分析法一样,可以分别求出零输入响应和零状态响应,然后叠加求得全响应,也可以直接求得全响应。

单边 z 变换将系统的初始条件自然地包含于其代数方程中,可求得零输入、零状态响应和全响应。

7.2.1 完全响应的求解

若差分方程为

$$\sum_{k=0}^{N} a_k y(n-k) = \sum_{r=0}^{M} b_r x(n-r)$$

两边同时 z 变换得到

$$\sum_{k=0}^{N} a_k z^{-k}\left[Y(z)+\sum_{l=-k}^{-1}y(l)z^{-1}\right] = \sum_{r=0}^{M} b_r z^{-r}\left[X(z)+\sum_{m=-r}^{-1}x(m)z^{-m}\right]$$

整理得到

$$Y(z) = \frac{\sum\limits_{r=0}^{M} b_r z^{-r}\left[X(z)+\sum\limits_{m=-r}^{-1}x(m)z^{-m}\right]-\sum\limits_{k=0}^{N}\left[a_k z^{-k}\cdot\sum\limits_{l=-k}^{-1}y(l)z^{-r}\right]}{\sum\limits_{k=0}^{N} a_k z^{-k}}$$

若激励 $x(n)$ 为因果序列,则上式可写成

$$Y(z) = \frac{\sum\limits_{r=0}^{M} b_r z^{-r} X(z) - \sum\limits_{k=0}^{N} \left[a_k z^{-k} \cdot \sum\limits_{l=-k}^{-1} y(l) z^{-l} \right]}{\sum\limits_{k=0}^{N} a_k z^{-k}} \qquad (7-42)$$

通过求解逆 z 变换可得到系统的完全响应,即 $y(n) = \text{IZT}[Y(z)]$。

7.2.2 零输入响应的求解

若差分方程为 $\sum\limits_{k=0}^{N} a_k y(n-k) = 0$,则其 z 变换为

$$\sum\limits_{k=0}^{N} a_k z^{-k} \left[Y(z) + \sum\limits_{l=-k}^{-1} y(l) z^{-l} \right] = 0$$

所以
$$Y(z) = \frac{-\sum\limits_{k=0}^{N} \left[a_k z^{-k} \cdot \sum\limits_{l=-k}^{-1} y(l) z^{-l} \right]}{\sum\limits_{k=0}^{N} a_k z^{-k}} \qquad (7-43)$$

通过求解逆 z 变换可得到系统的零输入响应,即 $y(n) = \text{IZT}[Y(z)]$。

7.2.3 零状态响应的求解

若差分方程为

$$\sum\limits_{k=0}^{N} a_k y(n-k) = \sum\limits_{r=0}^{M} b_r x(n-r)$$

方程两边同时 z 变换得到

$$\sum\limits_{k=0}^{N} a_k z^{-k} [Y(z)] = \sum\limits_{r=0}^{M} b_r z^{-r} \left[X(z) + \sum\limits_{m=-r}^{-1} x(m) z^{-m} \right]$$

所以
$$Y(z) = \frac{\sum\limits_{r=0}^{M} b_r z^{-r} \left[X(z) + \sum\limits_{m=-r}^{-1} x(m) z^{-m} \right]}{\sum\limits_{k=0}^{N} a_k z^{-k}} \qquad (7-44)$$

若激励 $x(n)$ 为因果序列,则上式可写成

$$Y(z) = X(z) \cdot \frac{\sum\limits_{r=0}^{M} b_r z^{-r}}{\sum\limits_{k=0}^{N} a_k z^{-k}} \qquad (7-45)$$

此时的零状态响应为 $\qquad y(n) = \text{IZT}[Y(z)]$

系统函数为 $\qquad H(z) = \dfrac{\sum\limits_{r=0}^{M} b_r z^{-r}}{\sum\limits_{k=0}^{N} a_k z^{-k}} \qquad (7-46)$

【例 7-11】 一离散系统的差分方程为 $y(n) - by(n-1) = x(n)$。若激励信号 $x(n) = a^n u(n)$,求解:

(1)起始值 $y(-1) = 0$,求响应 $y(n)$;

（2）起始值 $y(-1)=-2$，求响应 $y(n)$。

解 （1）$y(n)$ 为零状态响应，对系统差分方程两边 z 变换后得

$$Y(z)-bz^{-1}Y(z)=X(z)$$

所以

$$Y(z)=\frac{X(z)}{1-bz^{-1}}$$

因为

$$X(z)=\frac{z}{z-a}\quad(|z|>|a|)$$

由上式可得

$$Y(z)=\frac{z^2}{(z-a)(z-b)}=\frac{1}{a-b}\left(\frac{az}{z-a}-\frac{bz}{z-b}\right)$$

故

$$y(n)=\frac{1}{a-b}(a^{n+1}-b^{n+1})u(n)$$

（2）$y(n)$ 为完全响应

因为 z 变换为

$$Y(z)-bz^{-1}[Y(z)+y(-1)z]=X(z)$$

所以

$$Y(z)-bz^{-1}Y(z)-by(-1)=X(z)$$

整理得

$$Y(z)=\frac{X(z)+by(-1)}{1-bz^{-1}}=\frac{X(z)}{1-bz^{-1}}+\frac{by(-1)}{1-bz^{-1}}$$

$$X(z)=\frac{z}{z-a}\quad(|z|>|a|)$$

所以

$$Y(z)=\frac{z^2}{(z-a)(z-b)}+\frac{2bz}{z-b}=\frac{1}{a-b}\left(\frac{az}{z-a}-\frac{bz}{z-b}\right)+\frac{2bz}{z-b}$$

故

$$y(n)=\left[\frac{1}{a-b}(a^{n+1}-b^{n+1})+2b^{n+1}\right]u(n)$$

利用 MATLAB 实现系统零状态响应和完全响应的 z 变换求解方法的程序分别为 ep7_4.m 和 ep7_5.m。实际中不采用符号法求解系统的响应。

ep7_4.m 程序清单

```
clear all;close all;clc;
syms n a b z
x = a^n;X = ztrans(x);
H = 1/(1 - b * z^(-1));%H(z)
Y = H * X;
y1 = iztrans(Y);y = simplify(y1)
```

运行结果：y = -(b^(1 + n) - a^(1 + n))/(a - b)

ep7_5.m 程序清单

```
clear all;close all;clc;
syms n a b z
x = a^n;X = ztrans(x);
Y = (X + 2 * b)/(1 - b * z^(-1));%该式是对差分方程 z 变换后再化简得到的
y1 = iztrans(Y);y = simplify(y1)
```

运行结果：y = (2 * b^(1 + n) * a - b^(1 + n) - 2 * b^(2 + n) + a^(1 + n))/(-b + a)

7.3 系统函数和系统特性

7.3.1 系统函数

7.3.1.1 系统函数及零极点

离散系统的系统函数在离散系统分析中起着十分重要的作用。如前所述,系统函数与系统的差分方程有着确定的对应关系。尽管离散系统函数是由系统的零状态响应的 z 变换和激励的 z 变换的比来定义的,但 $H(z)$ 与激励和零状态响应无关,它表征了离散时间系统自身的特性,是离散系统的 z 域描述。

系统函数的定义如下

$$H(z) = \frac{Y(z)}{X(z)} = \frac{\sum_{r=0}^{M} b_r z^{-r}}{\sum_{k=0}^{N} a_k z^{-k}} = G \frac{\prod_{r=1}^{M}(1 - z_r z^{-1})}{\prod_{k=1}^{M}(1 - z_k z^{-1})} \tag{7-47}$$

离散系统函数通常为有理分式,其分母多项式等于零所构成的方程式就是离散系统的特征方程,方程的根就是特征根,也就是 $H(z)$ 的极点。系统函数分子多项式等于零的根为 $H(z)$ 的零点,故离散系统函数又可写成下式形式

$$H(z) = H_0 \frac{\prod_{r=1}^{m}(z - z_r)}{\prod_{i=1}^{n}(z - z_i)} \tag{7-48}$$

式中:z_r 是离散系统函数的零点;p_i 是离散系统函数的极点;H_0 为标量系数。零点和极点可以是实数,也可以是虚数或复数。

将 $H(z)$ 进行 z 反变换可得到离散系统的单位函数响应。表达式为

$$h(n) = \text{IZT}[H(z)]$$

$$= \text{IZT}\left[G \frac{\prod_{r=1}^{M}(1 - z_r z^{-1})}{\prod_{k=1}^{N}(1 - z_k z^{-1})} \right] = \text{IZT}\left[\sum_{k=0}^{N} \frac{A_k z}{z - p_k} \right]$$

$$= \text{IZT}\left[A_0 + \sum_{k=1}^{N} \frac{A_k z}{z - p_k} \right]$$

$$= A_0 \delta(n) + \sum_{k=1}^{N} A_k (p_k)^n u(n) \tag{7-49}$$

$H(z)$ 的极点决定 $h(n)$ 的波形特征,零点只影响 $h(n)$ 的幅度和相位。

7.3.1.2 系统的 z 域框图

基本单元数乘器和加法器的 z 域描述方法与 n 域相同,延迟单元的 z 域描述如图 7-5 所示。

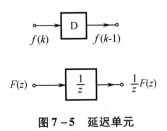

图 7-5   延迟单元

【例 7-12】   某系统的 z 域框图如图 7-6 所示。已知输入 $x(n) = u(n)$，求系统的单位序列响应 $h(n)$。

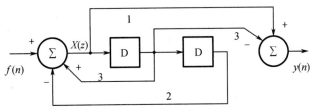

图 7-6   例 7-12 图

解   设中间变量 $X(z)$，根据图 7-6 可以得到

$$X(z) = 3z^{-1}X(z) - 2z^{-2}X(z) + F(z)$$

化简后为

$$X(z) = \frac{1}{1 - 3z^{-1} + 2z^{-2}}F(z)$$

由图 7-6 可见

$$Y_f(z) = X(z) - 3z^{-1}X(z) = (1 - 3z^{-1})X(z)$$

代入 $X(z)$ 后得到

$$Y_f(z) = \frac{1 - 3z^{-1}}{1 - 3z^{-1} + 2z^{-2}}F(z)$$

由定义式可得

$$H(z) = \frac{1 - 3z^{-1}}{1 - 3z^{-1} + 2z^{-2}} = \frac{z^2 - 3z}{z^2 - 3z + 2} = \frac{2z}{z - 1} + \frac{-z}{z - 2}$$

所以

$$h(n) = \left[2 - 2^n \right] u(n)$$

7.3.2   系统函数的零极点分布对系统特性的影响

7.3.2.1   系统函数的零极点分布对系统特性的影响（一阶系统）

$z \sim s$ 平面的映射关系用公式表示为

$$\left. \begin{aligned} z &= e^{sT} \\ z &= re^{j\theta} \\ s &= \sigma + j\omega \end{aligned} \right\} \Rightarrow \begin{cases} r = e^{\sigma T} \\ \theta = \omega T \end{cases} \tag{7-50}$$

由式（7-50）可以得到：s 平面左半平面映射到 z 平面的单位圆内；s 平面的虚轴映射到 z 平面的单位圆上；s 平面右半平面映射到 z 平面的单位圆外。即 s 平面左半平面的极点在 z 平面是单位圆内的极点；s 平面虚轴上的极点在 z 平面是单位圆上的极点；s 平面右半平面

的极点在 z 平面是单位圆外的极点。

利用 $z \sim s$ 平面的映射关系,可借助连续时间系统在 s 平面的特性方便地在 z 平面上分析离散时间系统的特性。如:离散时间系统的极点位置与 $h(n)$ 形状的关系如图 $7-7$ 所示。

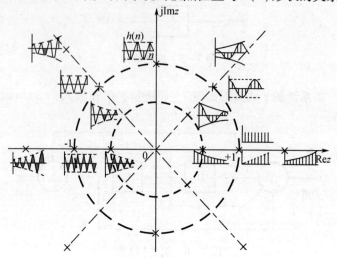

图 7-7 $H(z)$ 的极点位置与 $h(n)$ 形状的关系

7.3.2.2 离散时间系统的稳定性和因果性

(1)稳定系统

若系统为稳定系统,则 $H(z)$ 的极点在单位圆内,收敛域应包含单位圆在内。

(2)因果系统

若系统为因果系统,其 z 变换的收敛域包含 ∞,即收敛域表示为某圆外区域($a < |z| \leqslant \infty$)。

(3)因果稳定系统

若系统为因果稳定系统,则应同时满足

$$\begin{cases} a < |z| \leqslant \infty \\ a < 1 \end{cases} \quad (a \text{ 为极点})$$

即全部极点落在单位圆内。

【例 $7-13$】 设离散系统的差分方程为

$$y(n) + 0.2y(n-1) - 0.24y(n-2) = x(n) + x(n-1)$$

(1)求系统函数 $H(z)$;

(2)讨论因果系统 $H(z)$ 的收敛域和稳定性;

(3)求单位样值响应 $h(n)$;

(4)当激励 $x(n)$ 为单位阶跃序列时,求零状态响应 $y(n)$。

解:

(1)
$$Y(z) + 0.2z^{-1}Y(z) - 0.24z^{-2}Y(z) = x(z) + z^{-1}X(z)$$

$$H(z) = \frac{Y(z)}{X(z)} = \frac{1 + z^{-1}}{1 + 0.2z^{-1} - 0.24z^{-2}} = \frac{z(z+1)}{(z-0.4)(z+0.6)}$$

(2)两个极点都在单位圆内,收敛域为 $|z| > 0.6$,是因果稳定系统。

(3)
$$H(z) = \frac{1.4z}{z-0.4} - \frac{0.4z}{z+0.6} \quad (|z| > 0.6)$$

$$h(n) = \left[1.4(0.4)^n - 0.4(-0.6)^n \right] u(n)$$

（4）若激励为 $x(n) = u(n)$

则

$$X(z) = \frac{z}{z-1} \quad (|z| > 1)$$

所以

$$Y(z) = H(z)X(z) = \frac{z^2(z+1)}{(z-1)(z-0.4)(z+0.6)} = \frac{2.08z}{z-1} - \frac{0.93z}{z-0.4} - \frac{0.15z}{z+0.6} \quad (|z| > 1)$$

故

$$y(n) = \left[2.08 - 0.93(0.4)^n - 0.15(-0.6)^n \right] u(n)$$

【例 7-14】 写出如图 7-8 所示系统的差分方程,利用 MATLAB 检测该系统为哪种滤波网络。分别以单频信号和周期方波信号作为激励,观察响应的变换情况。

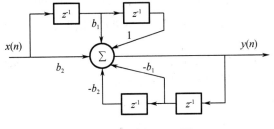

图 7-8 例 7-14 图

解 实现上述要求的程序为 ep7_6.m,零、极点分布如图 7-9 所示,频响特性如图 7-10 所示,单频信号、周期方波及其响应如图 7-11 所示。

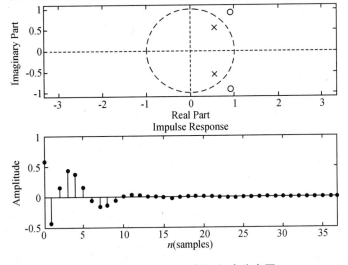

图 7-9 例 7-14 系统零、极点分布图

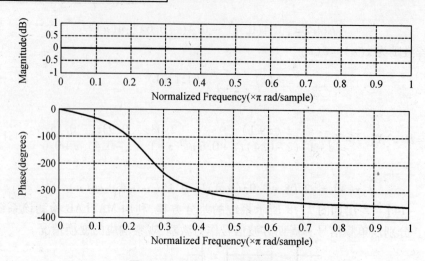

图 7 – 10　例 7 – 14 系统频响特性

在图 7 – 9 中极点和零点位置关于单位圆对称,在图 7 – 10 中系统对所有频率分量的增益都为 1,都说明了该系统是全通网络,但相位延时随频率变化。

ep7_6. m 程序清单

```
clear all;close all;clc;clf;
b1 = -1.1;b2 = 0.6;
a = [1,b1,b2];b = [b2,b1,1];
subplot(2,1,1);zplane(b,a);%绘制零极点分布图
subplot(2,1,2);impz(b,a);%绘制单位样值响应
figure;
freqz(b,a);%绘制频率特性
n = [0:40]';%生成时间点
x1 = sin(0.1 * pi * n);%生成单频信号
x2 = 0 * n;%准备方波信号
x2(mod(n,10) < 5) = 1;%生成方波信号,周期是10
y1 = filter(b,a,x1);%分别对两个信号滤波
y2 = filter(b,a,x2);
figure
subplot(2,2,1);stem(n,x1,'.');ylabel('x_{1}');title('单频输入信号');
axis([0,40,-1.2,1.2]);set(gca,'Ytick',[-1,0,1]);
subplot(2,2,3);stem(n,y1,'.');ylabel('y_{1}');title('单频输入的响应');
axis([0,40,-1.2,1.2]);set(gca,'Ytick',[-1,0,1]);
subplot(2,2,2);stem(n,x2,'.');ylabel('x_{2}');title('周期方波输入信号');
axis([0,40,-0.5,2]);set(gca,'Ytick',[0,1,2]);
subplot(2,2,4);stem(n,y2,'.');ylabel('y_{2}');title('周期方波输入的响应');
axis([0,40,-0.5,2]);set(gca,'Ytick',[0,1,2]);
```

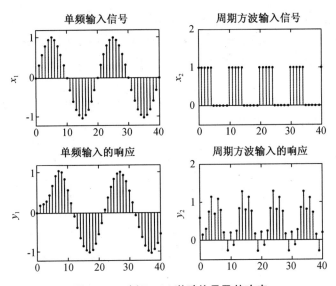

图 7 – 11 例 7 – 14 激励信号及其响应

由图 7 – 11 可见,任意频率的单频信号经过系统后出现相位延迟,但幅度不发生变换;方波信号(是宽带信号)有多个频率分量,经过全通滤波网络后除了有相位延迟外,波形剧烈变换,因而输出波形变换非常大。

思考题

7 – 1 z 变换与拉普拉斯变换有何联系? z 域和 s 域有何联系?

7 – 2 离散系统的频率特性与连续系统的频率特性有何异同?

7 – 3 离散系统可否直接用于处理连续信号? 低通信号和带通信号直接通过低通数字滤波器,其响应将会怎样?

7 – 4 离散信号的 z 域特性与其时域特性之间有哪些对应关系?

7 – 5 在离散系统的分析中 z 变换起什么作用?

7 – 6 z 变换与 DTFT 之间有什么关系?

习题

7 – 1 求下列序列的 z 变换 $X(z)$。

$(1)\left(\dfrac{1}{2}\right)^{n}u(n)$ $(2)\left(-\dfrac{1}{4}\right)^{n}u(n)$

$(3)\left(-\dfrac{1}{3}\right)^{-n}u(n)$ $(4)\left(\dfrac{1}{3}\right)^{n}u(-n)$

$(5)-\left(\dfrac{1}{2}\right)^{n}u(-n-1)$ $(6)\delta(n+1)$

$(7)\left(\dfrac{1}{2}\right)^{n}[u(n)-u(n-10)]$ $(8)\left(\dfrac{1}{2}\right)^{n}u(n)+\left(\dfrac{1}{3}\right)^{n}u(n)$

$(9)\delta(n)-\dfrac{1}{8}\delta(n-3)$

7 – 2 求双边序列 $x(n)=\left(\dfrac{1}{2}\right)^{|n|}$ 的 z 变换,并标明收敛域及绘出零极点图。

7－3 直接从下列 z 变换看出它们所对应的序列。

(1) $X(z) = 1$ （ $|z| \leqslant \infty$ ）   (2) $X(z) = z^3$ （ $|z| < \infty$ ）

(3) $X(z) = z^{-1}$ （ $0 < |z| \leqslant \infty$ ）   (4) $X(z) = -2z^{-2} + 2z + 1$ （ $0 < |z| < \infty$ ）

(5) $X(z) = \dfrac{1}{1 - az^{-1}}$ （ $|z| > a$ ）   (6) $X(z) = \dfrac{1}{1 - az^{-1}}$ （ $|z| > a$ ）

7－4 求下列 $X(z)$ 的逆变换 $x(n)$ 。

(1) $X(z) = \dfrac{1}{1 + 0.5z^{-1}}$ （ $|z| > 0.5$ ）   (2) $X(z) = \dfrac{1 - 0.5z^{-1}}{1 + \frac{3}{4}z^{-1} + \frac{1}{8}z^{-2}}$ （ $|z| > 0.5$ ）

(3) $X(z) = \dfrac{1 - 0.5z^{-1}}{1 - \frac{1}{4}z^{-2}}$ （ $|z| > 0.5$ ）   (4) $X(z) = \dfrac{1 - az^{-1}}{z^{-1} - a}$ （ $|z| > |\frac{1}{a}|$ ）

(5) $X(z) = \dfrac{10}{(1 - 0.5z^{-1})(1 - 0.25z^{-1})}$ （ $|z| > 0.5$ ）

(6) $X(z) = \dfrac{10z^2}{(z - 1)(z + 1)}$ （ $|z| > 1$ ）

7－5 求下列 $X(z)$ 逆变换 $x(n)$ 。

(1) $X(z) = \dfrac{z^{-1}}{(1 - 6z^{-1})^2}$ （ $|z| > 6$ ）   (2) $X(z) = \dfrac{z^{-2}}{1 - z^{-2}}$ （ $|z| > 1$ ）

7－6 画出 $X(z) = \dfrac{-3z^{-1}}{2 - 5z^{-1} + 2z^{-2}}$ 的零、极点图,在下列三种收敛域下,哪种情况对应左边序列、右边序列、双边序列？并求各对应序列。

(1) $|z| > 2$ (2) $|z| < 0.5$

(3) $0.5 < |z| < 2$

7－7 已知因果序列的 z 变换 $X(z)$,求序列的初值 $x(0)$ 和终值 $x(\infty)$ 。

(1) $X(z) = \dfrac{1 + z^{-1} + z^{-2}}{(1 - z^{-1})(1 - 2z^{-1})}$ (2) $X(z) = \dfrac{1}{(1 - 0.5z^{-1})(1 + 0.5z^{-1})}$

(3) $X(z) = \dfrac{z^{-1}}{1 - 1.5z^{-1} + 0.5z^{-2}}$

7－8 利用卷积定理求 $y(n) = x(n) * h(n)$,已知:

(1) $x(n) = a^n u(n)$, $h(n) = b^n u(-n)$

(2) $x(n) = a^n u(n)$, $h(n) = \delta(n - 2)$

(3) $x(n) = a^n u(n)$, $h(n) = u(n - 1)$

7－9 已知下列 z 变换式 $X(z)$ 和 $Y(z)$,利用 z 域卷积定理求 $x(n)$ 与 $y(n)$ 乘积的 z 变换。

(1) $X(z) = \dfrac{1}{1 - 0.5z^{-1}}$ （ $|z| > 0.5$ ）

$Y(z) = \dfrac{1}{1 - 2z}$ （ $|z| < 0.5$ ）

(2) $X(z) = \dfrac{0.99}{(1 - 0.1z^{-1})(1 - 0.1z)}$ （ $0.1 < |z| < 10$ ）

$Y(z) = \dfrac{1}{1 - 10z}$ （ $|z| > 0.1$ ）

7-10 用单边 z 变换解下列差分方程：

(1) $y(n+2)+y(n+1)+y(n)=u(n)$ $y(0)=1,y(1)=2$

(2) $y(n)+0.1y(n-1)-0.02y(n-2)=10u(n)$ $y(-1)=4,y(-2)=6$

(3) $y(n)-0.9y(n-1)=0.05u(n)$ $y(-1)=0$

(4) $y(n)-0.9y(n-1)=0.05u(n)$ $y(-1)=1$

(5) $y(n)=-5y(n-1)+nu(n)$ $y(-1)=0$

(6) $y(n)+2y(n-1)=(n-2)u(n)$ $y(-1)=0$

7-11 因果系统的系统函数 $H(z)$ 如下所示，试说明这些系统是否稳定。

(1) $\dfrac{z+2}{8z^2-2z-3}$ (2) $\dfrac{8(1-z^{-1}-z^{-2})}{2+5z^{-1}+2z^{-2}}$

(3) $\dfrac{2z-4}{2z^2+z-1}$ (4) $\dfrac{1+z^{-1}}{1-z^{-1}+z^{-2}}$

7-12 求下列系统函数在 $10<|z|\le\infty$ 及 $0.5<|z|<10$ 两种收敛域情况下系统的单位样值响应，并说明系统的稳定性与因果性。

$$H(z)=\frac{9.5z}{(z-0.5)(10-z)}$$

7-13 在语音信号处理技术中，一种描述声道模型的系统函数具有如下形式

$$H(z)=\frac{1}{1-\sum_{i=1}^{P}a_iz^{-i}}$$

若取 $P=8$，试画出此声道模型的结构图。

7-14 用计算机对测量的随机数据 $x(n)$ 进行平均处理，当收到一个测量数据后，计算机就把这一次输入数据与前三次输入数据进行平均。试求这一运算过程的频率响应。

7-15 已知离散系统差分方程表示式 $y(n)-\dfrac{1}{3}y(n-1)=x(n)$：

(1) 求系统函数和单位样值响应；

(2) 若系统的零状态响应为 $y(n)=3\left[\left(\dfrac{1}{2}\right)^n-\left(\dfrac{1}{3}\right)^n\right]u(n)$，求激励信号；

(3) 画系统函数的零、极点分布图；

(4) 画系统的结构框图。

7-16 已知离散系统差分方程表示式

$$y(n)-\frac{3}{4}y(n-1)+\frac{1}{8}y(n-2)=x(n)+\frac{1}{3}x(n-1)$$

(1) 求系统函数和单位样值响应；

(2) 画系统函数的零、极点分布图；

(3) 画系统的结构框图。

7-17 已知系统函数

$$H(z)=\frac{z^2-(2a\cos\omega_0)z+a^2}{z^2-(2a^{-1}\cos\omega_0)z+a^{-2}}\quad(a>1)$$

(1) 画出 $H(z)$ 在 z 平面的零、极点分布图；

（2）借助 $s \sim z$ 平面的映射规律，利用 $H(z)$ 的零、极点分布特性说明此系统的滤波网络特性。

上机题

7 - 1 画出 $X(z) = \dfrac{-3z^{-1}}{2 - 5z^{-1} + 2z^{-2}}$ 的零、极点分布图。计算并绘制收敛域为 $|z| > 2$ 情况下的对应序列。

7 - 2 已知某离散时间系统极点为 $p = \{0.1, 0.5 \pm j0.2, -0.9\}$，零点为 $z = \{0, 1\}$，绘制该系统的单位取样响应、单位阶跃响应和幅频、相频响应。

第8章 系统的状态变量分析

系统分析,简言之就是建立表征物理系统的数学模型并求出它的解答。描述系统的方法可分为输入 – 输出法和状态变量法。输入 – 输出法也称为端口法,它主要关心的是激励(输入)与响应(输出)之间的关系,基本模型为系统函数。前面几章所讨论的时域分析和变换域分析都属于输入 – 输出法。由于输入 – 输出法只将系统的输入变量和输出变量联系起来,它不便于研究与系统内部情况有关的各种问题(譬如系统的可观测性、可控制性等)。随着现代控制理论的发展,人们不仅关心系统输出量的变化情况,而且对系统内部的一些变量也要进行研究,以便设计和控制这些变量达到最优控制目的。这就需要以内部变量为基础的状态变量分析法。

8.1 信 号 流 图

在前面章节中我们讲述了利用方框图(子系统)组合分析线性系统的方法,使求解过程简化,为了进一步简化各种方框图(子系统)组合方法,出现了线性系统的“信号流图”(Signal flow graphs)表示与分析方法,这个方法是输入 – 输出法(端口法)中的一种,采用系统函数为基本模型,是由美国麻省理工学院的梅森(Mason)于 20 世纪 50 年代初首先提出。信号流图是用有向的线图描述方程变量之间因果关系的一种图,信号流图的分析方法在反馈系统分析、线性方程组求解、线性系统模拟以及数字滤波器设计等方面得到广泛应用。

8.1.1 信号流图的描述

8.1.1.1 信号流图定义

信号流图是由结点和有向线段组成的几何图形。它可以简化系统的表示,并便于计算系统函数。对于由多个反馈环路组成的复杂系统进行分析时,信号流图方法的优点更为突出,所以信号流图是研究系统状态空间分析的一种很好的方法。图 8 – 1 就是用信号流图表示框图的形式。

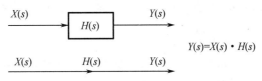

图 8 – 1 用信号流图表示框图

流图中的圆点便是系统的信号或变量,称之为结点;有向线段便是信号传输的路径,称之为支路;起点是因,终点是果,箭头表示信号的传输方向。支路相当于乘法器,结点相当于加法器,将所有流入该结点的信号相加。下面我们介绍一下信号流图中常用的基本术语。

8.1.1.2 在流图中一些术语的定义

(1)结点:表示系统中变量或信号的点。

(2)转移函数:两个结点之间的增益。

(2)支路:连接两个结点之间的定向线段,支路的增益即为转移函数。

(4)输入结点(源点):只有输出支路的结点,它对应的是自变量(即输入信号)。

(5)输出结点(阱点):只有输入支路的结点,它对应的是因变量(即输出信号)。

(6)混合结点:既有输入支路又有输出支路的结点。

(7)通路:沿支路箭头方向通过各相连支路的路径(不允许有相反方向支路存在)。

(8)开通路:通路与任一结点相交不多于一次。

(9)闭通路(环路):如果通路的终点就是通路的起点,并且与任何其他结点相交不多于一次。

(10)环路增益:环路中各支路转移函数的乘积。

(11)不接触环路:两环路之间没有任何公共结点。

(12)前向通路:从输入结点(源点)到输出结点(阱点)方向的通路上,通过任何结点不多于一次的全部路径。

(13)前向通路增益:前向通路中,各支路转移函数的乘积。

8.1.1.3 信号流图的性质

运用信号流图时必须遵循流图的以下性质:

(1)支路表示了一个信号与另一信号的函数关系。信号只能沿着支路上的箭头方向通过。

(2)结点可以把所有输入支路的信号叠加,并把总和信号传送到所有输出支路,如图8-2所示。在图8-2中 $x_4 = ax_1 + bx_2 + dx_5$,$x_6 = ex_4$,$x_3 = cx_4$。

(3)具有输入和输出支路的混合结点,通过增加一个具有单位传输的支路,可以把它变成输出结点来处理,如图8-3所示。在图8-3中,x_3'和x_3''实际上是一个结点,但分成了两个结点以后,x_3'是混合结点,而x_3''只是输出结点。

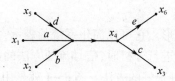

图8-2 多输入多输出结点 x_4

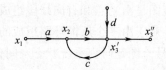

图8-3 将一个结点分成两个结点

(4)给定系统,信号流图并不唯一。

(5)流图转置以后,其转移函数保持不变。所谓转置就是把流图中各支路的信号传输方向给以调换,同时把输入输出结点对换。

8.1.2 信号流图的代数运算

系统的信号流图和系统的方框图一样,表示一组线性方程,代表某一线性系统,因此可以按一些代数运算规则化简。图8-4给出了几种常见的化简方法。

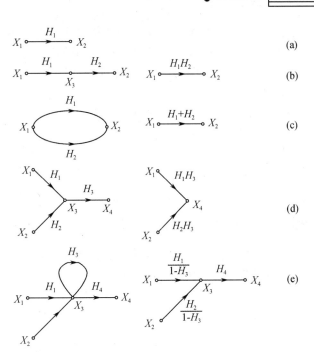

图 8 - 4　信号流图的代数运算规则

（1）只有一个输入支路的结点值等于输入信号乘以支路增益。如图 8 - 4（a）所示，其中 $X_2 = H_1 X_1$。

（2）串联支路的总增益，等于所有支路增益的乘积，因而串联支路可以简化合并为单一支路。如图 8 - 4（b）所示。

（3）通过并联相加可以把并联支路合并为单一支路。如图 8 - 4（c）所示。

（4）混合结点的消除。如图 8 - 4（d）所示。

（5）环路的消除。如图 8 - 4（e），消除环路后的结果为

$$X_3 = \frac{H_1}{1 - H_3} X_1 + \frac{H_2}{1 - H_3} X_2$$

【例 8 - 1】　利用信号流图的代数运算规则，求图 8 - 5（a）的转移函数。

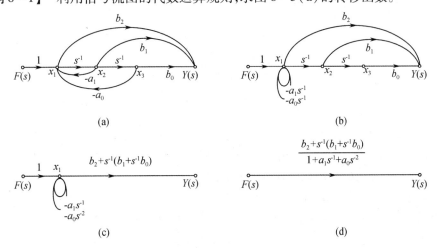

图 8 - 5　例 8 - 1 图

    解 根据串联支路合并规则,将图 $8-5(a)$ 中的两个环路 $x_1 \to x_2 \to x_1$ 和 $x_1 \to x_2 \to x_3 \to x_1$ 化简为自环,如图 $8-5(b)$ 所示;将 x_1 到 $Y(s)$ 之间各串联、并联支路合并,得到图 $8-5(c)$;利用并联支路合并规则,将 x_1 处两个自环合并,然后消除自环,得到图 $8-5(d)$ 。经过化简后得到系统函数为

$$H(s) = \frac{Y(s)}{F(s)} = \frac{b_2 + b_1 s^{-1} + b_0 s^{-2}}{1 + a_1 s^{-1} + a_0 s^{-2}} = \frac{b_2 s^2 + b_1 s + b_0}{s^2 + a_1 s + a_0}$$

上式为二阶微分方程

$$y''(t) + a_1 y'(t) + a_0 y(t) = b_2 f''(t) + b_1 f'(t) + b_0 f(t)$$

的系统函数。

8.1.3　信号流图的梅森增益公式

    利用梅森增益公式可以根据流图很方便地求得输入与输出间的转移函数,尤其是运用计算机对复杂系统化简时,便于程序设计。梅森公式定义为

$$H = \frac{1}{\Delta} \sum_k g_k \Delta_k \tag{8-1}$$

其中

(1) Δ :流图的特征行列式。 $\Delta = 1 - \{$ 所有不同环路的增益之和 $\} + \{$ 每两个互不接触环路增益乘积之和 $\} - \{$ 每三个互不接触环路增益乘积之和 $\} + \cdots\cdots$

(2) k :表示由源点到阱点之间第 k 条前向通路的标号;

(3) g_k :表示由源点到阱点之间第 k 条前向通路的增益;

(4) Δ_k :称为对于第 k 条前向通路特征行列式的余子式。它是除去与第 k 条前向通路相接触的环路外,余下的特征行列式。

【例 $8-2$ 】 用梅森公式求图 $8-6$ 所示系统的转移函数。

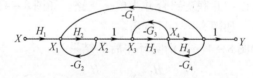

图 $8-6$　例 $8-2$ 图

    解 (1)求流图的特征行列式 Δ

在图 $8-6$ 中共有 4 个环路,分别为

$$L_1 = (X_1 \to X_2 \to X_3) = -H_2 G_2$$
$$L_2 = (X_3 \to X_4 \to X_3) = -H_3 G_3$$
$$L_3 = (X_4 \to Y \to X_4) = -H_4 G_4$$
$$L_4 = (X_1 \to X_2 \to X_3 \to X_4 \to Y \to X_1) = -H_2 H_3 H_4 G_1$$

在这 4 个环路中, $L_1 L_2$, $L_1 L_3$ 是两组两两不接触的环路,无每三个互不接触的环路。利用梅森公式可得到

$$\Delta = 1 + (H_2 G_2 + H_3 G_3 + H_4 G_4 + H_2 H_3 H_4 G_1) + (H_2 G_2 H_3 G_3 + H_2 G_2 H_4 G_4)$$

由于图 $8-6$ 中只有一条前向通路 $(X \to X_1 \to X_2 \to X_3 \to X_4 \to Y)$,且没有与该前向通路不接触的环路,所以有 $g_1 = H_1 H_2 H_3 H_4$, $\Delta_1 = 1$,因此系统转移函数为

$$H = \frac{1}{\Delta} \sum_k g_k \Delta_k = \frac{1}{\Delta} g_1 \Delta_1$$

$$= \frac{H_1 H_2 H_3 H_4}{1 + (H_2 G_2 + H_3 G_3 + H_4 G_4 + H_2 H_3 H_4 G_4) + (H_2 G_2 H_3 G_3 + H_2 G_2 H_4 G_4)}$$

8.2 连续时间系统状态方程的建立

在建立连续时间系统方程之前,我们先了解一下状态变量分析法的定义和优点。状态变量分析法产生于 20 世纪 50 至 60 年代,由卡尔曼(R E Kalman)引入了状态空间等概念。利用状态变量描述系统的内部特性,并运用于多输入－多输出系统,是用 n 个状态变量的一阶微分(或差分)方程组来描述系统。状态变量分析法有很多优点,它可以有效地提供系统内部的信息,便于处理与系统内部情况有关的分析、设计问题,不仅适用于线性时不变的单输入－单输出系统,也适用于非线性、时变、多输入－多输出系统,有利于应用计算机技术解决复杂系统的分析计算,当系统的输出变量改换时,无需重新列写状态方程(微分或差分方程),只要调整输出方程(代数方程)即可。

为方便建立状态方程,下面给出连续系统状态变量分析法中常用的几个名词的定义。

(1)状态(State):状态可理解为事物的某种特性。状态发生变化意味着事物有了发展和改变,所以状态是研究事物的一类依据。系统的状态就是系统的过去、现在和将来的状况。从本质上来说,系统的状态是指系统的储能状况。

(2)状态变量(State variable):用来描述系统状态数目最少的一组变量。显然,状态变量实质上反映了系统内部储能状态的变化。

(3)状态矢量:能够完全描述一个系统行为的 k 个状态变量,可以看作是矢量 $\lambda(t)$ 的各个分量的坐标,$\lambda(t)$ 称为状态矢量。

(4)状态空间:状态矢量 $\lambda(t)$ 所在的空间。

(5)状态轨迹:在状态空间中状态矢量端点随时间变化而描出的路径称为状态轨迹。

状态方程的建立主要有直接法和间接法两种方法。直接法是依据给定系统结构直接编写出系统的状态方程;间接法常利用系统的输入－输出方程、系统模拟图或信号流图编写状态方程。

8.2.1 线性时不变系统的状态方程

8.2.1.1 线性时不变系统状态方程形式

利用状态变量分析法分析线性时不变系统,就是根据状态变量写出系统的状态方程及输出方程。状态方程的一般形式为

$$
\begin{cases}
\dfrac{\mathrm{d}}{\mathrm{d}t}\lambda_1(t) = a_{11}\lambda_1(t) + a_{12}\lambda_2(t) + \cdots + a_{1k}\lambda_k(t) + b_{11}e_1(t) + b_{12}e_2(t) + \cdots + b_{1m}e_m(t) \\[2mm]
\dfrac{\mathrm{d}}{\mathrm{d}t}\lambda_2(t) = a_{21}\lambda_1(t) + a_{22}\lambda_2(t) + \cdots + a_{2k}\lambda_k(t) + b_{21}e_1(t) + b_{22}e_2(t) + \cdots + b_{2m}e_m(t) \\[2mm]
\ \vdots \\[2mm]
\dfrac{\mathrm{d}}{\mathrm{d}t}\lambda_k(t) = a_{k1}\lambda_1(t) + a_{k2}\lambda_2(t) + \cdots + a_{kk}\lambda_k(t) + b_{k1}e_1(t) + b_{k2}e_2(t) + \cdots + b_{km}e_m(t)
\end{cases}
$$

$$(8-2)$$

输出方程为

$$
\begin{cases}
r_1(t) = c_{11}\lambda_1(t) + c_{12}\lambda_2(t) + \cdots + c_{1k}\lambda_k(t) + d_{11}e_1(t) + d_{12}e_2(t) + \cdots + d_{1m}e_m(t) \\
r_2(t) = c_{21}\lambda_1(t) + c_{22}\lambda_2(t) + \cdots + c_{2k}\lambda_k(t) + d_{21}e_1(t) + d_{22}e_2(t) + \cdots + d_{2m}e_m(t) \\
\vdots \\
r_r(t) = c_{r1}\lambda_1(t) + c_{r2}\lambda_2(t) + \cdots + c_{rk}\lambda_k(t) + d_{r1}e_1(t) + d_{r2}e_2(t) + \cdots + d_{rm}e_m(t)
\end{cases}
$$

$$(8-3)$$

其中 $a_{kk}, b_{km}, c_{rk}, d_{rm}$ 是常系数,可用矩阵形式描述。状态方程和输出方程通常用矩阵形式描述。

8.2.1.2　线性时不变系统的矢量矩阵形式

(1)状态方程

$$
\left[\frac{\mathrm{d}}{\mathrm{d}t}\lambda(t)\right]_{k\times1} = A_{k\times k}\lambda_{k\times1}(t) + B_{k\times m}e_{m\times1}(t) \tag{8-4}
$$

(2)输出方程

$$
[r(t)]_{r\times1} = C_{r\times k}\lambda_{k\times1}(t) + D_{r\times m}e_{m\times1}(t) \tag{8-5}
$$

线性系统状态方程中的变量形式如式(8-6)所示。

$$
\lambda(t) = \begin{bmatrix} \lambda_1(t) \\ \lambda_2(t) \\ \vdots \\ \lambda_k(t) \end{bmatrix} = \begin{bmatrix} \lambda_1(t) & \lambda_2(t) & \cdots & \lambda_k(t) \end{bmatrix}^\mathrm{T} \tag{8-6}
$$

对式(8-6)求导,得

$$
\frac{\mathrm{d}}{\mathrm{d}t}\lambda(t) = \begin{bmatrix} \dfrac{\mathrm{d}}{\mathrm{d}t}\lambda_1(t) \\ \dfrac{\mathrm{d}}{\mathrm{d}t}\lambda_2(t) \\ \vdots \\ \dfrac{\mathrm{d}}{\mathrm{d}t}\lambda_k(t) \end{bmatrix} = \begin{bmatrix} \dfrac{\mathrm{d}}{\mathrm{d}t}\lambda_1(t) & \dfrac{\mathrm{d}}{\mathrm{d}t}\lambda_2(t) & \cdots & \dfrac{\mathrm{d}}{\mathrm{d}t}\lambda_k(t) \end{bmatrix}^\mathrm{T}
$$

$$
A = \begin{bmatrix} a_{11} & a_{12} & \cdots & a_{1k} \\ a_{21} & a_{22} & \cdots & a_{2k} \\ \vdots & \vdots & & \vdots \\ a_{k1} & a_{k2} & \cdots & a_{kk} \end{bmatrix} \quad B = \begin{bmatrix} b_{11} & b_{12} & \cdots & b_{1m} \\ b_{21} & b_{22} & \cdots & b_{2m} \\ \vdots & \vdots & & \vdots \\ b_{k1} & b_{k2} & \cdots & b_{km} \end{bmatrix}
$$

$$
C = \begin{bmatrix} c_{11} & c_{12} & \cdots & c_{1k} \\ c_{21} & c_{22} & \cdots & c_{2k} \\ \vdots & \vdots & & \vdots \\ c_{r1} & c_{r2} & \cdots & c_{rk} \end{bmatrix} \quad D = \begin{bmatrix} d_{11} & d_{12} & \cdots & d_{1m} \\ d_{21} & d_{22} & \cdots & d_{2m} \\ \vdots & \vdots & & \vdots \\ d_{r1} & d_{r2} & \cdots & d_{rm} \end{bmatrix}
$$

$$
r(t) = \begin{bmatrix} r_1(t) \\ r_2(t) \\ \vdots \\ r_r(t) \end{bmatrix} = \begin{bmatrix} r_1(t) & r_2(t) & \cdots & r_r(t) \end{bmatrix}^\mathrm{T} \tag{8-7}
$$

$$e(t) = \begin{bmatrix} e_1(t) \\ e_2(t) \\ \vdots \\ e_m(t) \end{bmatrix} = \begin{bmatrix} e_1(t) & e_2(t) & \cdots & e_m(t) \end{bmatrix}^{\mathrm{T}} \qquad (8-8)$$

可以由计算机计算方程中的各个变量,计算相对简单。本书重点讲述线性系统的相关内容,对于其它非线性系统的状态方程建立这里不做说明。

8.2.2 由电路图直接建立状态方程

由电路图直接建立状态方程,分为以下几个步骤:

(1)选定状态变量

通常为电容两端的电压和流经电感的电流,有时也选电容电荷与电感磁链。

(2)确定状态变量的个数 k

k 等于系统的阶数,选定的每个状态变量都应当是独立变量,如图 8-7 所示。

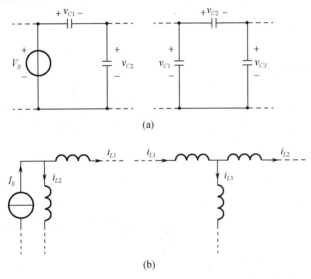

(a)

(b)

图 8-7 确定状态变量个数的电路图

(3)利用 KCL 和 KVL 列写电路方程。

(4)化简。只留下状态变量和输入信号,经整理给出状态方程。

【**例 8-3**】 电路如图 8-8 所示,列写电路的状态方程,若输出信号为电压 $r(t)$,列写输出方程。

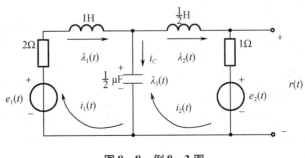

图 8-8 例 8-3 图

解

（1）确定作图变量

$$\begin{cases} \lambda_1(t) = i_1(t) \\ \lambda_2(t) = i_2(t) \\ \lambda_3(t) = V_c(t) \end{cases} \qquad (8-9)$$

（2）列写回路方程

$$\begin{cases} 2i_1(t) + \dfrac{\mathrm{d}}{\mathrm{d}t}i_1(t) + 2\int[i_1(t) - i_2(t)]\mathrm{d}t = e_1(t) \\ i_2(t) + \dfrac{1}{3}\dfrac{\mathrm{d}}{\mathrm{d}t}i_2(t) + 2\int[i_2(t) - i_1(t)]\mathrm{d}t = -e_2(t) \end{cases} \qquad (8-10)$$

（3）化简得状态变量方程、输出方程

令 $\dot{\lambda} = \dfrac{\mathrm{d}}{\mathrm{d}t}$，综合式（8-9）和（8-10）得

$$\begin{cases} \dot{\lambda}_1 = -2\lambda_1 - \lambda_3 + e_1(t) \\ \dot{\lambda}_2 = -3\lambda_2 + 3\lambda_3 - 3e_2(t) ,\ r(t) = \lambda_2(t) + e_2(t) \\ \dot{\lambda}_3 = 2\lambda_1 - 2\lambda_2 \end{cases}$$

（4）状态方程、输出方程的矩阵形式为

$$\begin{bmatrix} \dot{\lambda}_1 \\ \dot{\lambda}_2 \\ \dot{\lambda}_3 \end{bmatrix} = \begin{bmatrix} -2 & 0 & -1 \\ 1 & -3 & 3 \\ 2 & -2 & 0 \end{bmatrix} \begin{bmatrix} \lambda_1 \\ \lambda_2 \\ \lambda_3 \end{bmatrix} + \begin{bmatrix} 1 & 0 \\ 0 & -3 \\ 0 & 0 \end{bmatrix} \begin{bmatrix} e_1(t) \\ e_2(t) \end{bmatrix}$$

$$r(t) = \begin{bmatrix} 0 & 1 & 0 \end{bmatrix} \begin{bmatrix} \lambda_1 \\ \lambda_2 \\ \lambda_3 \end{bmatrix} + \begin{bmatrix} 0 & 1 \end{bmatrix} \begin{bmatrix} e_1(t) \\ e_2(t) \end{bmatrix}$$

对于简单电路，上述直观的方法容易列写状态方程；当电路结构相对复杂时，需要利用其他方法，且往往要借助 CAD。

8.2.3 由微分方程建立状态方程

对于微分方程建立状态方程我们只讨论二阶微分方程的情况，下面通过具体的方程说明方程的建立方法。

【例 8-4】 设某系统的微分方程为

$$y''(t) + 3y'(t) + 2y(t) = 2f'(t) + 8f(t)$$

试求该系统的状态方程和输出方程。

解 由微分方程不难写出其系统函数为

$$H(s) = \frac{2(s+4)}{s^2 + 3s + 2}$$

下面采用两种方法建立状态方程。

方法 1：画出直接形式的信号流图，如图 8-9 所示。

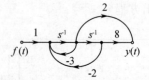

图 8-9 信号流图

设状态变量为 $x_1(t)$，$x_2(t)$，由后一个积分器得到 $\dot{x}_1 = x_2$，由前一个积分器得到 $\dot{x}_2 = -2x_1 - 3x_2 + f$，所以系统输出为 $y(t) = 8x_1 + 2x_2$。

方法 2：系统函数

$$H(s) = \frac{2(s+4)}{s^2+3s+2} = \frac{s+4}{s+1} \cdot \frac{2}{s+2}$$

其串联形式的信号流图如图 8 - 10 所示。

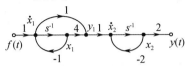

图 8 - 10   串联形式的信号流图

设状态变量为 $x_1(t)$, $x_2(t)$,由图 8 - 10 可以得到 $\dot{x}_1 = -x_1 + f$。设中间变量 $y_1(t)$,则

$$y_1 = \dot{x}_1 + 4x_1 = 3x_1 + f$$

所以得到

$$\dot{x}_2 = y_1 - 2x_2 = 3x_1 - 2x_2 + f$$

系统状态方程为

$$\begin{bmatrix} \dot{x}_1 \\ \dot{x}_2 \end{bmatrix} = \begin{bmatrix} -1 & 0 \\ 3 & -2 \end{bmatrix} \begin{bmatrix} x_1 \\ x_2 \end{bmatrix} + \begin{bmatrix} 1 \\ 1 \end{bmatrix} \begin{bmatrix} f \end{bmatrix}$$

系统输出方程为

$$y(t) = 2x_2$$

从上面的例题我们可以看出,对于由微分方程建立状态方程,一般要先根据方程画出信号流图,然后再设系统的状态变量,最后根据状态变量和系统的输出关系列系统的状态方程。但是,由于同一个系统流图形式不同,状态变量的选择就可以不一样,因而对于一个给定的系统,状态变量选择并不唯一。

8.2.4   由信号流图或系统的框图建立状态方程

根据系统的输入 - 输出微分方程或系统函数可以做出系统的模拟图或信号流图。然后,依此选择每一个积分器的输出端信号为状态变量,最后得到状态方程和输出方程。由于系统函数可以写成不同的形式,所以模拟图或信号流图也可以有不同的结构,于是状态变量也可以有不同的描述方式,因而状态方程和输出方程也具有不同的参数。

$$H(p) = \frac{b_0 p^k + b_1 p^{k-1} + \cdots + b_{k-1}p + b_k}{p^k + a_1 p^{k-1} + \cdots + a_{k-1}p + a_k} \qquad (8-11)$$

对应级联、串联和并联三类模拟图或信号流图,可以构成不同形式的状态方程。

【例 8 - 5】   用级联结构实现下式所示系统的状态方程和输出方程。

$$H(s) = \frac{2s+8}{s^3+6s^2+11s+6}$$

解   根据系统函数得到的信号流图如图 8 - 11 所示。

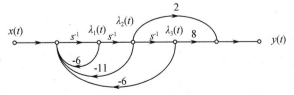

图 8 - 11   例 8 - 5 信号流图

根据流图中各状态变量的关系得到状态方程为

$$\begin{cases} \dot{\lambda}_1(t) = \lambda_2(t) \\ \dot{\lambda}_2(t) = \lambda_3(t) \\ \dot{\lambda}_3(t) = -6\lambda_1(t) - 11\lambda_2(t) - 6\lambda_3(t) + x(t) \end{cases}$$

输出方程为

$$y(t) = 8\lambda_1(t) + 2\lambda_2(t)$$

状态方程与输出方程的矩阵形式为

$$\begin{bmatrix} \dot{\lambda}_1(t) \\ \dot{\lambda}_2(t) \\ \dot{\lambda}_3(t) \end{bmatrix} = \begin{bmatrix} 0 & 1 & 0 \\ 0 & 0 & 1 \\ -6 & -11 & -6 \end{bmatrix} \begin{bmatrix} \lambda_1(t) \\ \lambda_2(t) \\ \lambda_3(t) \end{bmatrix} + \begin{bmatrix} 0 \\ 0 \\ 1 \end{bmatrix} x(t)$$

$$\begin{bmatrix} y(t) \end{bmatrix} = \begin{bmatrix} 8 & 2 & 0 \end{bmatrix} \cdot \begin{bmatrix} \lambda_1(t) \\ \lambda_2(t) \\ \lambda_3(t) \end{bmatrix}$$

【例 8 - 6】 将下列 $H(p)$ 表达式分解,用流图的并联结构形式建立状态方程。

$$H(p) = \frac{p+4}{p^3 + 6p^2 + 11p + 6}$$

解 (1)将 $H(p)$ 作部分分式展开得

$$H(p) = \frac{p+4}{p^3 + 6p^2 + 11p + 6} = \frac{p+4}{(p+1)(p+2)(p+3)}$$

$$= \frac{\dfrac{3}{2}}{p+1} + \frac{-2}{p+2} + \frac{\dfrac{1}{2}}{p+3} = H_1(p) + H_2(p) + H_3(p)$$

(2)每一个传输算子的标准形式及流图(图 8 - 12)

$$H_i(p) = \frac{\beta_i}{p + \alpha_i} = \frac{\beta_i \dfrac{1}{p}}{1 + \dfrac{\alpha_i}{p}}$$

(3)$H(p)$ 的流图如 8 - 13 所示

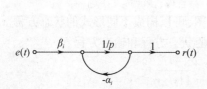

图 8 - 12 例 8 - 5 一个传输因子信号流图

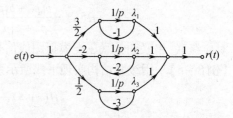

图 8 - 13 例 8 - 5 中 $H(p)$ 的信号流图

(4)状态变量方程和输出方程为

$$\begin{cases} \dot{\lambda}_1 = -\lambda_1 + \dfrac{3}{2}e(t) \\ \dot{\lambda}_2 = -2\lambda_2 - 2e(t) \quad , r(t) = \lambda_1 + \lambda_2 + \lambda_3 \\ \dot{\lambda}_3 = -3\lambda_3 + \dfrac{1}{2}e(t) \end{cases}$$

其矢量矩阵形式为

$$\begin{bmatrix} \dot{\lambda}_1 \\ \dot{\lambda}_2 \\ \dot{\lambda}_3 \end{bmatrix} = \begin{bmatrix} -1 & 0 & 0 \\ 0 & -2 & 0 \\ 0 & 0 & -3 \end{bmatrix} \begin{bmatrix} \lambda_1 \\ \lambda_2 \\ \lambda_3 \end{bmatrix} + \begin{bmatrix} \dfrac{3}{2} \\ -2 \\ \dfrac{1}{2} \end{bmatrix} e(t), r(t) = [1,1,1] \cdot \begin{bmatrix} \lambda_1 \\ \lambda_2 \\ \lambda_3 \end{bmatrix}$$

从上面的推导中可以看出,并联结构形式导致 A 矩阵是对角阵, A 矩阵为对角阵形式的状态方程在控制理论研究中具有重要意义。

【例 8 - 7】 将例 8 - 6 表示为串联结构形式的状态方程。

解 （1）将 $H(p)$ 因式分解

$$H(p) = \left(\frac{1}{p+1}\right)\left(\frac{p+4}{p+2}\right)\left(\frac{1}{p+3}\right)$$

（2） $H(p)$ 的流图如图 8 - 14 所示

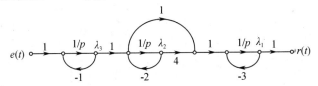

图 8 - 14 例 8 - 7 中 $H(p)$ 的信号流图

对应的状态方程中的变量为

$$\begin{cases} A = pC \\ C = \dfrac{1}{p+2} \\ B = A + 4C = \dfrac{p}{p+2} + \dfrac{4}{p+4} = \dfrac{p+4}{p+2} \end{cases}$$

（3）状态变量方程和输出方程为

$$\begin{cases} \dot{\lambda}_1 = -3\lambda_1 + 4\lambda_2 + (\lambda_3 - 2\lambda_2) = -3\lambda_1 + 2\lambda_2 + \lambda_3 \\ \dot{\lambda}_2 = -2\lambda_2 + \lambda_3 \\ \dot{\lambda}_3 = -\lambda_3 + e(t) \end{cases}$$

$$r(t) = \lambda_1$$

矢量矩阵形式为

$$\begin{bmatrix} \dot{\lambda}_1 \\ \dot{\lambda}_2 \\ \dot{\lambda}_3 \end{bmatrix} = \begin{bmatrix} -3 & 4 & 1 \\ 0 & -2 & 1 \\ 0 & 0 & -1 \end{bmatrix} \begin{bmatrix} \lambda_1 \\ \lambda_2 \\ \lambda_3 \end{bmatrix} + \begin{bmatrix} 0 \\ 0 \\ 1 \end{bmatrix} e(t)$$

$$r(t) = [1,0,0] \begin{bmatrix} \lambda_1 \\ \lambda_2 \\ \lambda_3 \end{bmatrix}$$

从例题 8 - 7 的结论中可以发现串联结构形式导致 A 矩阵是三角阵,而对角元素为系统的特征根。

系统框图建立状态方程的方法与系统信号流图建立状态方程的方法相似。若已知信号框图如图 8 – 15(a)所示,首先根据信号流图表明状态变量,然后对应画出信号流图,如图 8 – 15(b)所示。最后按照信号流图的方法建立系统状态方程。

从图 8 – 15 可知,状态变量可以在系统内部选取,也可以人为地虚设。对于同一个系统,状态变量的选取不同,系统的状态方程和输出方程也将不同,但它们所描述的系统的输入 – 输出关系没有改变。

下面总结系统状态方程建立的一般步骤为:

(1)根据给定系统的表示方式(微分方程、冲激响应、系统函数),模拟出系统的信号流图或框图;

(2)确定状态变量的个数,它等于系统的阶数;

(3)依据系统的信号流图,选择积分器的输出作为状态变量;

(4)根据信号流图的运算规则,列写状态方程和输出方程,并写成矩阵形式。

根据状态方程建立的步骤,可以很容易地完成系统状态方程的建立。

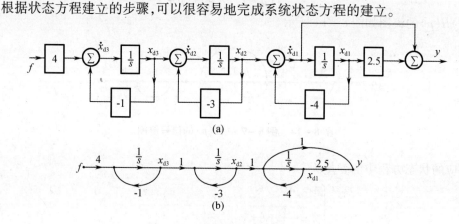

图 8 – 15　系统模拟框图和信号流图

(a)系统模拟框图;(b)信号流图

8.3　连续时间系统状态方程的求解

前面已经讨论了连续系统状态方程和输出方程的建立方法,接下来的问题是如何求解这些方程。一般来说,求解状态方程仍然有两种方法:一种是采用时域法求解;另一种是基于拉普拉斯变换的 s 域求解。下面分别进行讲述。

8.3.1　状态方程的时域法求解

对于求解连续时间系统状态方程,我们首先要先求出一种新的指数形式计算式矩阵指数,矩阵指数的计算是状态方程时域法求解过程中很重要的一步,下面我们先介绍这种矩阵指数的求解方法。

8.3.1.1　矩阵指数

(1) e^{At} 的定义

$$\mathrm{e}^{At} = 1 + At + \frac{1}{2!}A^2t^2 + \cdots + \frac{1}{k!}A^kt^k + \cdots = \sum_{k=0}^{\infty} \frac{1}{k!}A^kt^k \qquad (8-12)$$

式中：A 为 $k \times k$ 方阵，e^{At} 也为 $k \times k$ 方阵。

（2）e^{At} 的主要性质

$$e^{At}e^{-At} = I, \frac{\mathrm{d}}{\mathrm{d}t}e^{At} = Ae^{At}$$

（3）e^{At} 的求法

状态方程及输出方程的形式都求出来，但求出其解的关键是求出 e^{At}。求 e^{At} 有很多方法，包括计算机求解法、化对角阵计算法和化有限项之和法等基本方法。下面我们只详细介绍常用的化 e^{At} 为有限项之和求解这种方法。

通常利用凯莱－哈密顿定理将无穷项 e^{At} 化为有限项之和求解。凯莱－哈密顿定理指出 $k \times k$ 方阵 A 可表示为

$$A^j = b_0 I + b_1 A + b_2 A^2 + \cdots + b_{k-1}A^{k-1} \quad (j = \alpha_i t) \tag{8-13}$$

即当 $j \geq k$ 时，可用 A^{k-1} 以下幂次的各项之和表示 A^j，b_i 为系数。

依此原理，将 e^{At} 无穷项之和的表示式中高于 k 次的各项全部化为 A^{k-1} 幂次的各项之和，经整理后即可将 e^{At} 化为有限项之和，即

$$e^{At} = c_0 I + c_1 A + c_2 A^2 + \cdots + c_{k-1}A^{k-1} \tag{8-14}$$

其中系数 c_i 都是时间 t 的函数，为书写简便省略了变量 t。可得到采用化有限项之和法具体计算步骤如下：

①按照凯莱－哈密顿定理先求矩阵 A 的特征值。

②将各特征值分别代入式（8-14）得到一组方程组，即可求出系数 c，近而得 e^{At}。但在具体求解时要分 A 的特征根为无重根及有重根情况。

当 A 的特征根无重根时，e^{At} 的表达式为

$$\begin{cases} e^{\alpha_1 t} = c_0 + c_1 \alpha_1 + c_2 \alpha_1^2 + \cdots + c_{k-1}\alpha_1^{k-1} \\ e^{\alpha_2 t} = c_0 + c_1 \alpha_2 + c_2 \alpha_2^2 + \cdots + c_{k-1}\alpha_2^{k-1} \\ \vdots \\ e^{\alpha_k t} = c_0 + c_1 \alpha_k + c_2 \alpha_k^2 + \cdots + c_{k-1}\alpha_k^{k-1} \end{cases}$$

【例 8-8】 （无重根情况）已知 $A = \begin{bmatrix} 0 & 1 \\ 0 & 2 \end{bmatrix}$，求 e^{At}。

解 由题可求得

$$|\alpha I - A| = \begin{vmatrix} \alpha & -1 \\ 0 & \alpha+2 \end{vmatrix} = \alpha(\alpha+2) = 0$$

所以 $\alpha_1 = 0, \alpha_2 = -2$，列方程有

$$\begin{cases} e^{\alpha_1 t} = c_0 + c_1 \alpha_1 = c_0 + 0 \cdot c_1 \\ e^{\alpha_2 t} = c_0 + c_1 \alpha_2 = c_0 - 2 \cdot c_1 \end{cases}$$

所以

$$\begin{cases} c_0 = 1 \\ c_1 = \frac{1}{2}(1 - e^{-2t}) \end{cases}$$

故 $e^{At} = c_0 I + c_1 A = \begin{bmatrix} 1 & 0 \\ 0 & 1 \end{bmatrix} + \frac{1}{2}(1 - e^{-2t})\begin{bmatrix} 0 & 1 \\ 0 & -2 \end{bmatrix} = \begin{bmatrix} 1 & \frac{1}{2}(1 - e^{-2t}) \\ 0 & e^{-2t} \end{bmatrix}$

【例 8 – 9】 已知 $A = \begin{bmatrix} 1 & -1 \\ 1 & 3 \end{bmatrix}$，求 e^{At}。

解 列出 A 的特征方程为

$$|\alpha I - A| = \begin{vmatrix} \alpha - 1 & 1 \\ -1 & \alpha - 3 \end{vmatrix} = (\alpha - 1)(\alpha - 3) + 1 = (\alpha - 2) = 0$$

特征根 $\alpha_1 = \alpha_2 = 2$ 为二阶重根。列方程为

$$\begin{cases} e^{2t} = c_0 + 2c_1 \\ te^{2t} = c_1 \end{cases} \Rightarrow \begin{cases} c_0 = e^{2t} - 2te^{2t} \\ c_1 = te^{2t} \end{cases}$$

所以

$$e^{At} = c_0 I + c_1 A = (e^{2t} - 2te^{2t})\begin{bmatrix} 1 & 0 \\ 0 & 1 \end{bmatrix} + te^{2t}\begin{bmatrix} 1 & -1 \\ 1 & 3 \end{bmatrix} = \begin{bmatrix} e^{2t} - te^{2t} & -te^{2t} \\ te^{2t} & e^{2t} + te^{2t} \end{bmatrix}$$

8.3.1.2 时域求解状态方程的方法

若已知方程

$$\frac{\mathrm{d}}{\mathrm{d}t}\lambda(t) = A\lambda(t) + Be(t) \tag{8-15}$$

并给定起始状态矢量为

$$\lambda(0_-) = [\lambda_1(0_-), \lambda_2(0_-), \cdots, \lambda_k(0_-)]^{-1}$$

对式(8 – 15)两边左乘 e^{-At}，移项有

$$e^{-At}\frac{\mathrm{d}}{\mathrm{d}t}\lambda(t) - e^{-At}A\lambda(t) = e^{-At}Be(t)$$

化简得

$$\frac{\mathrm{d}}{\mathrm{d}t}[e^{-At}\lambda(t)] = e^{-At}Be(t)$$

两边取积分并考虑起始条件，有

$$e^{-At}\lambda(t) - \lambda(0_-) = \int_{0_-}^{t} e^{-A\tau}Be(\tau)\mathrm{d}\tau$$

对上式两边左乘 e^{-At}，并考虑到 $e^{At}e^{-At} = I$，可得

$$\lambda(t) = e^{At}\lambda(0_-) + \int_{0_-}^{t} e^{A(t-\tau)}Be(\tau)\mathrm{d}\tau = e^{At}\lambda(0_-) + e^{At}B * e(t) \tag{8-16}$$

所以，状态方程的一般解为

$$\lambda(t) = e^{At}\lambda(0_-) + e^{At}B * e(t)$$

输出方程为

$$r(t) = C\lambda(t) + De(t) = Ce^{At}\lambda(0_-) + \int_0^t e^{A(t-\tau)}Be(\tau)\mathrm{d}\tau + De(t)$$

$$= \underbrace{Ce^{At}\lambda(0_-)}_{零输入} + \underbrace{[Ce^{At}B + D\delta(t)] * e(t)}_{零状态} \tag{8-17}$$

【例 8 – 10】 电路如图 8 – 16 所示，$e(t) = u(t)$，起始为零状态。试建立状态方程，并用时域法求解 $V_C(t)$ 和 $i_L(t)$。

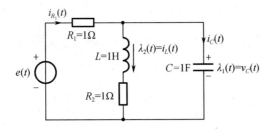

图 8 - 16   例 8 - 10 中电路图

解   （1）选电容的端电压 $v_c(t)$ 和电感中电流 $i_L(t)$ 为状态变量,建立状态变量方程为

$$\begin{cases} \lambda_1(t) = V_C(t) = \dfrac{1}{C}\int i_C(t)\,\mathrm{d}t \\ \lambda_2(t) = i_L(t) \end{cases} \tag{8-18}$$

列电路方程为

$$\begin{cases} i_{R_1}R_1 + V_C(t) = e(t) \\ i_R = i_L + i_C \\ L\dfrac{\mathrm{d}}{\mathrm{d}t}i_L(t) + i_L(t)R_2 = V_C(t) \end{cases} \tag{8-19}$$

对方程式(8-18)及考虑与式(8-19)之间的关系,代入整理得出状态方程为

$$\begin{cases} \dfrac{\mathrm{d}}{\mathrm{d}t}\lambda_1(t) = -\lambda_1(t) - \lambda_2(t) + e(t) \\ \dfrac{\mathrm{d}}{\mathrm{d}t}\lambda_2(t) = \lambda_1(t) - \lambda_2(t) \end{cases}$$

由此得

$$A = \begin{bmatrix} -1 & -1 \\ 1 & -1 \end{bmatrix} \quad B = \begin{bmatrix} 1 \\ 0 \end{bmatrix}$$

（2）状态转移矩阵 e^{At}

$$|\alpha I - A| = \begin{vmatrix} \alpha+1 & 1 \\ -1 & \alpha+1 \end{vmatrix} = (\alpha+1)^2 + 1 = 0$$

特征根为

$$\begin{cases} \alpha_1 = -1 - j \\ \alpha_2 = -1 + j \end{cases}$$

C_0 和 C_1 为

$$\begin{cases} \mathrm{e}^{-(1+j)t} = C_0 + C_1\alpha_1 = C_0 + C_1(-1-j) \\ \mathrm{e}^{-(1-j)t} = C_0 + C_1\alpha_2 = C_0 + C_1(-1+j) \end{cases}$$

得

$$\begin{cases} C_0 = \mathrm{e}^{-t}(\sin t + \cos t) \\ C_1 = \mathrm{e}^{-t}\sin t \end{cases}$$

因而

$$\mathrm{e}^{At} = C_0 I + C_1 A = \begin{bmatrix} \mathrm{e}^{-t}\cos t & -\mathrm{e}^{-t}\sin t \\ \mathrm{e}^{-t}\sin t & \mathrm{e}^{-t}\cos t \end{bmatrix}$$

（3）求 $\lambda_1(t)$ 和 $\lambda_2(t)$

根据 $\lambda(t)=e^{At}\lambda(0_-)+e^{At}B*e(t)$，由于电路起始状态为零状态，所以

$$\lambda(t)=e^{At}B*e(t)$$

$$\begin{bmatrix}\lambda_1(t)\\\lambda_2(t)\end{bmatrix}=(e^{At}B)*u(t)=\int_0^t\begin{bmatrix}e^{-\tau}\cos\tau&-e^{-\tau}\sin\tau\\e^{-\tau}\sin\tau&e^{-\tau}\cos\tau\end{bmatrix}\begin{bmatrix}1\\0\end{bmatrix}d\tau=\begin{bmatrix}\int_0^t e^{-\tau}\cos\tau d\tau\\\int_0^t e^{-\tau}\sin\tau d\tau\end{bmatrix}$$

$$=\begin{bmatrix}\dfrac{1}{2}(1+e^{-t}\sin t-e^{-t}\cos t)\\\dfrac{1}{2}(1-e^{-t}\sin t-e^{-t}\cos t)\end{bmatrix}\quad(t>0)$$

因此得出

$$V_C(t)=\lambda_1(t)=\frac{1}{2}(1+e^{-t}\sin t-e^{-t}\cos t)u(t)$$

$$i_L(t)=\lambda_2(t)=\frac{1}{2}(1-e^{-t}\sin t-e^{-t}\cos t)u(t)$$

8.3.2　状态方程的 s 域求解

用拉普拉斯变换法求解状态方程时，设系统的状态方程为

$$\begin{cases}\dfrac{d}{dt}\lambda(t)=A\lambda(t)+Be(t)\\r(t)=C\lambda(t)+De(t)\end{cases}\tag{8-20}$$

起始条件为

$$\lambda(0_-)=[\lambda_1(0_-),\lambda_2(0_-);\cdots,\lambda_k(0_-)]^{-1}$$

方程两边取拉氏变换为

$$\begin{cases}s\Lambda(s)-\lambda(0_-)=A\Lambda(s)+BE(s)\\R(s)=C\Lambda(s)+DE(s)\end{cases}$$

整理可得

$$\begin{cases}\Lambda(s)=(sI-A)^{-1}\lambda(0_-)+(sI-A)^{-1}BE(s)\\R(s)=C(sI-A)^{-1}\lambda(0_-)+[C(sI-A)^{-1}B+D]E(s)\end{cases}\tag{8-21}$$

若将 $(sI-A)^{-1}$ 记为 $\Phi(s)$，称为特征矩阵或预解矩阵，则上式也可表示为

$$\begin{cases}\Lambda(s)=\Phi(s)\lambda(0_-)+\Phi(s)BE(s)\\R(s)=C\Phi(s)\lambda(0_-)+[C\Phi(s)B+D]E(s)\end{cases}\tag{8-22}$$

因而 $\lambda(t)$ 及 $r(t)$ 的时域表示式为

$$\lambda(t)=ILT[\Lambda(s)]=ILT[(sI-A)^{-1}\lambda(0_-)]+ILT[(sI-A)^{-1}B]*ILT[E(s)]\tag{8-23}$$

$$r(t)=ILT[R(s)]$$
$$=C\cdot ILT[(sI-A)^{-1}\lambda(0_-)]+\{C\cdot ILT[(sI-A)^{-1}B]+D\delta(t)\}*ILT[E(s)]\tag{8-24}$$

若果用 $\Phi(s)$ 表示 $\lambda(t)$ 和 $r(t)$，表达式为

$$\begin{cases} \lambda(t) = \text{ILT}[\boldsymbol{\Phi}(s)\lambda(0_-)] + \text{ILT}[\boldsymbol{\Phi}(s)B] * \text{ILT}E(s) \\ r(t) = \underbrace{C \cdot \text{ILT}[\boldsymbol{\Phi}(s)\lambda(0_-)]}_{\text{零输入}} + \underbrace{\{C \cdot \text{ILT}[\boldsymbol{\Phi}(s)B] + D\delta(t)\} * \text{ILT}E(s)}_{\text{零状态}} \end{cases} \quad (8-25)$$

由上式可见最关键步骤是求$(sI-A)^{-1}$。

【例8-11】 已建立状态方程和输出方程为

$$\begin{bmatrix} \dfrac{\mathrm{d}}{\mathrm{d}t}\lambda_1(t) \\ \dfrac{\mathrm{d}}{\mathrm{d}t}\lambda_2(t) \end{bmatrix} = \begin{bmatrix} 1 & 0 \\ 1 & -3 \end{bmatrix}\begin{bmatrix} \lambda_1(t) \\ \lambda_2(t) \end{bmatrix} + \begin{bmatrix} 1 \\ 0 \end{bmatrix}u(t), r(t) = \begin{bmatrix} -\dfrac{1}{4} & 1 \end{bmatrix}\begin{bmatrix} \lambda_1(t) \\ \lambda_2(t) \end{bmatrix}$$

起始条件为：$\lambda_1(0_-)=1, \lambda_2(0_-)=2$，用拉氏变换法求响应$r(t)$。

解 由题可得到

$$(sI-A) = s\begin{bmatrix} 1 & 0 \\ 0 & 1 \end{bmatrix} - \begin{bmatrix} 1 & 0 \\ 1 & -3 \end{bmatrix} = \begin{bmatrix} s-1 & 0 \\ -1 & s+3 \end{bmatrix}$$

通过伴随矩阵可以求得

$$(sI-A)^{-1} = \frac{1}{(s-1)(s+3)}\begin{bmatrix} s+3 & 0 \\ 1 & s-1 \end{bmatrix} = \begin{bmatrix} \dfrac{1}{s-1} & 0 \\ \dfrac{1}{(s-1)(s+3)} & \dfrac{1}{s+3} \end{bmatrix}$$

零输入响应和零状态响应的拉氏变换为

$$R_{zi}(s) = C(sI-A)^{-1}\lambda(0_-) = \begin{bmatrix} -\dfrac{1}{4} & 1 \end{bmatrix}\begin{bmatrix} \dfrac{1}{s-1} & 0 \\ \dfrac{1}{(s-1)(s+3)} & \dfrac{1}{s+3} \end{bmatrix}\begin{bmatrix} 1 \\ 2 \end{bmatrix} = \frac{7}{4}\cdot\frac{1}{(s+3)}$$

$$R_{zs}(s) = [C(sI-A)^{-1}B+D]E(s) = \begin{bmatrix} -\dfrac{1}{4} & 1 \end{bmatrix}\begin{bmatrix} \dfrac{1}{s-1} & 0 \\ \dfrac{1}{(s-1)(s+3)} & \dfrac{1}{s+3} \end{bmatrix}\begin{bmatrix} 1 \\ 0 \end{bmatrix}\frac{1}{s}$$

$$= \frac{1}{12}\left(\frac{1}{s+3} - \frac{1}{s}\right)$$

合并以上两式得到时域解为

$$r(t) = \text{ILT}[R(s)] = \left[\frac{7}{4}\mathrm{e}^{-3t} + \frac{1}{12}(\mathrm{e}^{-3t}-1)\right]u(t) = \left(\frac{11}{6}\mathrm{e}^{-3t} - \frac{1}{12}\right)u(t)$$

8.4 离散时间系统状态方程的建立

与连续系统一样,可以利用状态变量分析法来分析离散系统。离散系统是用差分方程来描述的,选择适当的状态变量可以把高阶差分方程化为关于状态变量的一阶差分方程组,这个差分方程组就是该离散系统的状态方程。输出方程是关于变量k的代数方程组。

8.4.1 线性时不变离散系统状态方程的一般形式

若设$\lambda_1(n), \lambda_2(n), \cdots, \lambda_k(n)$为系统的$k$个状态变量;$x_1(n), x_2(n), \cdots, x_m(n)$为系统

的 m 个输入信号;$y_1(n),y_2(n),\cdots,y_r(n)$ 为系统的 r 个输出信号。各系数由系统的结构和参数决定,对于线性时不变系统,这些系数为常数。

线性时不变离散系统状态方程是状态变量和输入序列的一阶线性常系数差分方程组。状态方程为

$$\begin{cases} \lambda_1(n+1)=a_{11}\lambda_1(n)+a_{12}\lambda_2(n)+\cdots+a_{1k}\lambda_k(n)+b_{11}x_1(n)+b_{12}x_2(n)+\cdots+b_{1m}x_m(n) \\ \lambda_2(n+1)=a_{21}\lambda_1(n)+a_{22}\lambda_2(n)+\cdots+a_{2k}\lambda_k(n)+b_{21}x_1(n)+b_{22}x_2(n)+\cdots+b_{2m}x_m(n) \\ \vdots \\ \lambda_k(n+1)=a_{k1}\lambda_1(n)+a_{k2}\lambda_2(n)+\cdots+a_{kk}\lambda_k(n)+b_{k1}x_1(n)+b_{k2}x_2(n)+\cdots+b_{km}x_m(n) \end{cases}$$

$$(8-26)$$

输出方程为

$$\begin{cases} y_1(n)=c_{11}\lambda_1(n)+c_{12}\lambda_2(n)+\cdots+c_{1k}\lambda_k(n)+d_{11}x_1(n)+d_{12}x_2(n)+\cdots+d_{1m}x_m(n) \\ y_2(n)=c_{21}\lambda_1(n)+c_{22}\lambda_2(n)+\cdots+c_{2k}\lambda_k(n)+d_{21}x_1(n)+d_{22}x_2(n)+\cdots+d_{2m}x_m(n) \\ \vdots \\ y_k(n)=c_{r1}\lambda_1(n)+c_{r2}\lambda_2(n)+\cdots+c_{rk}\lambda_k(n)+d_{r1}x_1(n)+d_{r2}x_2(n)+\cdots+d_{rm}x_m(n) \end{cases}$$

$$(8-27)$$

表示成矢量方程形式为:

状态方程 $\qquad \lambda_{k\times1}(n+1)=A_{k\times k}\lambda_{k\times1}(n)+B_{k\times m}x_{m\times1}(n)$ $\qquad(8-28)$

输出方程 $\qquad y_{r\times1}(n)=C_{r\times k}\lambda_{k\times1}(n)+D_{r\times m}x_{m\times1}(n)$

可见 $n+1$ 时刻的状态变量是 n 时刻状态变量和输入信号的函数。在离散系统中,动态元件是延时单元,因而状态变量常常选延时单元的输出。

矢量方程中各矩阵变量表示形式为

$$\lambda(n)=\begin{bmatrix} \lambda_1(n) \\ \lambda_2(n) \\ \vdots \\ \lambda_k(n) \end{bmatrix}=\begin{bmatrix} \lambda_1(n) & \lambda_2(n) & \cdots & \lambda_k(n) \end{bmatrix}^{\mathrm{T}}$$

$$A=\begin{bmatrix} a_{11} & a_{12} & \cdots & a_{1k} \\ a_{21} & a_{22} & \cdots & a_{2k} \\ \vdots & \vdots & & \vdots \\ a_{k1} & a_{k2} & \cdots & a_{kk} \end{bmatrix} \quad B=\begin{bmatrix} b_{11} & b_{12} & \cdots & b_{1m} \\ b_{21} & b_{22} & \cdots & b_{2m} \\ \vdots & \vdots & & \vdots \\ b_{k1} & b_{k2} & \cdots & b_{km} \end{bmatrix}$$

$$C=\begin{bmatrix} c_{11} & c_{12} & \cdots & c_{1k} \\ c_{21} & c_{22} & \cdots & c_{2k} \\ \vdots & \vdots & & \vdots \\ c_{r1} & c_{r2} & \cdots & c_{rk} \end{bmatrix} \quad D=\begin{bmatrix} d_{11} & d_{12} & \cdots & d_{1m} \\ d_{21} & d_{22} & \cdots & d_{2m} \\ \vdots & \vdots & & \vdots \\ d_{r1} & d_{r2} & \cdots & d_{rm} \end{bmatrix}$$

$$y(n)=\begin{bmatrix} y_1(n) \\ y_2(n) \\ \vdots \\ y_r(n) \end{bmatrix}=\begin{bmatrix} y_1(n) & y_2(n) & \cdots & y_r(n) \end{bmatrix}^{\mathrm{T}}$$

$$x(n) = \begin{bmatrix} x_1(n) \\ x_2(n) \\ \vdots \\ x_m(n) \end{bmatrix} = \begin{bmatrix} x_1(n) & x_2(n) & \cdots & x_m(n) \end{bmatrix}^{\mathrm{T}} \qquad (8-29)$$

用状态变量描述的离散系统结构图如图 8 – 17 所示。

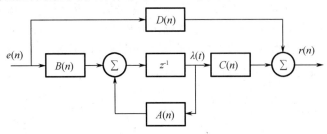

图 8 – 17 状态变量描述的结构图

图中 z^{-1} 是延时单元,它的输入为 $\lambda(n+1)$,输出 $\lambda(n)$。若 A,B,C,D 矩阵是 n 的函数,表明系统是线性时变的,若系统是线性时不变的,则 A,B,C,D 各元素都为常数,不随 n 改变。

8.4.2 由系统的差分方程建立状态方程

由离散系统的差分方程建立状态方程与连续系统的微分方程建立状态方程的方法相类似,具体方法为:

(1)由系统的输入 – 输出方程或系统函数,首先画出其信号流图或框图;

(2)选一阶子系统(迟延器)的输出作为状态变量;

(3)根据每个一阶子系统的输入输出关系列状态方程;

(4)在系统的输出端列输出方程。

下面通过具体的方程说明其求解过程。

若设某离散系统的差分方程

$$y(n) + 2y(n-1) - y(n-2) = f(n-1) - f(n-2)$$

其系统函数 $H(z) = \dfrac{z^{-1} - z^{-2}}{1 + 2z^{-1} - z^{-2}}$,信号流图如图 8 – 18 所示。

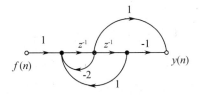

图 8 – 18 信号流图

在图 8 – 18 中,设状态变量为 $x_1(n)$,$x_2(n)$,则

$$x_1(n+1) = x_2(n)$$
$$x_2(n+1) = x_1(n) - 2x_2(n) + f(n)$$

故输出方程为

$$y(n) = -x_1(n) + x_2(n)$$

8.4.3 由给定系统的方框图或流图建立状态方程

利用系统模拟图或信号流图建立状态方程是一种实用的方法,其建立过程与连续系统类似。首先,选取离散系统模拟图(或信号流图)中的延时器输出端(延时支路输出节点)信号作为状态变量;然后,用延时器的输入端(延时支路输入节点)写出相应的状态方程,最后,在系统的输出端(输出节点)列写系统的输出方程。

【例 8 - 12】 给定离散系统的方框图或流图如图 8 - 19 所示,列写系统的状态方程。

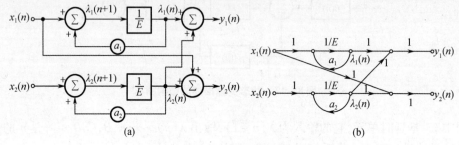

图 8 - 19 例 8 - 12 系统方框图和流图

(a)系统方框图;(b)系统流图

解 由于框图中有两个延迟单元,因而可以设置两个状态变量,分别为 $\lambda_1(n)$ 和 $\lambda_2(n)$,即可得到状态方程与输出方程为

$$\begin{cases} \lambda_1(n+1) = a_1\lambda_1(n) + x_1(n) \\ \lambda_2(n+1) = a_2\lambda_2(n) + x_2(n) \end{cases}$$

$$\begin{cases} y_1(n) = \lambda_1(n) + \lambda_2(n) \\ y_2(n) = \lambda_2(n) + x_1(n) \end{cases}$$

其矩阵形式为

$$\begin{bmatrix} \lambda_1(n+1) \\ \lambda_2(n+1) \end{bmatrix} = \begin{bmatrix} a_1 & 0 \\ 0 & a_2 \end{bmatrix} \begin{bmatrix} \lambda_1(n) \\ \lambda_2(n) \end{bmatrix} + \begin{bmatrix} 1 & 0 \\ 0 & 1 \end{bmatrix} \begin{bmatrix} x_1(n) \\ x_2(n) \end{bmatrix}$$

$$\begin{bmatrix} y_1(n) \\ y_2(n) \end{bmatrix} = \begin{bmatrix} 1 & 1 \\ 0 & 1 \end{bmatrix} \begin{bmatrix} \lambda_1(n) \\ \lambda_2(n) \end{bmatrix} + \begin{bmatrix} 0 & 0 \\ 1 & 0 \end{bmatrix} \begin{bmatrix} x_1(n) \\ x_2(n) \end{bmatrix}$$

8.5 离散时间系统状态方程的求解

离散系统状态方程的求解和连续系统的求解方法类似,包括时域和变换域两种方法。下面分别详细介绍。

8.5.1 差分方程的时域求解

8.5.1.1 差分方程的时域求解

离散系统的状态方程表示为

$$\lambda(n+1) = A\lambda(n) + B\tilde{x}(n) \tag{8 - 30}$$

式(8-30)为一阶差分方程,可以应用迭代法求解。

设给定系统的起始状态为 $\lambda(n_0)$,由式(8-30)得到

$$\lambda(n_0+1) = A\lambda(n_0) + Bx(n_0) \tag{8-31}$$

用迭代法,求 $(n_0+2),(n_0+3),\cdots,n$ 时刻的值为

$$\lambda(n_0+1) = A\lambda(n_0) + Bx(n_0)\lambda(n_0+1) = A\lambda(n_0) + B(n_0)$$

$$\lambda(n_0+2) = A\lambda(n_0+1) + Bx(n_0+1) = A^2\lambda(n_0) + ABx(n_0) + Bx(n_0+1)$$

$$\lambda(n_0+3) = A\lambda(n_0+2) + Bx(n_0+2)$$

$$= A^3\lambda(n_0) + A^2Bx(n_0) + ABx(n_0+1) + Bx(n_0+2)$$

对于任意 n 值,当 $n > n_0$,可归结为

$$\lambda(n) = A\lambda(n-1) + Bx(n-1)$$

$$= A^{n-n_0}\lambda(n_0) + A^{n-n_0-1}Bx(n_0) + A^{n-n_0-2}Bx(n_0+1) + \cdots + Bx(n-1)$$

$$= A^{n-n_0}\lambda(n_0) + \sum_{i=n_0}^{n-1} A^{n-1-i}Bx(i) \tag{8-32}$$

式(8-32)中,当 $n = n_0$ 时第二项不存在,此时的结果只由第一项决定。只有当 $n > n_0$ 时,式(8-32)才可给出完整的 $\lambda(n)$ 结果。

如果起始时刻选 $n_0 = 0$,并将上述对 n 值的限制以阶跃信号的形式写入表达式,于是有

$$\lambda(n) = A^n\lambda(0)u(n) + \left[\sum_{i=0}^{n-1} A^{n-1-i}Bx(i)\right]u(n-1) \tag{8-33}$$

式(8-33)由两部分组成,前一部分是起始状态经转移后在 n 时刻得到的响应分量;另一部分是对 $n-1$ 时刻以前输入量的响应。它们分别称为零输入解和零状态解。其中,A^n 称为离散系统的状态转移矩阵,写作 $\varphi(n) = A^n$,它决定了系统的自由运动情况。

同理,还可解得输出为

$$y(n) = C\lambda(n) + Dx(n)$$

$$= \underbrace{CA^n\lambda(0)}_{\text{零输入解}}u(n) + \underbrace{\left[\sum_{i=0}^{n-1} CA^{n-1-i}Bx(i)\right]u(n-1) + Dx(n)u(n)}_{\text{零状态解}} \tag{8-34}$$

零状态解中,若令 $x(n) = \delta(n)$,则系统的单位脉冲响应为

$$h(n) = CA^{n-1}Bu(n-1) + D\delta(n) \tag{8-35}$$

所以式中第二项也可写作 $h(n) * x(n)$ 形式。

8.5.1.2 A^n 的计算

由凯莱-哈密顿定理得到

$$A^n = c_0I + c_1A + c_2A^2 + \cdots + c_{k-1}A^{k-1} \quad (n \geq k) \tag{8-36}$$

由式(8-36)可见,只要求出系数 $c_0, c_1, \cdots, c_{k-1}$,即可计算出 A^n。在 A 的特征根取值为不同情况时,求解系数 $c_0, c_1, \cdots, c_{k-1}$ 的方法不同。

情况1:A 的特征根无重根时,将 A 的特征值代入式(8-36),解联立方程式即可求出系数 $c_0, c_1, \cdots, c_{k-1}$。

情况2:A 的特征根含重根时,设 α_1 为 A 的 m 重根,在对重根部分计算时,设

$$\alpha^n = c_0 + c_1\alpha_1 + c_2\alpha_1^2 + \cdots + c_{k-1}\alpha_1^{k-1} \tag{8-37}$$

然后依次求导得到以下表达式。

$$\frac{\mathrm{d}}{\mathrm{d}\alpha}\alpha^n\bigg|_{\alpha=\alpha_1} = n\alpha_1^{n-1} = c_1 + 2c_2\alpha_1 + \cdots + (k-1)c_{k-1}\alpha_1^{k-2}$$

$$\left.\frac{\mathrm{d}^2}{\mathrm{d}\alpha^2}\alpha^n\right|_{\alpha=\alpha_1} = n(n-1)\alpha_1^{n-2} = 2c_2 + 3\times 2c_3\alpha_1 + \cdots + (k-1)(k-2)c_{k-1}\alpha_1^{k-3}n$$

$$\cdots$$

$$\left.\frac{\mathrm{d}^{m-1}}{\mathrm{d}\alpha^{m-1}}\alpha^n\right|_{\alpha=\alpha_1} = \frac{n!}{[n-(m-1)]!}\alpha_1^{n-(m-1)}$$

$$= (m-1)!\,c_{m-1} + m!\,c_m\alpha_1 + \frac{(m+1)!}{2!}c_{m+1}\alpha_1^2 + \cdots + \frac{(k-1)!}{(k-m)!}c_{k-1}\alpha_1^{k-m}$$

$$(8-38)$$

【例 8-13】 已知 $A = \begin{bmatrix} 1 & -1 \\ 1 & 3 \end{bmatrix}$，求 A^n。

解 A 的特征根为

$$|\alpha I - A| = \begin{vmatrix} \alpha-1 & 1 \\ -1 & \alpha-3 \end{vmatrix} = (\alpha-1)(\alpha-3)+1 = (\alpha-2)^2 = 0$$

因为 $\alpha=2$ 为二阶重根，按式(8-38)得到

$$\begin{cases} 2^n = c_0 + 2c_1 \\ n\cdot 2^{n-1} = c_1 \end{cases} \Rightarrow \begin{cases} c_0 = 2^n(1-n) \\ c_1 = 2^{n-1}\cdot n \end{cases}$$

所以

$$A^n = c_0 I + c_1 A = 2^n(1-n)\begin{bmatrix}1&0\\0&1\end{bmatrix} + (2^{n-1}\cdot n)\begin{bmatrix}1&-1\\1&3\end{bmatrix} = 2^n\begin{bmatrix} 1-\dfrac{n}{2} & -\dfrac{n}{2} \\ \dfrac{n}{2} & 1+\dfrac{n}{2} \end{bmatrix}$$

8.5.2 状态方程的 z 域求解

用 z 变换求解离散系统状态方程的方法和用拉氏变换求解连续系统状态方程的方法类似。设离散系统的状态方程和输出方程为

$$\lambda(n+1) = A\lambda(n) + Bx(n)$$
$$y(n) = C\lambda(n) + Dx(n) \tag{8-39}$$

将式(8-39)两边取 z 变换得

$$\begin{cases} z\Lambda(z) - z(0) = A\Lambda(z) + BX(z) \\ Y(z) = C\Lambda(z) + DX(z) \end{cases}$$

整理后得到

$$\begin{cases} \Lambda(z) = (zI-A)^{-1}z\lambda(0) + (zI-A)^{-1}BX(z) \\ Y(z) = C(zI-A)^{-1}z\lambda(0) + C(zI-A)^{-1}BX(z) + DX(z) \end{cases} \tag{8-40}$$

系统的转移函数 $H(z)$ 为

$$H(z) = C(zI-A)^{-1}B + D$$

取其逆变换得到状态变量及响应的时域解为

$$\lambda(n) = \mathrm{IZT}[\Lambda(z)] = \mathrm{IZT}[(zI-A)^{-1}z]\lambda(0) + \mathrm{IZT}[(zI-A)^{-1}B] * \mathrm{IZT}[x(z)]$$
$$y(n) = \mathrm{IZT}[Y(z)] = \mathrm{IZT}[C(zI-A)^{-1}z]\lambda(0) + \mathrm{IZT}[C(z-A)^{-1}B+D] * \mathrm{IZT}[x(z)]$$

$$(8-41)$$

其中状态转移矩阵 A^n 为

$$A^n = \text{IZT}\left[C(zI-A)^{-1} \right] = \text{IZT}\left[(I-z^{-1}A)^{-1} \right] \qquad (8-42)$$

【例8-14】 已知 $A = \begin{bmatrix} \dfrac{1}{2} & 0 \\ \dfrac{1}{4} & \dfrac{1}{4} \end{bmatrix}$,求 A^n。

解 按式(8-42)有

$$A^n = \text{IZT}\left[(I-z^{-1}A)^{-1} \right] = \text{IZT}\left\{ \begin{bmatrix} 1-\dfrac{1}{2}z^{-1} & 0 \\ -\dfrac{1}{4}z^{-1} & 1-\dfrac{1}{4}z^{-1} \end{bmatrix}^{-1} \right\}$$

进一步整理得

$$A^n = \text{IZT}\left\{ \frac{1}{\left(1-\dfrac{1}{2}z^{-1}\right)\left(1-\dfrac{1}{4}z^{-1}\right)} \begin{bmatrix} 1-\dfrac{1}{4}z^{-1} & 0 \\ -\dfrac{1}{4}z^{-1} & 1-\dfrac{1}{2}z^{-1} \end{bmatrix} \right\}$$

$$= \text{IZT} \begin{bmatrix} \dfrac{1}{1-\dfrac{1}{2}z^{-1}} & 0 \\ \dfrac{-\dfrac{1}{4}z^{-1}}{\left(1-\dfrac{1}{2}z^{-1}\right)\left(1-\dfrac{1}{4}z^{-1}\right)} & \dfrac{1}{1-\dfrac{1}{4}z^{-1}} \end{bmatrix}$$

故

$$A^n = \begin{bmatrix} \left(\dfrac{1}{2}\right)^n & 0 \\ \left(\dfrac{1}{2}\right)^n - \left(\dfrac{1}{4}\right)^n & \left(\dfrac{1}{4}\right)^n \end{bmatrix} = \left(\dfrac{1}{4}\right)^n \begin{bmatrix} 2^n & 0 \\ 2^n-1 & 1 \end{bmatrix} \quad (n \geqslant 0)$$

由上面离散系统状态变量分析法变换域和时域的讨论中可以看到,它与连续时间系统变换域和时域法是非常类似的。

思考题

8-1 什么是系统的状态和状态变量?试用状态变量说明系统状态的基本概念。

8-2 状态方程的标准形式是怎样的,它由哪些量组成?

8-3 从数学模型角度来看,状态变量法与端口法的根本区别在哪里?

8-4 结合例子说明如何选择状态变量和建立状态方程?

8-5 状态方程时域解和变换域解有哪些步骤?

8-6 e^{At} 有什么重要性,它有几种解法,有什么重要性质?

8-7 为什么说系数矩阵 A 的特征值就是系统的特征根?

8-8 状态变量分析法的基本概念和求解方法及步骤。

习题

8-1 已知 $A = \begin{bmatrix} 1 & -1 \\ 1 & 3 \end{bmatrix}$,求 A^n。

8 - 2 已知 $A = \begin{bmatrix} 0 & 1 & 0 \\ 0 & 0 & 1 \\ 0 & 1 & 0 \end{bmatrix}$，计算 $\varphi(t) = e^{At}$。

8 - 3 已知线性时不变系统的状态转移矩阵为

$$\varphi(t) = \begin{bmatrix} e^{-at} & te^{-at} \\ 0 & e^{-at} \end{bmatrix}$$

求相应的 A。

8 - 4 已知线性时不变系统的状态转移矩阵为

$$\varphi(t) = \begin{bmatrix} e^{-t} & 0 & 0 \\ 0 & (1-2t)e^{-2t} & 4te^{-2t} \\ 0 & -te^{-2t} & (1+2t)e^{-2t} \end{bmatrix}$$

求相应的 A。

8 - 5 根据梅森公式求出用下列转移函数表示的系统流图。

$$H(s) = \frac{b_0 s^m + b_1 s^{m-1} + \cdots + b_{m-1}s + b_m}{s^n + a_1 s^{n-1} + a_2 s^{n-2} + \cdots + a_{n-1}s + a_n} \quad (m < n)$$

8 - 6 给定系统微分方程表达式如下

$$a\frac{d^3}{dt^3}y(t) + b\frac{d^2}{dt^2}y(t) + c\frac{d}{dt}y(t) + dy(t) = 0$$

选状态变量为

$$\lambda_1(t) = ay(t), \lambda_2(t) = a\frac{d}{dt}y(t) + by(t), \lambda_3(t) = a\frac{d^2}{dt^2}y(t) + b\frac{d}{dt}y(t) + cy(t)$$

输出量取 $r(t) = \frac{d}{dt}y(t)$，列写系统的状态方程和输出方程。

8 - 7 给定系统流图如图 8 - 20 所示，列写状态方程和输出方程。

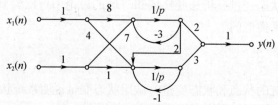

图 8 - 20

8 - 8 给定离散时间系统框图如图 8 - 21 所示，列写状态方程和输出方程。

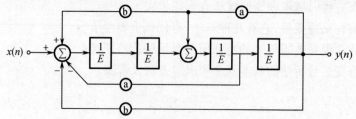

图 8 - 21

8 – 9 用时域法求解状态方程

$$\begin{bmatrix} \dot{x}_1 \\ \dot{x}_2 \end{bmatrix} = \begin{bmatrix} -3 & -2 \\ 2 & 2 \end{bmatrix} \begin{bmatrix} x_1 \\ x_2 \end{bmatrix} + \begin{bmatrix} 3 \\ 0 \end{bmatrix} f(t)$$

(1)若起始状态 $x_1(0) = x_2(0) = 1, f(t) = 0$;

(2)若起始状态 $x_1(0) = 2, x_2(0) = -1, f(t) = u(t)$。

8 – 10 已知一离散系统的状态方程和输出方程为

$$\begin{cases} \lambda_1(n+1) = \lambda_1(n) - \lambda_2(n) \\ \lambda_2(n+1) = -\lambda_1(n) - \lambda_2(n) \end{cases}$$

$$y(n) = \lambda_1(n)\lambda_2(n) + x(n)$$

(1)给定 $\lambda_1(0) = 2, \lambda_2(0) = 2$,求状态方程的零输入解;

(2)求系统的差分方程表达式;

(3)给定(1)的起始条件且给定 $x(n) = 2^n, n \geq 0$,求输出响应 $y(n)$。

上机题

8 – 1 已知系统的状态方程、输出方程、激励信号和系统的起始状态分别为

$$\begin{bmatrix} \dfrac{\mathrm{d}}{\mathrm{d}t}\lambda_1(t) \\ \dfrac{\mathrm{d}}{\mathrm{d}t}\lambda_2(t) \end{bmatrix} = \begin{bmatrix} -3 & 1 \\ -2 & 0 \end{bmatrix} \begin{bmatrix} \lambda_1(t) \\ \lambda_2(t) \end{bmatrix} + \begin{bmatrix} 1 \\ 0 \end{bmatrix} u(t)$$

$$y(t) = \begin{bmatrix} 0 & 1 \end{bmatrix} \begin{bmatrix} \lambda_1(t) \\ \lambda_2(t) \end{bmatrix}, \begin{bmatrix} \lambda_1(0_-) \\ \lambda_2(0_-) \end{bmatrix} = \begin{bmatrix} 2 \\ 0 \end{bmatrix}$$

试用 MATLAB 变换域法求解系统的零输入响应和零状态响应及完全响应,并用 MATLAB 数值求解法求解,并将两结果进行比较。

8 – 2 已知系统的状态方程、输出方程、激励信号和系统的起始状态分别为

$$\begin{bmatrix} \lambda_1(n+1) \\ \lambda_2(n+1) \end{bmatrix} = \begin{bmatrix} -1 & 3 \\ -2 & 4 \end{bmatrix} \begin{bmatrix} \lambda_1(n) \\ \lambda_2(n) \end{bmatrix} + \begin{bmatrix} 11 & 0 \\ 0 & 6 \end{bmatrix} \begin{bmatrix} x_1(n) \\ x_2(n) \end{bmatrix}$$

$$y(n) = \begin{bmatrix} 1 & -1 \end{bmatrix} \begin{bmatrix} \lambda_1(n) \\ \lambda_2(n) \end{bmatrix} + \begin{bmatrix} 0 & 1 \end{bmatrix} \begin{bmatrix} x_1(n) \\ x_2(n) \end{bmatrix}$$

$$\begin{bmatrix} x_1(n) \\ x_2(n) \end{bmatrix} = \begin{bmatrix} \delta(n) \\ u(n) \end{bmatrix}, \begin{bmatrix} \lambda_1(0) \\ \lambda_2(0) \end{bmatrix} = \begin{bmatrix} 2 \\ 3 \end{bmatrix}$$

试用 MATLAB 变换域法和 MATLAB 数值求解法求解输出响应 $y(n)$,并将两结果进行比较。

参 考 文 献

[1] 郑君里,应启珩,杨为理. 信号与系统[M]. 2 版. 北京:高等教育出版社,2000.

[2] 华容,隋晓红. 信号与系统[M]. 北京:北京大学出版社,2006.

[3] 陈后金,胡健,薛健. 信号与系统[M]. 2 版. 北京:清华大学出版社,2005.

[4] 吴大正,杨林耀,张永瑞. 信号与线性系统分析[M]. 3 版. 北京:高等教育出版社,2000.

[5] 段哲民,范世贵. 信号与系统[M]. 西安:西北工业大学出版社,1997.

[6] 陈生潭,郭宝龙,李学武,等. 信号与系统[M]. 2 版. 西安:西安电子科技大学出版社,2001.

[7] 应启珩. 离散时间信号分析和处理[M]. 北京:清华大学出版社,2000.

[8] 吴湘淇. 信号、系统与信号处理(上册、下册)[M]. 北京:电子工业出版社,1996.

[9] 张小虹. 信号与系统[M]. 西安:西安电子科技大学出版社,2004.

[10] 管致中,夏恭恪,孟桥. 信号与线性系统[M]. 4 版. 北京:高等教育出版社,2002.

[11] Alan V. Oppenheim, Alan S. Willsky, S. Hamid Nawab,著. 信号与系统[M]. 刘树棠,译. 西安:西安交通大学出版社,1998.

[12] 于慧敏. 信号与系统[M]. 北京:化学工业出版社,2002.

[13] 丁玉美. 数字信号处理[M]. 2 版. 西安:西安电子科技大学出版社,2002.

[14] 郑大钟. 线性系统理论[M]. 北京:清华大学出版社,1990.

[15] 沈元隆,周井泉. 信号与系统[M]. 北京:人民邮电出版社,2003.

[16] 梁虹,梁洁,陈跃斌. 信号与系统分析及 MATLAB 实现[M]. 北京:电子工业出版社,2002.

[17] 吴新余. 信号与系统——时域、频域分析及 MATLAB 软件的应用[M]. 北京:电子工业出版社,2000.

[18] 王应生,徐亚宁. 信号与系统[M]. 北京:电子工业出版社,2004.

[19] 朱钟霖. 信号与线性系统分析[M]. 北京:中国铁道出版社,1993.

[20] Michael J Roberts 著. 信号与系统[M]. 胡剑凌,等,译. 北京:机械工业出版社, 2006.

[21] 燕庆明. 信号与系统教程[M]. 2 版. 北京:高等教育出版社,2007.

[22] 谷源涛,应启珩,郑君里. 信号与系统——MATLAB 综合实验[M]. 北京:高等教育出版社,2008.

[23] 甘俊英,胡异丁. 基于 MATLAB 的信号与系统实验指导[M]. 北京:清华大学出版社,2007.

[24] 维纳·K·恩格尔,约翰·G·普罗克斯著. 数字信号处理——使用 MATLAB[M]. 刘树棠,译. 西安:西安交通大学出版社,2002.

[25] 杨育霞. 信号与系统[M]. 北京:人民邮电出版社,2005.

[26] 吕幼新. 信号与系统分析[M]. 北京:电子工业出版社,2004.

[27] 容太平. 信号与系统[M]. 武汉:华中科技大学出版社,2007.

[28] 李志菁. 信号与系统[M]. 北京:人民邮电出版社,2006.

[29] 金波. 信号与系统基础[M]. 武汉:华中科技大学出版社,2006.